高等职业教育人工智能与大数据专业群人才培养系列教材

数据采集与处理

主　编　刘　珍　章红燕
副主编　陈中蕾　李志芳　陈　挺　王　浩

U0180248

电子工业出版社
Publishing House of Electronics Industry
北京·BEIJING

内 容 简 介

本书基于 Python 3.10 版本，以项目实战的方式系统地介绍了 Python 网络爬虫开发的相关知识，主要内容包括 Python 基础实战、网页数据采集实战、网页数据解析实战、并发技术实战、动态内容采集实战、爬虫数据存储实战、Scrapy 爬虫框架实战，通过多个实战任务的练习，让读者能最大限度地掌握 Python 网络爬虫的核心技术。为了方便读者学习，本书附有配套源代码、教学 PPT、题库、教学视频、教学设计等资源。

本书可作为高等职业院校计算机相关专业程序设计课程教材，也可供从事计算机爬虫应用开发的相关人员使用。

图书在版编目（CIP）数据

数据采集与处理 / 刘珍，章红燕主编 . —北京：电子工业出版社，2024.1

ISBN 978-7-121-46884-1

Ⅰ. ①数… Ⅱ. ①刘… ②章… Ⅲ. ①数据采集②数据处理 Ⅳ. ①TP274

中国国家版本馆 CIP 数据核字（2023）第 238205 号

责任编辑：李　静　　　特约编辑：田学清
印　　刷：北京虎彩文化传播有限公司
装　　订：北京虎彩文化传播有限公司
出版发行：电子工业出版社
　　　　　北京市海淀区万寿路 173 信箱　　　邮编：100036
开　　本：787×1092　　1/16　　印张：15.75　　字数：354 千字
版　　次：2024 年 1 月第 1 版
印　　次：2025 年 1 月第 5 次印刷
定　　价：49.80 元

凡所购买电子工业出版社图书有缺损问题，请向购买书店调换。若书店售缺，请与本社发行部联系，联系及邮购电话：（010）88254888，88258888。

质量投诉请发邮件至 zlts@phei.com.cn，盗版侵权举报请发邮件至 dbqq@phei.com.cn。

本书咨询联系方式：（010）88254604，lijing@phei.com.cn。

高等职业教育人工智能与大数据专业群
人才培养系列教材编委会

前　言

在大数据时代，如何从互联网的海量数据中自动高效地获取感兴趣的信息并为我们所用是一个重要的问题，为了解决此问题，爬虫技术应运而生。在编写爬虫程序时，可以使用各种编程语言，Python 以其简单易学、灵活、表达能力强等特点得到了广大开发者的喜爱。通过 Python 编写爬虫，简单易学，可快速上手。

全书将 Python 网络爬虫的相关技术通过 7 个项目进行组织。

项目 1 讲解了 Python 3 的基础知识，这是本书后续项目进行网络爬虫程序开发的基础。在本项目中，通过 5 个任务分别介绍了 Python 的数据类型、流程控制、函数、模块和包、异常处理、正则表达式、面向对象、文件与目录等爬虫实现所需的 Python 基础知识。

项目 2 从网页请求原理入手，通过 6 个任务分别介绍了基于 Python 的爬虫库 urllib、requests 进行数据采集的方法，以及基本的反爬虫策略（请求头伪装、代理服务器应用），并对网络异常处理进行了说明。

项目 3 介绍了网页数据解析的相关方法。网络爬虫的核心目标是解析请求获取的页面，从网页响应中提取有用的数据。在本项目中，通过 5 个任务分别学习基于正则表达式、XPath、lxml、Beautiful Soup、JSON、JsonPath 等模块的网页数据解析方法。

项目 4 为并发技术内容。在网络爬虫运行时，采用单进程的方式进行数据爬取的效率低下，为了提高爬虫的运行速度，须采用并发的方式。本项目中，通过 4 个任务分别介绍了基于多进程并发方式、多线程并发方式、多协程并发方式的爬虫程序设计方法。

项目 5 为动态内容采集的介绍。随着前端技术的发展，大多数网站均采用动态网页技术呈现相关信息。为了有效地获取动态页面中的信息，须了解动态网页的技术原理及基于 Python 的动态网页内容获取方法。本项目通过 6 个任务介绍了基于 Selenium 的模拟登录及自动化动态网页连续采集等知识，通过本项目的学习，读者应能实现对动态网页数据的爬取及解析处理。

项目 6 介绍了爬虫数据的存储。通过 4 个任务分别介绍了 MongoDB、Redis 的基础知识，基于 pymongo 模块、redis 库分别操作 MongoDB、Redis 数据库，以及实现将爬虫数据存储到对应数据库的方法。

项目 7 讲解了爬虫框架 Scrapy，包括 Scrapy 框架的基本知识、Scrapy Shell 的使用、Spider、Item、自定义中间件、CrawlSpider 自动爬虫的使用及基于 Item Pipeline 的后期数据处理等内容。

  在学习过程中,读者可以亲自实践书中的相关案例代码,熟悉相关操作,巩固学习效果。另外,由于本书的案例是基于第三方网站的,受到反爬虫的影响,有些案例在读者拿到本书时,对应的第三方网站的页面可能进行了改版或设置了新的反爬虫措施,导致书中的案例已经不能运行,遇到这类问题,读者可以结合书中介绍的相关方法对案例代码进行相应修改,以使爬虫程序能正常运行。

  本书由深圳鹏城技师学院刘珍、章红燕、陈中蕾、李志芳、陈挺、王浩共同编写,由于编者水平有限,书中难免有所疏漏,恳请广大读者批评指正。

编 者

2023 年 7 月

教材资源服务交流 QQ 群

（QQ 群号：684198104）

目　　录

项目 1

Python 基础实战

【学习目标】

【知识目标】

- 熟悉 Python 的开发环境搭建；
- 掌握 Python 的数据类型；
- 掌握 Python 中的字符串定义及字符串格式化输出的方法；
- 掌握 Python 的运算符及运算规则；
- 掌握 Python 的列表、元组、字典、集合等数据结构的定义及使用方法；
- 掌握 Python 的流程控制方法；
- 掌握 Python 的函数定义及参数传递方法；
- 掌握 Python 的类的定义及实例化方法；
- 掌握 Python 中的模块和包的定义及引用；
- 掌握 Python 中文件和目录的相关操作；
- 掌握 Python 中的异常处理方法。

【技能目标】

- 能正确安装和配置 Python 的开发环境；
- 能正确使用 for 循环、while 循环等实现数据的循环迭代处理；
- 能根据数据的特点正确采用合适的数据结构来存储数据；
- 能正确地定义函数/方法，并能正确使用位置参数或关键字参数进行传参；
- 能根据数据的特点正确定义相关的类并实例化；
- 能读写和处理 JSON 文件、CSV 文件。

任务 1.1　Python 开发环境搭建

扫一扫，看微课

任务介绍

本任务分别介绍 Windows 及 Linux 系统中的 Python 开发环境搭建。通过本任务的学习，读者应掌握基于 Python 程序设计语言的数据采集开发环境搭建。

知识准备

Python 是由 Guido van Rossum 设计的一门高级程序设计语言，其 Logo 如图 1-1 所示。Python 提供了高效的数据结构、简单有效的面向对象编程，具有语法简洁、易读性及可扩展性、动态类型等特点。作为一种免费、开源的程序设计语言，Python 以其解释型语言的本质，成为多数平台上写脚本和快速开发应用的编程语言，并且随着版本的不断更新和语言新功能的添加，Python 目前已经成为最受欢迎的程序设计语言之一。

图 1-1　Python Logo

目前，Python 有 Python 2 和 Python 3 两个版本，由于 Python 官方在 2020 年停止了对 Python 2 版本的维护，因此本书的相关代码将基于 Python 3 进行开发。

任务实施

1.1.1　在 Windows 系统中安装 Python

要在 Windows 系统中使用 Python，首先要到 Python 官网或其他镜像下载地址下载 Python 相应版本的安装程序并安装。Python 官网首页如图 1-2 所示。

图 1-2　Python 官网首页

在 Windows 系统中安装 Python 的具体步骤如下。

（1）在 Python 官网首页选择"Downloads"＞"Windows"命令，如图 1-3 所示。

（2）进入 Windows 系统的 Python 版本下载页面，如图 1-4 所示，在该页面中下载相应的 Python 版本安装程序。

提示：

Windows 7 系统只能安装 Python 3.8 或以下版本，本书的相关代码基于 Python 3.10.7 版本开发。

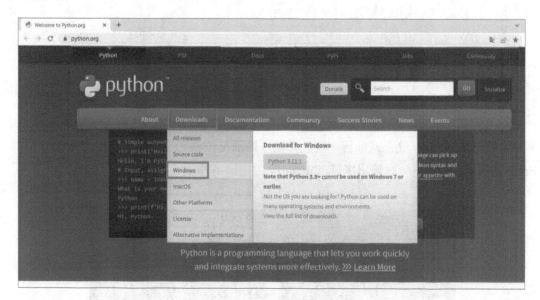

图 1-3　Python 安装程序下载

图 1-4　Windows 系统的 Python 安装程序下载页面

（3）下载完成后，会得到对应版本的 Python 安装程序（如 python-3.10.7-amd64.exe），运行安装程序后，安装界面如图 1-5 所示。

（4）选择"Install Now"选项，会将 Python 安装到默认路径下；也可以选择"Customize installation"选项，自定义安装路径（如 D:/python310）。安装时注意勾选"Add Python 3.10 to PATH"复选框，安装程序会将运行 Python 的相关路径添加到环境变量 PATH 中；如果安装时没有勾选此复选框，则在安装完成后需要用户手动配置 Python 的相关环境变量。

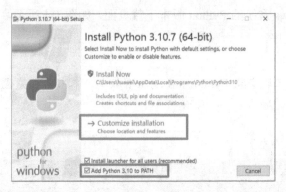

图 1-5　Python 安装界面

（5）安装完成后，打开 Windows 系统的命令提示符窗口，输入"python"，按 Enter 键确认，将进入 Python 交互式编程环境，在输入提示符（>>>）后输入"print("hello")"，按 Enter 键确认，会在下一行输出字符："hello"，如图 1-6 所示。

图 1-6　Python 交互编程环境

1.1.2　在 Linux 系统中安装 Python

在 Linux/UNIX 系统中安装 Python，可以通过 wget 命令在线下载对应版本的 Python 源码压缩包，或通过 Python 源码下载页面，如图 1-7 所示，下载相应版本的 Python 源码压缩包，然后利用 ftp 工具上传到 Linux/UNIX 系统对应的目录下，解压缩后编译安装。

图 1-7　Python 源码下载页面

提示：

安装 Python 3.7 及以上版本，要求系统先安装 OpenSSL 1.1.1 及以上版本。

Linux 的发行版本众多，下面以 CentOS 7 系统为例来说明如何在 Linux 系统中安装 Python 3.10，其他发行版本请参考相应的说明文档。对于初学者来说，为了简化配置 Python 版本的环境依赖问题，通过 conda 安装 Python 不失为一个便捷的解决方案，具体步骤如下。

（1）通过 wget 命令下载 Miniconda 安装脚本，如图 1-8 所示。

```
wget https://repo.anaconda.com/miniconda/Miniconda3-latest-Linux-x86_64.sh
```

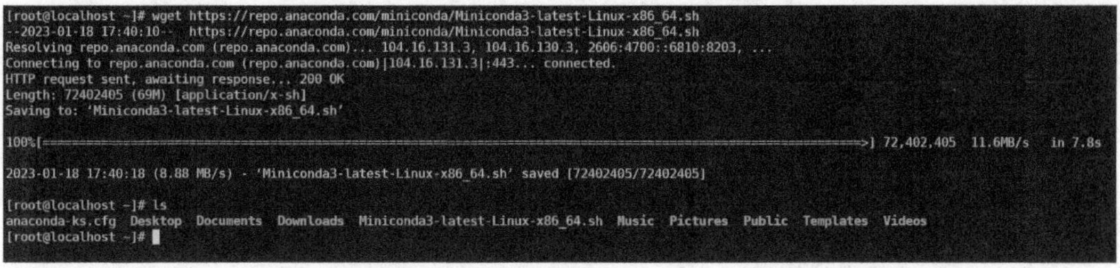

图 1-8　在 Linux 系统中下载 Miniconda 安装脚本

（2）运行安装脚本，根据提示进行相应操作。

```
sh Miniconda3-latest-Linux-x86_64.sh
```

（3）安装完成后，通过 source 命令执行 activate 脚本，进入虚拟环境。

```
source /usr/local/miniconda3/bin/activate
```

（4）查看 Python 版本，在窗口中输入 python，按 Enter 键确认，进入 Python 运行环境后，输入下面的命令。

```
python -V
```

1.1.3　安装 PyCharm 集成开发环境

任何文本编辑器都可以用来开发 Python 程序，只是开发效率不同而已。一个优秀的集成开发环境（Integrated Development Environment，IDE），可以提供一整套便捷的工具，比如调试、语法高亮、智能提示、自动完成、单元测试、Project 管理、代码跳转等，帮助用户大幅度提高开发效率。本书使用 PyCharm 集成开发环境进行代码开发，下面介绍 Windows 系统中 PyCharm 的安装。

PyCharm 是由 JetBrains 公司开发的 Python 集成开发环境，其下载页面如图 1-9 所示，提供了 Professional（专业版）和 Community（社区版，免费）两个版本，本书的开发采用社区版的 PyCharm。

图 1-9　PyCharm 下载页面

PyCharm 的安装非常简单，具体步骤如下。

（1）从官网下载 PyCharm 安装文件（如 PyCharm-community-2022.2.3.exe），双击运行安装文件，打开安装向导界面，如图 1-10 所示。

图 1-10　PyCharm 安装向导界面

（2）单击"Next"按钮，进入安装路径选择界面，如图 1-11 所示，在此界面中可以更改 PyCharm 的安装路径。

（3）安装路径确定后，单击"Next"按钮，进入 PyCharm 安装选项配置界面，可以设置是否创建桌面快捷图标、将 PyCharm 安装目录下的 bin 目录添加到环境变量中等，如图 1-12 所示。

（4）继续单击"Next"按钮进行其他设置，最后单击"Install"按钮，完成安装。

（5）PyCharm 安装成功后，第一次运行时需要勾选相应的复选框，同意用户协议才能继续，如图 1-13 所示。

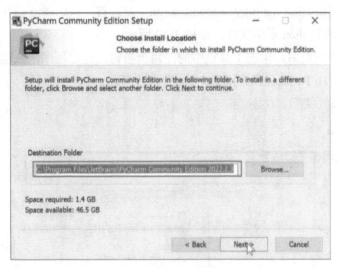

图 1-11   PyCharm 安装路径选择界面

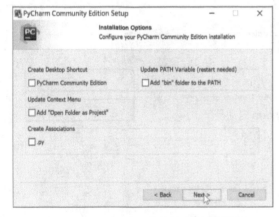

图 1-12   PyCharm 安装选项配置界面

图 1-13   PyCharm 用户协议

（6）程序启动后的界面如图 1-14 所示。可以选择"Customize"选项，对 PyCharm 进行自定义配置，如图 1-15 所示。

（7）在图 1-14 所示的 PyCharm 启动界面中，单击"New Project"按钮，可以创建一个新的 Python 项目。

（8）在图 1-16 所示的"New Project"配置界面中，"Location"配置项用于指定项目的存储路径，如本示例中修改为"D:\myproj\PythonProject"，表示在本机 D 盘下的 myproj 目录下创建一个名为"PythonProject"的项目。"Python Interpreter"配置项用来设置项目运行的 Python 环境："New environment…"选项默认在当前项目下创建一个新的 Python 虚拟环境；"Previously configured interpreter"选项会让用户选择本机已有的 Python 环境，当选择该选项时，右侧会出现一个"Add Interpreter"按钮，如图 1-17 所示，单击后会弹出"Add Python Interpreter"界面，用户可以在此界面中选择本机已安装的 Python 环境，如图 1-18 所示；如果勾选"Create a main.py welcome script"复选框，PyCharm 会在项目中创建一个名为"main.py"的 Python 示例文件，如图 1-19 所示。

（9）项目创建完成后，单击工具栏中的三角形按钮，运行程序，在程序的输出窗口中能看到有字符串"Hi PyCharm"的输出，如图 1-20 所示。

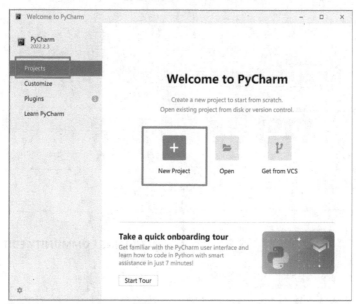

图 1-14 PyCharm 启动界面

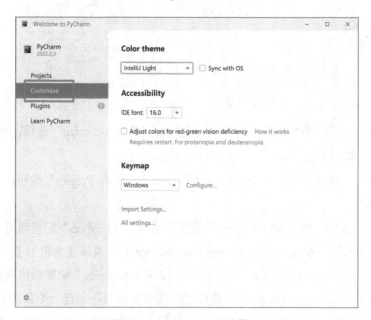

图 1-15 PyCharm 配置界面

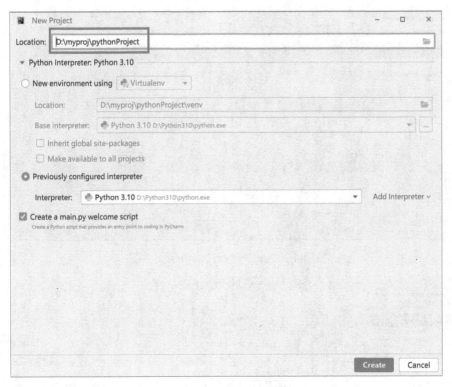

图 1-16　New Project 配置界面

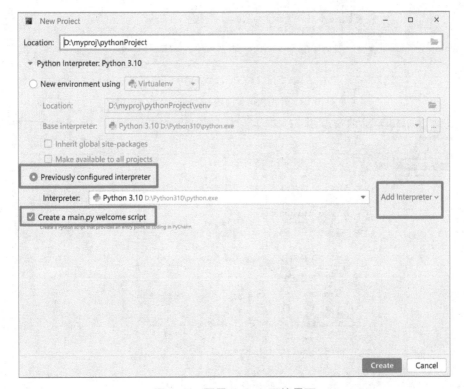

图 1-17　配置 Python 环境界面

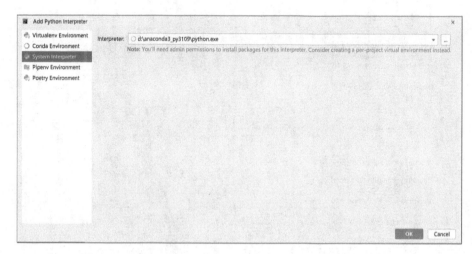

图 1-18　Add Python Interpreter 界面

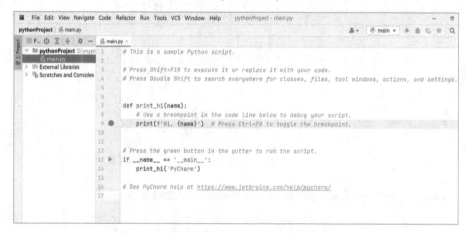

图 1-19　PyCharm 创建的 main.py 文件

图 1-20　示例项目运行结果

（10）如果 PyCharm 第一次启动时没有进行个性化设置，也可以在 PyCharm 主界面中选择"File">"Settings"命令进行设置，如图 1-21 和图 1-22 所示。

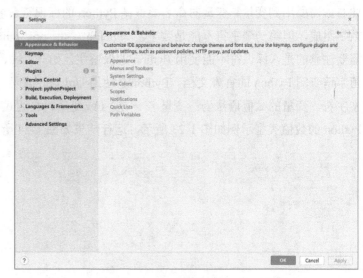

图 1-21　选择"Settings"命令　　　　　　图 1-22　PyCharm Settings 配置界面

任务拓展

Anaconda 是一个集成了很多常用 Python 库的集成环境，可以让用户方便地进行 Python 项目开发。请自行尝试在 Windows 系统中下载并安装 Anaconda 3。

任务 1.2　从 HTML 文档中提取特定字符串

扫一扫，看微课

任务介绍

本任务介绍 Python 的基础数据结构和控制结构。通过本任务的学习，读者应掌握基于 Python 进行程序设计所需的基础知识，能根据需要对字符串进行相关操作。

知识准备

1.2.1　数值类型与变量

数值类型的数据是程序经常需要处理的一类数据，Python 中用来表示数值类型的数据结构包括整型（int，用来表示整数，如 123）、浮点型（float，用来表示浮点数，如 123.45）、复数类型（complex，用来表示包含实部和虚部的复数，如 123+45j）和布尔类型（bool，特殊的数值类型，用于表示布尔值，只有 True 和 False 两个取值）。在 Python 中可以通过 type()

函数来查看数据类型。

　　在程序中，有时需要从外部读取数据，或将程序运行中产生的中间结果临时存储起来，此时就需要用到变量。变量的命名要遵循 Python 的标识符命名规则，即由字符、下画线和数字组成，但第一个字符不能是数字。如 height、stu_no、number01 等都是合法的变量名。需要注意的是，标识符不能使用 Python 的保留字，如 if、try、except 等，更多的 Python 保留字请查阅 Python 的官方文档。Python 3 使用 Unicode 编码，因此标识符中也可以包含中文字符。变量的赋值语法为：变量名 = 值（或变量、表达式等），变量须先声明后使用。Python 的数值类型示例如图 1-23 所示，运行结果如图 1-24 所示。

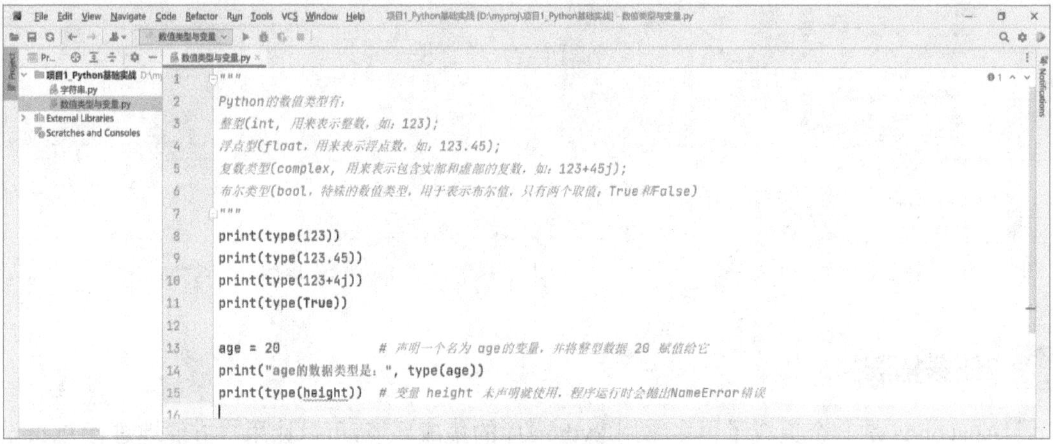

图 1-23　Python 的数值类型示例

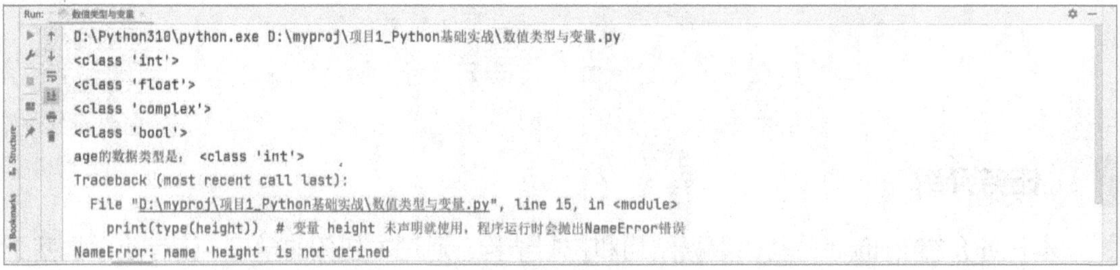

图 1-24　Python 的数值类型示例运行结果

提示：

（1）print() 为 Python 的输出函数，作用是输出一段文本；type() 为 Python 中的函数，作用是返回给定对象的类型。

（2）Python 采用空格和缩进来区分语句关系，同一层次的代码行左侧需要严格对齐，否则代码将不能通过编译。

（3）图 1-23 中第 13 行和第 15 行代码中以符号"#"开始的文本是 Python 中的注释，通常是对某些代码块的解释说明文本，Python 在运行时会自动忽略这部分内容。

1.2.2　字符串

在 Python 中，将一串由字符构成的连续的数据称为字符串。Python 3 中的字符串是由 Unicode 字符组成的不可变序列，即字符串一旦创建后便不可修改。Python 支持使用一对单引号、一对双引号、三对单引号或三对双引号来定义字符串，示例代码及运行结果如图 1-25 所示。

图 1-25　Python 中的字符串定义示例代码及运行结果

（1）用一对单引号或一对双引号定义单行字符串：

```
str_1 = 'hello'
str_2 = " world"
```

（2）用三对单引号或三对双引号定义多行字符串：

```
str_3 = '''
    姓名：张三，
    学号：2022010001
'''
str_4 = """
    性别：男，
    年龄：20
"""
```

提示：

图 1-25 中第 11 行代码 print()函数中的内容为 f-strings 格式化输出字符串，这是 Python 3.6 引入的格式化字符串方式，可以更加快速简洁地格式化字符串。f-strings 提供了一种在字符串中嵌入表达式的方法，即以字母 "f" 或 "F" 开始，引导要格式化的字

13

符串，在要嵌入变量或表达式的位置用一对花括号（{}）括住它们。更详细的用法请查阅 Python 的官方文档。

1.2.3 运算符

Python 运算符有算术运算符、比较运算符、赋值运算符、逻辑运算符和位运算符等，具体用法如下。

- 算术运算符：加（+）、减（−）、乘（*）、除（/）、整除（//）、取余（%）和幂（**），这些运算符都是双目运算符，每个运算符可以与两个操作数组成一个表达式。
- 比较运算符：等于（==）、不等于（!=）、大于（>）、小于（<）、大于或等于（>=）、小于或等于（<=）。比较运算符同样是双目运算符，每个运算符与两个操作数构成一个表达式。
- 赋值运算符（=）：将一个表达式或对象赋给一个左值，其中左值必须是一个可修改的值，不能为一个常量，另外，"="可与算术运算符组合成复合赋值运算符。
- 逻辑运算符：或（or）、与（and）、非（not），其中 or 与 and 为双目运算符，not 为单目运算符。
- 位运算符：按位左移（<<）、按位右移（>>）、按位与（&）、按位或（I）、按位异或（^）、按位取反（~）。

Python 支持使用多个不同的运算符连接简单表达式，实现相对复杂的功能，此时必须注意运算符之间的优先级，或者使用圆括号（()）来改变表达式的执行顺序。

1.2.4 流程控制

在图 1-23 和图 1-25 的代码中，程序的执行是默认按照从上到下的顺序逐条语句执行的，如果要实现根据不同条件跳转到不同的代码块执行，或者在满足条件的时候循环执行某个代码块等，就需要用到 Python 的流程控制。

1. if 语句

if 语句用于实现分支结构，其基本格式为：if…elif…else，其中 elif 分支可以有 0 个或多个，else 分支则只能为 0 个或 1 个。示例代码及运行结果如图 1-26 所示。

2. match 语句

当 if 语句具有多重分支结构时，使用 if…elif…else 结构会使代码显得冗长，对此 Python 3.10 中引入了 match 语句，其功能类似于 C 语言或 Java 语言中的 switch 语句，但 match 语句的功能要更加强大。示例代码及运行结果如图 1-27 所示。

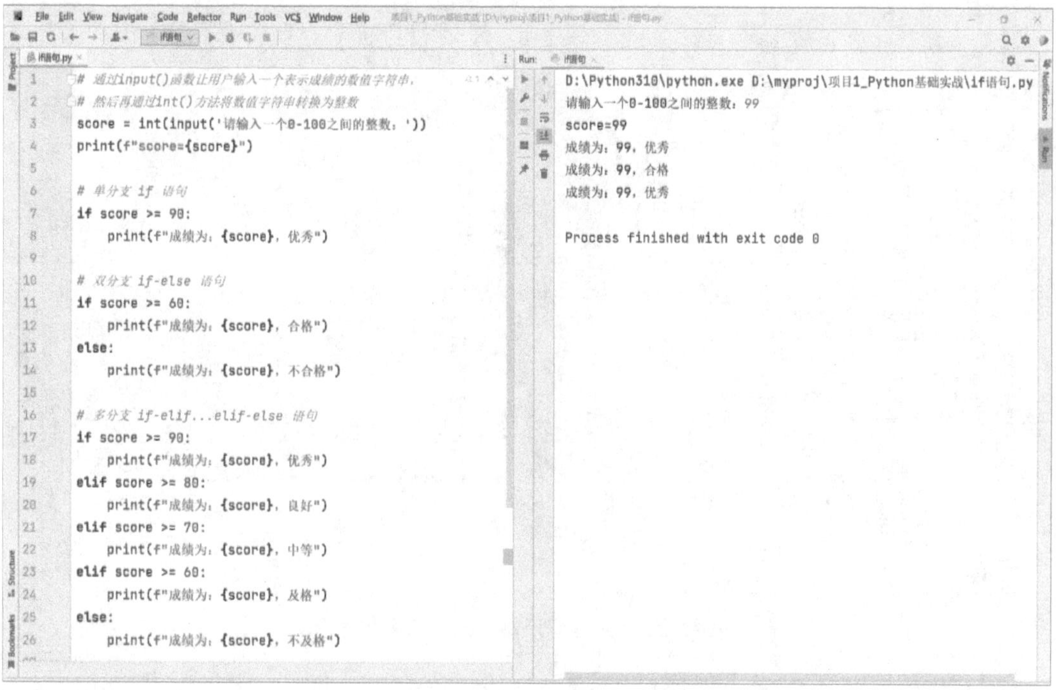

图 1-26　if 语句示例代码及运行结果

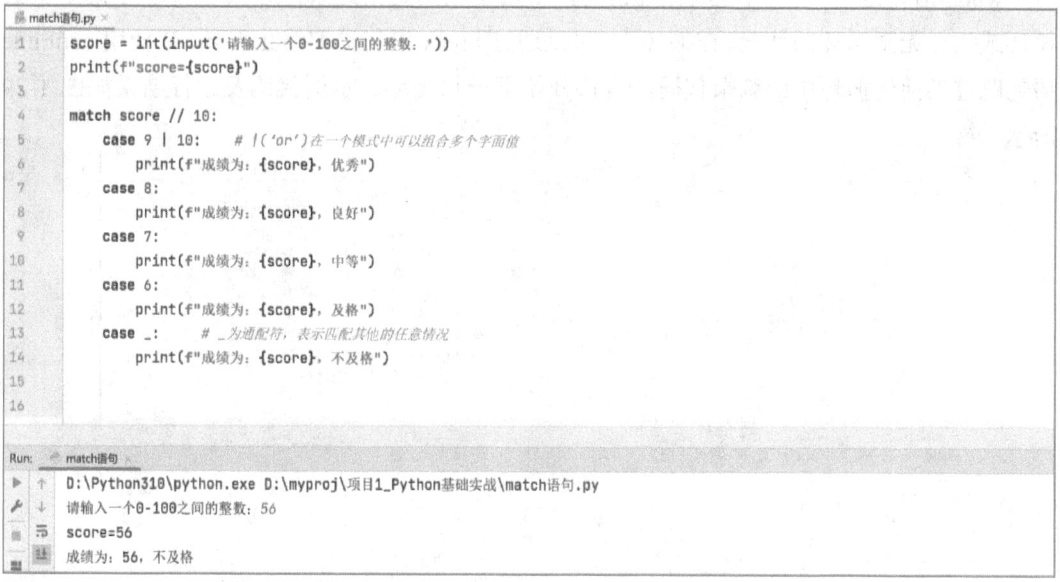

图 1-27　match 语句示例代码及运行结果

3. for 语句

for 语句是 Python 循环语句的一种，常用于遍历列表、字符串、字典、集合等数据结构，依次处理迭代器中的每个元素。示例代码及运行结果如图 1-28 所示。

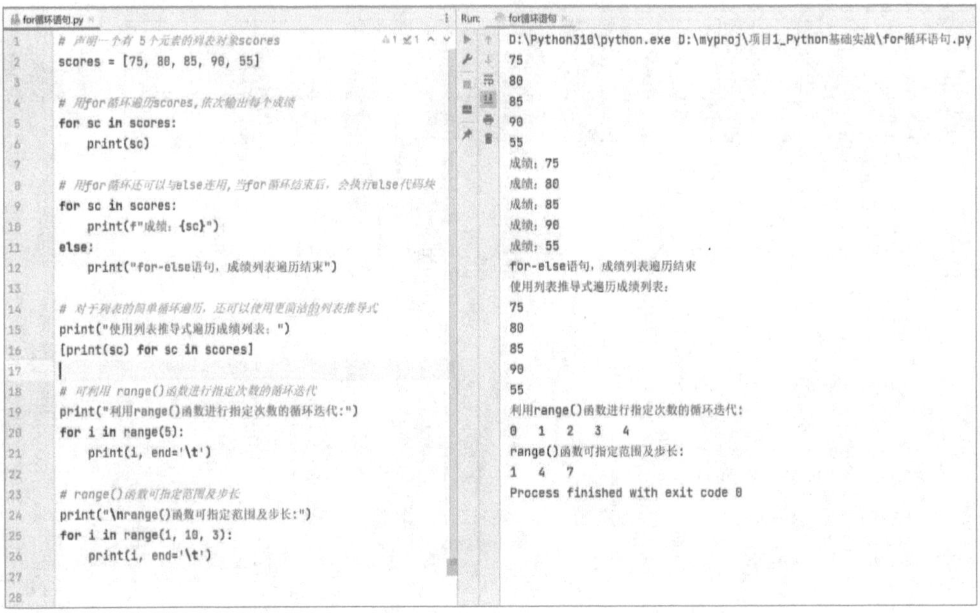

图 1-28 for 语句示例代码及运行结果

4．while 语句

while 语句是另一种 Python 循环语句，常用于在满足指定条件时执行确定/不确定次数循环或执行无限循环的情况。在循环中，可以通过 break 语句提前终止循环，或使用 continue 语句跳过当前轮循环中的剩余代码，直接开始下一轮循环。示例代码及运行结果如图 1-29 所示。

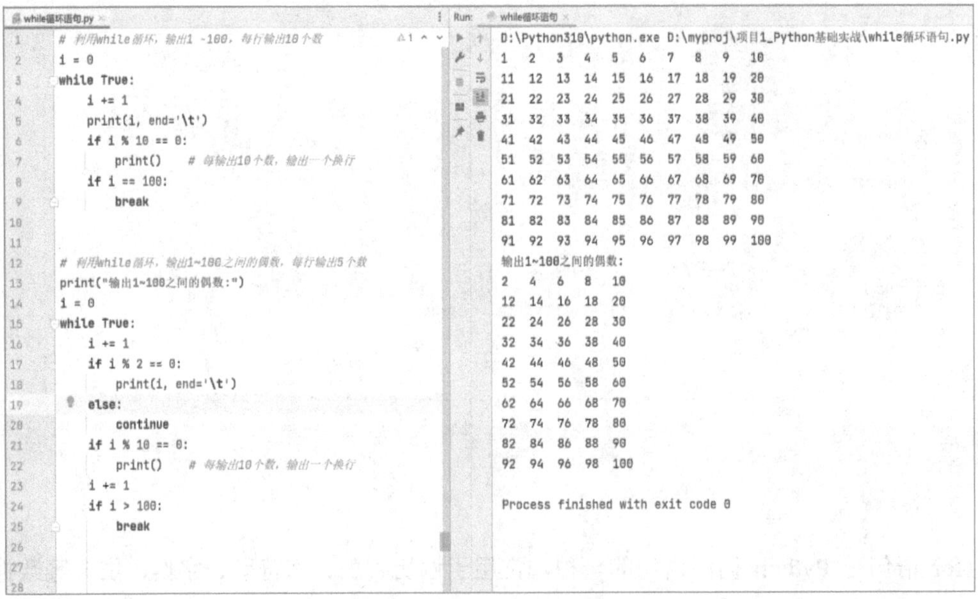

图 1-29 while 语句示例代码及运行结果

↓　任务实施

　　超文本标记语言 HTML（HyperText Mark-up Language）是一种制作万维网页面的标准语言，遵循 HTML 语言标准生成的文档为格式化的 HTML 文档。使用爬虫从互联网页面中获取信息时，实际上就是从一个 HTML 文档中提取感兴趣的部分内容的过程。如图 1-30 所示，example_1.html 文件为在当当网查询图书时生成的 HTML 文档（对原始文档做了相应的简化修改，以便练习相关实训操作）。

```
example_1.html
1   <!DOCTYPE html>
2   <html lang="en">
3   <head...>
7   <body>
8   <div id="search_nature_rg" dd_name="普通商品区域">
9       <ul class="bigimg" id="component_59">
10          <li ddt-pit="1" class="line1" id="p29397518">
11              <a title=" 爬虫逆向进阶实战" ddclick="act=normalResult_picture&pos=29397518_0_2_q" class="pic"...>
17              <p class="name" name="title">
18                  <a title=" 爬虫逆向进阶实战 "
19                      href="//product.dangdang.com/29397518.html"
20                      ddclick="act=normalResult_title&pos=29397518_0_2_q" name="itemlist-title"
21                      dd_name="单品标题" target="_blank"> <font class="skcolor_ljg">爬虫</font>逆向进阶实战
22                  </a>
23              </p>
```

图 1-30　HTML 文档示例

　　下面练习从图 1-30 中的第 18 行文本中将图书的标题"爬虫逆向进阶实战"提取出来，代码如图 1-31 所示，运行结果如图 1-32 所示。

```
HTML中提取特定字符串.py
1   # 定义一个字符串变量html用来存储待处理的原始字符串
2   html = '<a title=" 爬虫逆向进阶实战 "'
3
4   # 图书名称：爬虫逆向进阶实战，位于一对双引号之间，可按下列步骤从原始字符串中提取出来
5   # 1. 获取开始的引号在原始字符串 html 中的位置
6   start = html.index('"')
7   print(f"start = {start}")
8
9   # 2. 获取结束的引号在原始字符串 html 中的位置
10  end = html.index('"', start+1)
11  print(f"end = {end}")
12
13  # 3. 利用字符串的切片操作，从原始字符串 html 中提取子串
14  book_name = html[start+1: end]
15  print(f"book_name = {book_name}，长度为：{len(book_name)} 个字符。")
16
17  # 4. 利用字符串的strip()方法，去掉字符串前后的空格，得到图书名称的字符串
18  book_name = book_name.strip()
19  print(f"book_name = {book_name}，长度为：{len(book_name)} 个字符。")
```

图 1-31　字符串提取示例代码

```
Run:   HTML中提取特定字符串
       D:\Python310\python.exe D:\myproj\项目1_Python基础实战\HTML中提取特定字符串.py
       start = 9
       end = 20
       book_name =  爬虫逆向进阶实战  , 长度为: 10 个字符。
       book_name = 爬虫逆向进阶实战, 长度为: 8 个字符。
```

图 1-32　字符串提取示例运行结果

在本任务中，使用了 3 种字符串的相关方法：index()方法可以获取特定字符序列在某个字符串中从指定位置开始（默认是 0）的首次出现位置（如果字符串中不存在该字符序列，则会抛出一个 ValueError 错误）；使用字符串的切片操作可以从原始字符串中截取特定的子串；strip()方法用于将字符串前后的空格字符去掉。更详细的关于 Python 字符串的方法请查阅官方文档中相关的介绍。

任务拓展

字符串是在 Python 程序开发中经常使用的数据结构，我们应该熟练掌握字符串的一些常用方法，以提高程序开发的效率。请自行查阅相关文档，练习关于字符串拼接（"+"运算符）、字符串替换（replace()方法）、字符串分割（split()方法）、字符串大小写转换（upper()、lower()、title()等方法）的相关用法。

任务 1.3　用列表、字典等组织数据

扫一扫，看微课

任务介绍

本任务练习使用 Python 中的列表、字典等数据结构来组织数据，通过本任务的学习，读者应掌握 Python 中的列表、元组、字典、集合等数据结构的基本操作，能根据需要选择相应的数据结构对数据进行处理。

知识准备

1.3.1　列表（list）

列表、元组及字符串属于 Python 数据类型中的序列类型。其中，列表是 Python 中最灵活的有序序列，它可以存储任意类型的元素，开发人员可以对列表中的元素进行添加、修改、删除等操作。列表可以使用方括号（[]）创建，或通过 list()函数创建；列表元素可以通过索引（可以从左往右索引，索引值从 0 开始递增；也可以从右往左索引，索引值从-1 开始递减）或切片的方式访问；列表元素可以使用 append()、extend()、insert()等方法添加；列表元素的修改可以通过索引获取对应元素后对该元素进行重新赋值；列表元素的删除可以通过 del 语句、remove()、pop()等方法实现（不同方法的具体用法可以查阅官方文档的相

关说明）。列表的操作示例如图 1-33 所示。

```
# 列表的创建
list_1 = []          # 用'[]'创建一个空列表
list_2 = ['C', 'C++', 'Java', 'Python']
# list()方法接收的参数必须是一个可迭代类型的数据，如字符串、列表等
list_3 = list()      # 用list()函数创建一个空列表
list_4 = list('Perl')  # 创建列表: ['P','e','r','l']
print(f"list_1的类型是: {type(list_1)}")
print(f"list_4 = {list_4}")
# 访问列表元素
print(f"list_2[0]={list_2[0]}")          # 正向索引
print(f"list_2[-2]={list_2[-2]}")        # 反向索引
print(f"list_2[1:3]={list_2[1:3]}")      # 正向切片
print(f"list_2[-1:-3:-1]={list_2[-1:-3:-1]}")    # 反向切片
# 添加元素
list_1.append(list_2)      # 将list_2整体作为一个元素添加到list_1的末尾
list_1.extend(list_2)      # 将list_2列表中的每个元素依次添加到list_1的末尾
list_1.insert(1, list_4)   # 将list_4整体插入到list_1的索引为1的位置
print(f"list_1={list_1}")
# 修改元素
list_1[1] = 'Perl'
print(f"修改元素后, list_1={list_1}")
# 删除元素
del list_1[0]              # del 删除指定位置的元素
list_1.remove("C++")       # 删除指定元素
list_1.pop()               # 不传参, 删除列表的最后一个元素
print(f"删除部分元素后, list_1={list_1}")
```

图 1-33　列表的操作示例

1.3.2　元组（tuple）

元组与列表类似，也是 Python 中的序列类型，也可以存储任意类型的元素，但与列表不同的是，列表创建后可以对列表中的元素进行添加、修改、删除等操作，而元组是不可变的序列类型，创建后就不能修改了。元组可以使用圆括号（()）创建，或通过 tuple()函数创建；元组内的元素访问与列表类似，可以通过索引（可以从左往右索引，索引值从 0 开始递增；也可以从右往左索引，索引值从 -1 开始递减）或切片的方式访问。元组的操作示例如图 1-34 所示。

提示：

（1）对序列类型进行切片操作时，格式为 s[i:j:k]，其中 s 为序列类型的对象，切片区间为左闭右开区间，i 为切片操作的起始索引值（包含），j 为切片操作的结束索引值（不包含），k 为步长值（如果不提供则默认为 1）。

（2）元组的"不可变"是指元组中的元素是不允许修改的，但如果元组中的某个元素是一个可变类型的数据，则这个可变类型内部的数据是可以修改的，如图 1-33 中第 19 行、第 21 行代码。

（3）可以通过运算符"in"或"not in"来判断一个序列类型的对象中是否包含某个元素。

19

```
# 元组的创建
tuple_1 = ()   # 用'()'创建一个空元组
# 用'()'创建只包含一个元素的元组时，要注意元素后面要加上一个英文的逗号","
tuple_2 = ("Python",)
# tuple()方法接收的参数必须是一个可迭代类型的数据，如字符串、元组等
tuple_3 = tuple()   # 用tuple()函数创建一个空元组
tuple_4 = tuple('Perl')   # 创建元组：('P', 'e', 'r', 'l')
# 元组中可以存储任意类型的元素
tuple_5 = ('C', ['C++', 'Java'], ('C#', 'R'), 'Python')

# 访问元组元素
print(f"tuple_5[0]={tuple_5[0]}")   # 正向索引
print(f"tuple_5[-2]={tuple_5[-2]}")   # 反向索引
print(f"tuple_5[0:5:2]={tuple_5[0:5:2]}")   # 正向切片
print(f"tuple_5[-1:-5:-2]={tuple_5[-1:-5:-2]}")   # 反向切片

# 元组的严不可变，是指元组中的元素指向不可变，
# 但是，如果元组中的某个元素是一个可变类型的数据，则这个可变类型内部的数据是可以修改的
# tuple_5[0] = 'C语言'   # 字符串 'C' 和 'C语言' 是两个不同的对象
print(f"修改前的tuple_5: {tuple_5}")
tuple_5[1][1] = 'Java语言'   # 这条赋值语句执行前后，tuple_5[1]指向的列表对象是同一个
print(f"修改后的tuple_5: {tuple_5}")

# 可以通过运算符 'in' 或 'not in' 来判断一个序列类型的对象中是否包含某个元素
print(f"'Java' in tuple_5 ? {'Java' in tuple_5}")
print(f"'Java' not in tuple_5 ? {'Java' not in tuple_5}")
```

图 1-34　元组的操作示例

1.3.3　字典（dict）

字典是 Python 中的映射类型（每个元素都是一个键-值对，即 key-value），它使用一对花括号（{}）将键-值对括住，键（key）和值（value）之间用冒号连接，多个键-值对之间用逗号分隔。一个字典中的键（key）是唯一的，不能重复，可以使用字符串或数值等类型；值（value）可以重复，可以是任意类型。字典可以使用花括号（{}）创建，或通过 dict()函数创建。字典通过键（key）来读取、添加或修改对应的值（value）；字典元素的删除可以通过 del 语句、pop()、popitem()、clear()等方法实现。字典的操作示例如图 1-35 所示。

```
# 字典的创建
dict_1 = {'name': '张三', 'age': 20}   # 用'{}'创建字典
dict_2 = dict(name='李四', age=18)   # 用dict()函数创建字典
# 访问字典元素
print(dict_1['name'])   # 用[键名]的方式取值
# print(dict_1['addr'])   # 如果用[键名]的方式取值，当键不存在时会抛出KeyError错误
print(dict_1.get('name'))   # 通过get()方法获取某个键对应的值
print(dict_1.get('addr'))   # 通过get()方法获取不存在的键对应的值时，返回None
print(dict_1.get('addr', '未知'))   # get()方法可以指定第二个参数，表示当键不存在时返回的默认值
print(f"dict_2的所有键(key)是: {dict_2.keys()}")   # keys()方法可获取字典中的所有键
print(f"dict_2的所有值(value)是: {dict_2.values()}")   # values()方法可获取字典中的所有值
print(f"dict_2的所有元素(键值对)是: {dict_2.items()}")   # items()方法可获取字典中的所有元素
# 添加或修改字典元素：通过key来操作对应的value
print(f'更新前的dict_1: {dict_1}')
dict_1['name'] = '张山'   # 如果键(key)存在，则修改对应的值
dict_1['addr'] = '广东省广州市'   # 如果键(key)不存在，则往字典中添加新的键-值对
```

图 1-35　字典的操作示例

```
17    dict_1.update(age=19)          # 使用update()方法，如果键(key)存在，则修改对应的值
18    dict_1.update(sex='男')         # 使用update()方法，如果键(key)不存在，则往字典中添加新的键-值对
19    print(f'更新操作后的dict_1: {dict_1}')
20    for key, value in dict_1.items():
21        print(f"{key} --- {value}")
22    # 删除元素
23    del dict_1['name']   # 用del语句删除指定的键
24    dict_1.pop('sex')    # 删除指定的键，当键不存在时会抛出KeyError错误
25    dict_1.popitem()     # 随机删除某个元素
26    dict_1.clear()       # 清空字典中的所有元素
```

图 1-35　字典的操作示例（续）

提示：

字典与序列类型不同，字典中的元素是无序的，因此不能像列表或元组那样通过索引来读取元素或进行切片操作，字典只能通过键来获取对应的值。

1.3.4　集合（set）

Python 中的集合类型是一个无序集合，与数学中的集合类似，集合所包含的元素是唯一的，不可重复。Python 中的集合包括可变集合（set）和不可变集合（frozenset），常用于成员测试、去重操作或实现数学中的集合运算等。集合的操作示例如图 1-36 所示。

```
集合示例.py ×
1    # 集合的创建
2    set_1 = {'C', 'Java', 'C++'}   # 用'{...}'创建集合
3    set_2 = set()      # 要创建空集合，需要用set()方法，不能用一对空花括号(创建的是一个空字典)
4    set_3 = set(set_1)  # 用set(iterable对象)创建集合
5    set_4 = frozenset(set_1)  # 用frozenset()创建不可变集合
6    # 成员测试
7    print(f'Python in set_1 ? {"Python" in set_1}')        # False
8    print(f'Python not in set_1 ? {"Python" not in set_1}')  # True
9    # 添加元素
10   print(f'更新前的set_1: {set_1}')
11   set_1.add('C#')                # add()方法一次只能添加一个元素
12   set_1.update(['Python', 'R', 'Perl'])  # update()可以一次添加多个元素
13   set_1.update(set_3)  # set_1中已有set_3中的元素，所以本操作后set_1中的元素没有变化
14   print(f'更新操作后的set_1: {set_1}')
15   # 删除元素
16   del set_3                      # 用del语句删除整个集合
17   set_1.remove('R')             # 删除指定的元素，如果元素不存在，则抛出KeyError错误
18   set_1.discard('P')            # 删除指定的元素，如果元素不存在，则不执行任何操作
19   set_1.pop()                   # 随机删除并返回删除的元素，如果集合为空，则抛出KeyError错误
20   print(set_1)
21   set_1.clear()                 # 清空集合中的所有元素
22   # 去重
23   list_1 = ['Python', 'R', 'Perl', 'Python', 'R', 'Perl']
24   print(f'list_1={list_1}')
25   list_2 = list(set(list_1))
26   print(f'list_2={list_2}')
```

图 1-36　集合的操作示例

集合提供了相应的方法及运算符来实现集合的并、交、差、对称等操作，用户可以参考相关文档编写代码进行练习。

1.3.5 函数

函数指被封装起来的、完成某个具体任务并能够被复用的一段代码。在程序设计中，通过将一些功能性代码封装成函数，能提高代码的复用性，降低代码的冗余度，使程序的可读性更强、代码更简洁。在 Python 中，函数的语法格式如下（方括号里面的部分可以省略）：

```
1.  def 函数名([参数列表]):
2.      [函数文档字符串]
3.      代码块
4.      [return 语句]
```

函数的定义由关键字 def 引导，其后跟函数名（与 def 之间至少有一个空格，函数名的命名要符合 Python 标识符的命名规则），函数名后跟一对圆括号（()），圆括号内是参数列表（函数定义支持可变数量的参数，即参数可以是 0 个或多个），称为形式参数，简称形参。如果有多个参数，参数之间用英文的逗号（,）分开，参数的类型包括默认值参数、位置参数、关键字参数、不定长参数等，参数可以省略，但是圆括号不能省略，圆括号后面跟一个英文的冒号（:)，用于标识函数体的开始。

函数体部分相对于函数定义部分要向右缩进（通常是 4 个空格），函数体可以包含以下3 部分。

（1）函数文档字符串是一个由 3 对引号括住的字符串，用于对函数功能、相关参数及返回值等进行简要说明。这部分可以省略，但提供必要的函数文档字符串，有助于养成良好的编码习惯。

（2）代码块是用于实现函数相关功能的代码行，如果在定义函数时还没有明确实现功能的相关代码，可以先用一个 pass 语句占位。

（3）return 语句用于返回结果，如果函数不用返回值，则可以省略 return 语句，此时会返回一个默认的值 None。

函数定义好后并不会立即执行，只有在被调用时才会执行，函数的调用语法格式如下：

```
函数名([参数列表])
```

调用函数时，参数列表用于接收调用方希望传递给函数的相关数据，在调用时传递给函数的参数具有明确的取值，称为实际参数，简称实参，如果函数定义时的参数均为位置参数，则实参的个数和位置应该与形参一一对应；如果是关键字参数，则实参与形参的位置可以不一致。函数的操作示例如图 1-37 和图 1-38 所示。

```python
函数操作示例.py ×
1    def calc(num1, /, num2=10, *args, **kwargs):
2        """
3        定义一个实现累加运行并返回累加结果的函数
4        :param num1: 第一个参数,因后面有仅限位置标志: '/', 因此它只能按位置参数传参
5        :param num2: 第二个参数,因它指定了默认值,所以可以不拾它传参,也可以按位置参数或关键字参数传参
6        :param args: 前面有一个星号'*',表示可变长度的位置参数列表,可以通过元组传递
7        :param kwargs: 前面有两个星号'**',表示可变长度的关键字参数列表,可以通过字典传递
8        :return: 返回所有形参的累加结果
9        """
10       result = num1 + num2
11       for arg in args:
12           result += arg
13       for kw in kwargs:
14           result += kwargs[kw]
15       return result
16
17
18   # 定义一个匿名函数,并赋值给: add 变量
19   add = lambda num1, num2: num1 + num2
20
```

图 1-37　函数的操作示例（1）

```python
函数操作示例.py ×
20
21   if __name__ == "__main__":
22       # 默认值参数如果没有传递实参过来,则使用默认值,
23       # 否则,使用传递进来的实参(可以是位置参数传递或关键字参数传递)
24       print(calc(10))  # 只传入一个必需的位置参数;num1=10,num2使用默认值10, result=20
25       print(calc(10, 20, 30, 40, 50))  # num1=10,num2=20,其他的由可变长度的位置参数args接收, result=150
26       # num1=10,num2=20,其他的由可变长度的关键字参数kwargs接收, result=100
27       print(calc(10, num2=20, num3=30, num4=40))
28       # num1=10,num2使用默认值10,其他的由可变长度的关键字参数kwargs接收, result=110
29       print(calc(10, num3=20, num4=30, num5=40))
30       # 以关键字参数传递时,关键字参数的顺序可以随意, result=150
31       print(calc(10, num5=50, num3=30, num2=20, num4=40))
32       # 在calc()函数定义时已限定了 num1 只能按位置参数传参,如果按关键字参数传参,会抛出TypeError错误
33       # print(calc(num1=10, num2=20, num3=30, num4=40))
34       # num1=10,num2=20; 30,40由可变长度的位置参数args接收,其他的由可变长度的关键字参数kwargs接收, result=190
35       print(calc(10, 20, 30, 40, num3=20, num4=30, num5=40))
36       # 参数传递时,位置参数要在所有的关键字参数前面传递,否则会出现SyntaxError错误
37       # print(calc(10, num3=20, num4=30, num5=40, 20, 30, 40))
38
39       # 匿名函数的使用
40       print(add(20, 30))
```

图 1-38　函数的操作示例（2）

任务实施

一个展示商品的列表页面通常会包含很多个商品,每个商品展示的信息都类似,它们的 HTML 文档的结构是一致的,通常会将它们组织在一个<ul></ul>列表中,每个<li></li>列表项存放一个商品的相关内容,如图 1-39 所示。因此,当我们使用爬虫从互联网的列表页面中获取信息时,可以采用循环对商品列表进行处理,依次提取每个商品中感兴趣的内容。

下面将练习如何从图 1-39 所示的 example_1.html 文件中将所有图书的标题及其详情页链接文本提取出来,并利用列表、字典等数据结构将信息组织起来,以便后续对数据进一

步加工处理。相关操作示例代码及运行结果如图 1-40 所示。

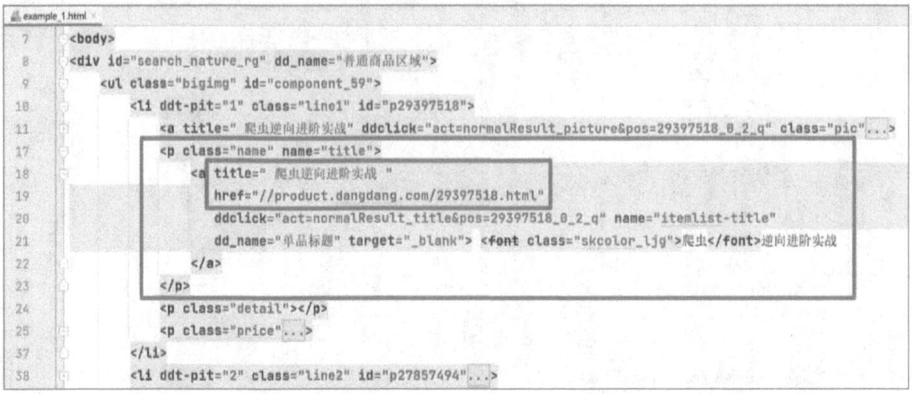

```html
<body>
<div id="search_nature_rg" dd_name="普通商品区域">
    <ul class="bigimg" id="component_59">
        <li ddt-pit="1" class="line1" id="p29397518">
            <a title=" 爬虫逆向进阶实战" ddclick="act=normalResult_picture&pos=29397518_0_2_q" class="pic"...>
            <p class="name" name="title">
                <a title=" 爬虫逆向进阶实战 "
                  href="//product.dangdang.com/29397518.html"
                  ddclick="act=normalResult_title&pos=29397518_0_2_q" name="itemlist-title"
                  dd_name="单品标题" target="_blank"> <font class="skcolor_ljg">爬虫</font>逆向进阶实战
                </a>
            </p>
            <p class="detail"></p>
            <p class="price"...>
        </li>
        <li ddt-pit="2" class="line2" id="p27857494"...>
```

图 1-39　example_1.html 文件中的图书列表示例

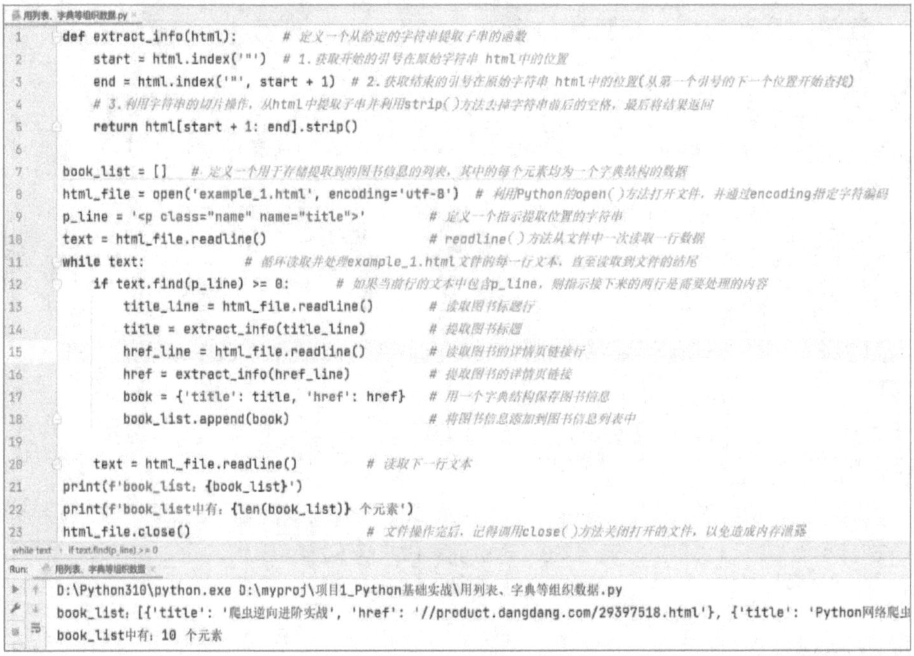

```python
def extract_info(html):      # 定义一个从给定的字符串提取子串的函数
    start = html.index('"')  # 1.获取开始的引号在原始字符串 html中的位置
    end = html.index('"', start + 1)  # 2.获取结束的引号在原始字符串 html中的位置(从第一个引号的下一个位置开始查找)
    # 3.利用字符串的切片操作，从html中提取子串并利用strip()方法去掉字符串前后的空格，最后将结果返回
    return html[start + 1: end].strip()

book_list = []   # 定义一个用于存储提取到的图书信息的列表，其中的每个元素均为一个字典结构的数据
html_file = open('example_1.html', encoding='utf-8')  # 利用Python的open()方法打开文件，并通过encoding指定字符编码
p_line = '<p class="name" name="title">'        # 定义一个指示提取位置的字符串
text = html_file.readline()                      # readline()方法从文件中一次读取一行数据
while text:            # 循环读取并处理example_1.html文件的每一行文本，直至读取到文件的结尾
    if text.find(p_line) >= 0:      # 如果当前行的文本中包含p_line，则指示接下来的两行是需要处理的内容
        title_line = html_file.readline()       # 读取图书标题行
        title = extract_info(title_line)        # 提取图书标题
        href_line = html_file.readline()        # 读取图书的详情页链接行
        href = extract_info(href_line)          # 提取图书的详情页链接
        book = {'title': title, 'href': href}   # 用一个字典结构保存图书信息
        book_list.append(book)                  # 将图书信息添加到图书信息列表中

    text = html_file.readline()        # 读取下一行文本
print(f'book_list：{book_list}')
print(f'book_list中有：{len(book_list)} 个元素')
html_file.close()                      # 文件操作完后，记得调用close()方法关闭打开的文件，以免造成内存泄露
```

```
D:\Python310\python.exe D:\myproj\项目1_Python基础实战\用列表、字典等组织数据.py
book_list：[{'title': '爬虫逆向进阶实战', 'href': '//product.dangdang.com/29397518.html'}, {'title': 'Python网络爬虫
book_list中有：10 个元素
```

图 1-40　用列表、字典等组织数据示例代码及运行结果

提示：

（1）因为图书标题、详情页链接文本都是被一对双引号括住的，利用字符串的切片操作提取相关内容的处理逻辑是一样的，为了减少代码冗余，定义一个函数 extract_info(html) 来实现提取信息的操作，html 为函数中定义的参数，用于接收待处理的字符串。

（2）在 while 循环中，要注意循环变量的变化，保证变量 text 的值在某一时刻变为空值（None，或空字符串、数值 0、bool 类型的 False 等），使循环能在满足条件的时候终止，否则可能会陷入无限循环。

↓ 任务拓展

请自行查阅相关文档，练习将 example_1.html 文件中图书的价格数据提取出来，并保存到对应图书的字典结构中。

任务 1.4　基于正则表达式提取图片链接文本

↓ 任务介绍

正则表达式（regular expression）是一种描述字符串结构的语法规则，在字符串的匹配查找、提取、替换等处理操作中有着广泛的应用。本任务练习采用正则表达式从 HTML 文档中提取感兴趣的内容。

↓ 知识准备

1.4.1　模块和包

在 Python 中，每个.py 的 Python 文件都被视为一个模块，Python 文件的名称就是模块名；将多个功能上相关联的模块组织在一个文件夹中，如果此文件夹中同时还包含一个名为 "__init__.py" 的文件（可以是一个没有任何内容的空文件），则这个文件夹便是 Python 中的包，包名就是文件夹的名称。

函数、类、模块、包是 Python 程序设计中的模块化技术，模块化是程序开发中高效组织代码的一种方法，对于提高代码可读性和可维护性有着重要的作用。Python 中的模块可以分为 3 类：内置模块，Python 的官方模块，内置于标准库中，可以直接导入程序中供开发人员使用，如 sys、os、random、datetime 等标准模块；第三方模块，由第三方发布的非官方模块，在使用之前开发人员需要先自行安装，图 1-41~图 1-44 所示为在 PyCharm 中安装第三方模块 Pillow 的操作截图；自定义模块，由开发人员自己编写的.py 文件。

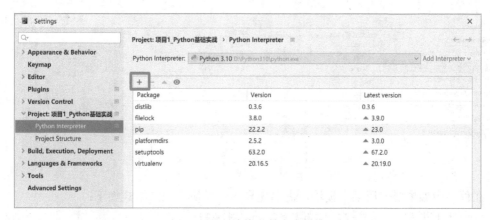

图 1-41　在 PyCharm 中安装第三方模块示例（1）

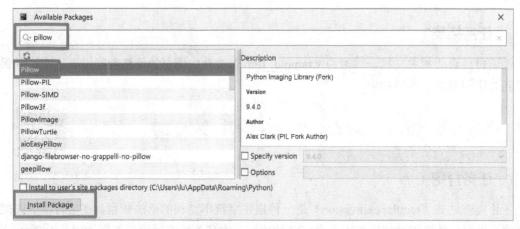

图 1-42　在 PyCharm 中安装第三方模块示例（2）

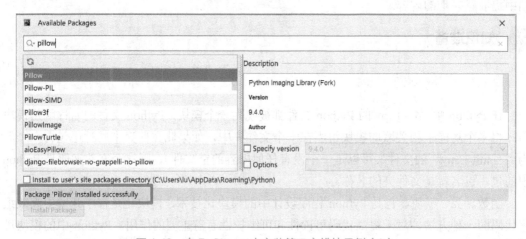

图 1-43　在 PyCharm 中安装第三方模块示例（3）

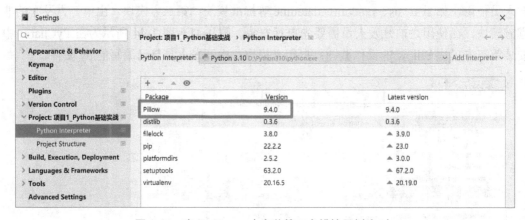

图 1-44　在 PyCharm 中安装第三方模块示例（4）

在程序中如果要使用某个模块，需要先导入该模块。语法格式如下：

```
1.  import 模块名1 [as 别名1] [，模块名2 [as 别名2]]…
```

2. 或：
3. from 模块名 import 成员1 [as 别名1] [, 成员2 [as 别名2]]…

在 from…import…方式下，还可以用通配符（*）表示导入所有成员。另外，用这种方式导入的模块成员应注意不能与当前空间的其他成员同名，否则后导入的成员会覆盖先导入的成员，造成混淆。模块使用示例如图 1-45 所示，示例运行结果如图 1-46 所示。

```python
import sys   # 使用 import 导入Python的内置模块:sys, 导入后, 通过: 模块名.函数名.类名来使用相应的函数或类
import os, datetime   # 使用 import 导入多个模块, 模块之间用逗号分隔
from random import randint   # 使用 from...import... 导入random模块中的randint()方法
from 函数操作示例 import calc   # 导入自定义模块: "函数操作示例"中的calc()函数
from PIL import Image   # 导入第三方模块, 注: 需先安装pillow, 如: pip install pillow
# 注: 模块导入时还可以用'os'给模块或函数等起个简短的别名, 如: import pandas as pd; from matplotlib import pyplot as plt

if __name__ == "__main__":
    print(f"当前的python版本是: {sys.version}")
    print(f"当前的操作系统是: {sys.platform}")
    print(f"当前模块的路径是: {os.getcwd()}")
    print(f"当前时间是: {datetime.datetime.now().strftime('%Y-%m-%d  %H:%M:%S')}")
    print(f"随机生成一个1-100之间的整数: {randint(1, 100)}")
    score_tuple = (85, 75, 65, 55, 98)   # 注: 用元组来传递可变长度的位置参数时, 在元组变量名前加'*'来解包
    print(f"调用自定义模块中的calc统计成绩元组中的总和为:{calc(0, 0, *score_tuple)}")
    score_dict = {'语文': 85, '数学': 88, '英语': 80, '物理': 95, '化学': 98}   # 注: 传参时, 在字典变量名前加'**'来解包
    print(f"调用自定义模块中的calc统计成绩字典中的总和为:{calc(0, 0, **score_dict)}")
    img = Image.open('python_logo.png')   # 使用Image模块中的open()函数来打开图片文件, 返回一个Image类的对象
    img.show()   # Image对象的show()方法显示图片
```

图 1-45　模块使用示例

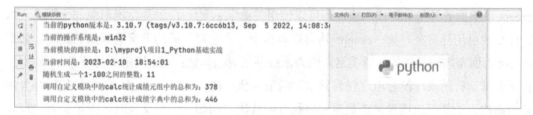

图 1-46　模块使用示例运行结果

提示：

图 1-45 中第 8 行代码 if__name__ == "__main__"，其中__name__（name 前后各有两个下画线，main 前后也各有两个下画线）是 Python 定义的属性，如果当前的模块是启动模块，则其__name__的取值为__main__；若该模块被其他的模块导入，则其__name__的值为该模块的文件名。因此，第 8 行 if 语句的作用是：当直接运行该模块时，会执行 if 语句后的相关测试代码；如果是被其他模块导入，则 if 语句后的相关测试代码不会被执行。

1.4.2　异常处理

在程序运行过程中，可能会出现各种各样的问题，如执行除法运算时的除数为 0，访问列表元素时索引值越界，读取一个不存在的文件，访问一个断开的服务器等，此时，Python

会检测到程序运行出错，从而终止程序的运行。为避免因各种异常情况的出现导致程序运行中断，Python 引入了异常处理机制，帮助程序在出现异常情况时通过合适的机制解决问题，使程序恢复正常运行。

在 Python 中，定义了丰富的异常类来表示程序运行过程中可能出现的各种异常情况，所有的异常类都是 Exception 类的子类，异常类定义在 Exception 模块中，无须导入就可以直接使用。在程序设计时，开发人员可以应用 Python 异常处理机制来捕获程序运行时出现的异常，并进行相应处理，以提高程序的健壮性。异常处理结构的完整语法格式如下：

```
1.  try:
2.      可能会引发异常的代码块
3.  except 异常类1 [as 别名1]:
4.      处理异常情况1的代码块
5.  except 异常类2 [as 别名2]:
6.      处理异常情况2的代码块
7.  ……
8.  else:
9.      try中的代码正常运行结束后执行的代码块
10. finally:
11.     无论是否出现异常，最后都必须执行的代码块
```

其中，try 下面的代码块是程序运行中可能会引发异常的代码块（放在 try 与 except 之间）；except 后面跟上具体的异常类名称，表示运行时如果出现对应类型的异常时执行该 except 块下面的异常处理代码块，还可以使用关键字 as 给对应的异常类对象起个别名，以方便后续引用异常类对象，except 块可以有多个，分别对不同的异常进行捕获处理，如果 except 后面不填写具体的异常类名，则表示捕获所有的异常；else 块定义的是当 try 块中的代码正常运行结束（没有出现任何异常）后需要执行的代码块；finally 块中的代码是异常处理结构无论是否出现异常，最后都要执行的代码，例如，读写文件时，无论是否出现异常，最终都需要关闭打开的文件。

异常处理的执行过程如下。

（1）执行 try 下面的代码块。

（2）如果没有异常出现，则忽略所有的 except 块；如果定义了 else 块，则跳转到 else 块执行；如果没有 else 块，但是定义了 finally 块，则跳转到 finally 块执行。

（3）如果出现异常，则忽略 try 块中没有执行的剩余代码，跳转到能捕获对应异常类的 except 块执行，忽略其他的 except 块。

（4）else 块或 except 块执行完后，如果定义了 finally 块，则跳转到 finally 块执行。

下面以一个除法运算的示例来演示 Python 中的异常处理。示例中要求用户输入两个整数，divide()函数随后计算两数的商并输出结果，但因用户在输入时不一定按照程序开发人员设想的方式提供数据，比如本例中用户可能会输入一个浮点数、非数值的字符、空字符等，则使用 int()函数进行字符串到 int 类型数值的转换时会抛出 ValueError 错误；而如果用

户输入的除数为 0，则在执行除法运算时会抛出 ZeroDivisionError 错误。示例代码及运行结果如图 1-47～图 1-49 所示。

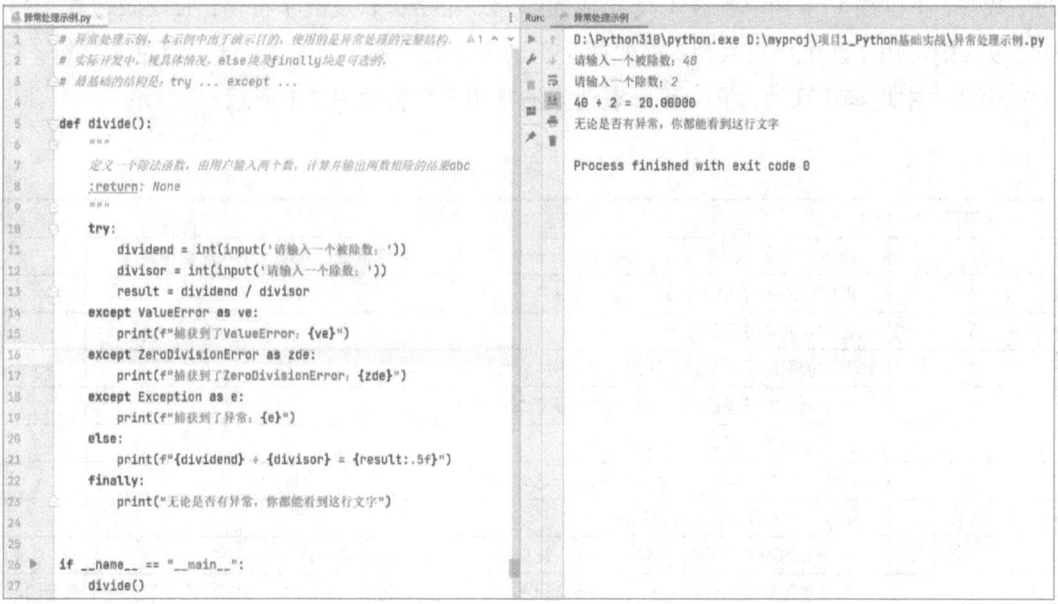

```python
# 异常处理示例，本示例中出于演示目的，使用的是异常处理的完整结构。
# 实际开发中，视具体情况，else块及finally块是可选的。
# 最基础的结构是：try ... except ...

def divide():
    """
    定义一个除法函数，由用户输入两个数，计算并输出两数相除的结果abc
    :return: None
    """
    try:
        dividend = int(input('请输入一个被除数：'))
        divisor = int(input('请输入一个除数：'))
        result = dividend / divisor
    except ValueError as ve:
        print(f"捕获到了ValueError：{ve}")
    except ZeroDivisionError as zde:
        print(f"捕获到了ZeroDivisionError：{zde}")
    except Exception as e:
        print(f"捕获到了异常：{e}")
    else:
        print(f"{dividend} ÷ {divisor} = {result:.5f}")
    finally:
        print("无论是否有异常，你都能看到这行文字")


if __name__ == "__main__":
    divide()
```

```
D:\Python310\python.exe D:\myproj\项目1_Python基础实战\异常处理示例.py
请输入一个被除数：40
请输入一个除数：2
40 ÷ 2 = 20.00000
无论是否有异常，你都能看到这行文字

Process finished with exit code 0
```

图 1-47　异常处理示例（输入正确时）

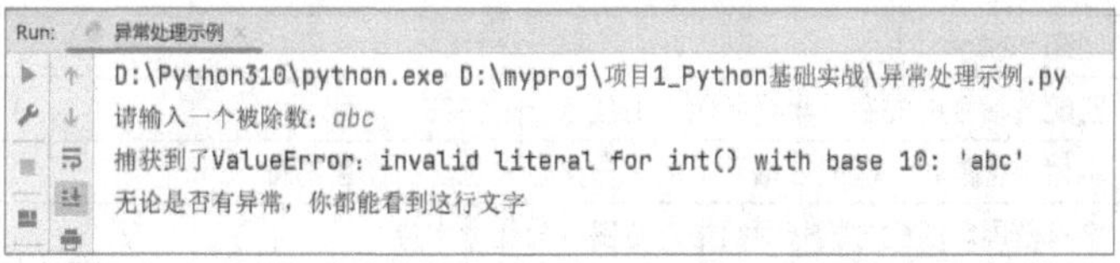

```
D:\Python310\python.exe D:\myproj\项目1_Python基础实战\异常处理示例.py
请输入一个被除数：abc
捕获到了ValueError：invalid literal for int() with base 10: 'abc'
无论是否有异常，你都能看到这行文字
```

图 1-48　异常处理示例运行结果（捕获 ValueError）

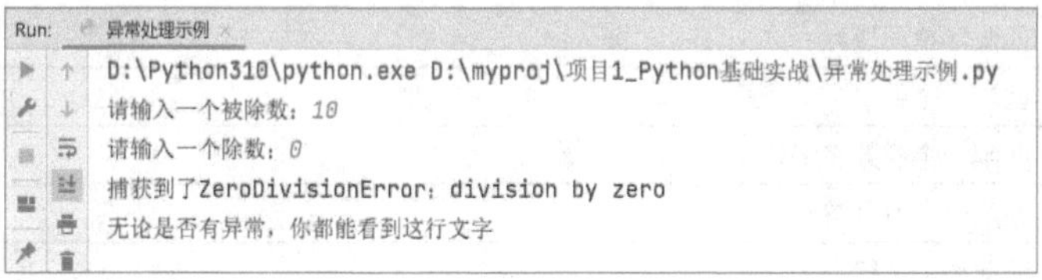

```
D:\Python310\python.exe D:\myproj\项目1_Python基础实战\异常处理示例.py
请输入一个被除数：10
请输入一个除数：0
捕获到了ZeroDivisionError：division by zero
无论是否有异常，你都能看到这行文字
```

图 1-49　异常处理示例运行结果（捕获 ZeroDivisionError）

1.4.3　正则表达式

正则表达式是用于描述字符串匹配规则的文本字符串，一个正则表达式也称为一个模式（pattern），可以用来检查一个字符串中是否包含某个子字符串、将匹配的子字符串进行替换或从一个字符串中提取符合指定条件的子字符串等。

正则表达式是由普通字符（如英文字母）及特殊的专用字符（称为“元字符”）组成的文字模式，模式描述在搜索文本时要匹配的一个或多个字符串。正则表达式作为一个模板，将某个字符模式与所搜索的字符串进行匹配，例如，在用户注册登录的逻辑代码中，可用正则表达式'^[\u4e00-\u9fa5a-zA-Z0-9_-]{5,20}$'来判断用户名是否为由中文、大小写英文字母、数字、下画线（_）和中画线（-）组成的5～20个字符长度的字符串；正则表达式'^1[3-9]\d{9}$'则可用于匹配手机号码。前面两个正则表达式中的字符^、$、\d 等就是元字符，它们在表达式中均有特殊的含义。正则表达式的常用元字符如表 1-1 所示。

表 1-1　正则表达式的常用元字符

元字符	含义
\	将下一个字符标记为一个特殊字符、一个原义字符、一个向后引用或一个八进制转义符
^	匹配输入字符串的行首
$	匹配输入字符串的行尾
*	匹配前面的子表达式 0 次或任意多次
+	匹配前面的子表达式 1 次或多次（大于或等于 1 次）
?	匹配前面的子表达式 0 次或 1 次
{n}	n 是一个非负整数。匹配前面的子表达式 n 次
{n,}	n 是一个非负整数。至少匹配 n 次
{n,m}	m 和 n 均为非负整数，其中 n<=m。最少匹配 n 次且最多匹配 m 次
?	当该字符紧跟在任何一个其他限制符（*，+，?，{n}，{n,}，{n,m}）后面时，匹配模式是非贪婪的。非贪婪模式尽可能少地匹配所搜索的字符串，而默认的贪婪模式则尽可能多地匹配所搜索的字符串
.	匹配除 "\n" 和 "\r" 之外的任何单个字符
x|y	匹配 x 或 y
[xyz]	匹配方括号中的字符集合所包含的任意一个字符
[^xyz]	负值字符集合。匹配方括号中的字符集合未包含的任意字符
[a-z]	字符范围。匹配方括号中的指定范围内的任意字符
[^a-z]	负值字符范围。匹配任何不在方括号中指定范围内的任意字符
\b	匹配一个单词的边界，即单词和空格间的位置
\B	匹配非单词边界
\d	匹配一个数字字符
\D	匹配一个非数字字符
\f	匹配一个换页符
\n	匹配一个换行符
\r	匹配一个回车符
\s	匹配任何不可见字符，包括空格、制表符、换页符等
\S	匹配任何可见字符
\t	匹配一个制表符
\w	匹配包括下画线的任何单词字符
\W	匹配任何非单词字符

　　构造正则表达式的方法和创建数学表达式的方法一样，也就是用多种元字符与运算符可以将小的表达式结合在一起来创建更大的表达式。正则表达式的组件可以是单个的字符、字符集合、字符范围、字符间的选择或者所有这些组件的任意组合。在 Python 中，提供了

用于处理正则表达式的 re 模块，在该模块中，提供了用于文本匹配、文本替换、文本分割等功能的相关处理函数，常用的函数及其功能如表 1-2 所示。

表 1-2　re 模块中常用的函数及其功能

函数	功能
compile(pattern, flags=0)	将正则表达式 pattern 编译为一个正则表达式对象
search(pattern, string, flags=0)	扫描整个 string，找到与 pattern 匹配的第一个位置，并返回一个相应的匹配对象，否则返回 None
match(pattern, string, flags=0)	如果 string 开始的 0 个或者多个字符匹配到了 pattern，就返回一个相应的匹配对象，否则返回 None
fullmatch(pattern, string, flags=0)	如果整个 string 匹配到了 pattern，就返回一个相应的匹配对象，否则返回 None
split(pattern, string, maxsplit=0, flags=0)	用 pattern 对 string 进行切分，返回一个由切分后的子字符串组成的 list 列表
findall(pattern, string, flags=0)	返回 pattern 在 string 中的所有非重叠匹配，以字符串列表或字符串元组列表的形式返回。string 从左往右扫描，匹配结果按照找到的顺序返回
finditer(pattern, string, flags=0)	查找 pattern 在 string 里所有的非重复匹配，并返回一个迭代器对象（iterator）。string 从左往右扫描，匹配按顺序排列
sub(pattern, repl, string, count=0, flags=0)	字符串查找替换。返回通过使用 repl 替换在 string 最左边非重叠出现的 pattern 而获得的字符串，如果 pattern 没有找到匹配，则不加改变地返回 string。repl 可以是字符串或函数，如果是字符串，则其中任何反斜杠转义序列都会被处理；可选参数 count 是要替换的最大次数（必须为非负整数），如果省略，则会替换所有的匹配
subn(pattern, repl, string, count=0, flags=0)	作用与 sub() 函数相同，但是返回一个元组（字符串,替换次数）

⬇ 任务实施

在自动化的网络爬虫程序中，通常会从某一个入口页面开始，反复提取页面中的相关链接，并根据链接进入后续页面的爬取，从而实现迭代地遍历整个网站中感兴趣的页面。

下面练习使用正则表达式的相关方法，从图 1-50 所示的 example_1.html 文件中将所有图书的图片链接文本提取出来，相关操作示例代码及运行结果如图 1-51 所示。

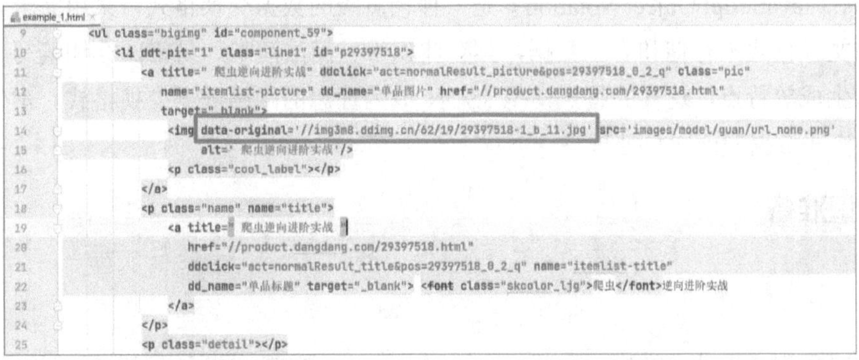

图 1-50　提取 example_1.html 文件中图书的图片链接文本示例

```
基于正则表达式提取图片链接文本.py
1   import re           # 导入Python的正则表达式模块: re模块
2
3   # 图书封面的链接示例: <img data-original='//img3m8.ddimg.cn/62/19/29397518-1_b_11.jpg'
4   # 观察上面data-original中的链接, 可发现如下规律:
5   # 链接以'//img'开头, 以'.jpg'结束, 中间部分包括字母、数字、及./-_等字符若干个
6   # 故可定义用于匹配上面字符串中的图片链接的正则表达式如下:
7   reg_str = r'//img.+.jpg'        # .+: 匹配除换行符外的任意字符一次或多次
8   # reg_str = r'//img[\S]+.jpg'     # [\S]+: 匹配除空白字符外的任意字符一次或多次
9   # 使用with语句打开文件, 使用完后无须再调用close()方法关闭文件
10  with open('example_1.html', encoding='utf-8') as f:
11      html = f.read()           # 调用不带参数的read()方法, 一次性读取文件的全部内容。注意: 读取大文件时慎用!
12      # re模块的findall()方法把所有匹配的结果以列表的形式返回。如果没有匹配上, 返回空列表
13      img_urls = re.findall(reg_str, html)
14      for url in img_urls:
15          print(url)
```

```
Run:  基于正则表达式提取图片链接文本
    D:\Python310\python.exe D:\myproj\项目1_Python基础实战\基于正则表达式提取图片链接文本.py
    //img3m8.ddimg.cn/62/19/29397518-1_b_11.jpg
    //img3m4.ddimg.cn/82/9/27857494-1_b_3.jpg
    //img3m3.ddimg.cn/78/36/29339223-1_b_5.jpg
    //img3m7.ddimg.cn/7/10/28510027-1_b_6.jpg
    //img3m5.ddimg.cn/79/17/29249035-1_b_33.jpg
    //img3m4.ddimg.cn/68/13/29166854-1_b_3.jpg
    //img3m8.ddimg.cn/28/19/597875878-1_b_2.jpg
    //img3m6.ddimg.cn/68/3/1417089236-1_b_1.jpg
    //img3m0.ddimg.cn/48/28/1867479420-1_b_1.jpg
    //img3m6.ddimg.cn/89/34/11145738176-1_b_1.jpg
```

图 1-51   基于正则表达式提取图片链接文本示例及运行结果

任务拓展

请将 example_1.html 文件中所有图书的图片链接文本都提取出来，并保存到对应图书的字典结构中。

任务 1.5   从 JSON 文件中加载数据

扫一扫，看微课

任务介绍

JSON（JavaScript Object Notation）是一种轻量级的数据交换格式，采用完全独立于编程语言的文本格式来存储和表示数据，具有体积小、简洁清晰、易于阅读和编写、易于机器解析和生成等特点，这样的特点使得 JSON 成为理想的网络数据交换格式。本任务练习对 JSON 格式数据的读取与处理。

知识准备

1.5.1   类与对象

面向对象程序设计（Object Oriented Programming，OOP）是程序开发领域的重要思想，

它基于模拟人类认识客观世界的逻辑来设计程序，是当前计算机软件工程学的主流方法。该方法的核心概念是类和对象，其中类是对某一类事物的抽象描述，通常包括表示静态属性的数据及对数据的操作（称为方法）；对象是类的实例化，是某一类事物的具体个体，每个对象都属于特定的类，称为类的实例。对象间通过消息传递相互通信，来模拟现实世界中不同实体间的相互作用。

1. 基本概念

类（Class）：在面向对象程序设计中，类是具有相同属性和行为的一类对象的集合，它提供了一个抽象的共性描述。从概念上分析，类就是一个模具或设计蓝图，里面包含了对象的详细定义，可以根据这个定义实例化一个个具体的对象。从代码角度上看，类是一段可以复用的代码，里面封装了类的属性和方法的详细定义。例如，汽车的设计图描述了汽车的各种属性与功能，如汽车有发动机、方向盘、轮子等部件，有启动、转向、制动、加速等操作。汽车工厂根据设计图批量生产一辆辆结构、功能类似的汽车，但是每辆车都是一个独立的实体。在这个例子中，汽车的设计图即可被视为一个类，根据设计图制造出来的每一辆车都是这个类的一个实例。

对象（Object）：对于现实世界来说，对象是一个具体的、可描述的事物，即在现实生活中能够看得见摸得着的事物，如一本书、一辆汽车、一栋房屋；或是人为的概念，如一家公司、一个故事等。在面向对象程序设计中，对象指的是计算机系统运行过程中的某一个模块，对象是数据（描述事物的属性）和动作（体现事物的行为）的结合体。对象不仅能够对数据进行操作，同时还能够及时记录下操作结果。定义好一个类后，就可以在需要时根据这个类的定义来创建具体的对象，称为对象的实例化。

抽象（Abstract）：抽象是从许多事物中抽取它们的共同特征，形成概念的过程。例如，从汽车、飞机、高铁等事物中抽取它们的共同特征，就得到了"交通工具"这一个概念，这个得出交通工具概念的过程便是一个抽象的过程。在进行抽象提炼的过程中，为了降低复杂度，通常会抓大放小，强调主要特征，忽略次要特征。

封装（Encapsulation）：封装、继承和多态是面向对象程序设计的 3 个基本特征。所谓封装，就是把客观事物封装成抽象的类，并且类可以把自己的数据和方法只让可信的类或者对象操作，对不可信的类或对象隐藏信息。简单地说，一个类就是一个封装了属性（数据）及操作这些属性（数据）的行为的逻辑实体，将对象的属性和行为封装在一个对象内部，外部代码在使用对象的相关功能时并不需要了解对象的具体实现细节。对象的某些行为或某些属性（数据）还可以被定义为私有的，不能被外界访问。通过封装这种方式，对象对内部数据提供了不同级别的保护，只提供必要的接口方法给外界调用，以防止程序中无关的部分意外地改变或错误地使用了对象的私有部分，避免外界直接访问和修改对象属性导致的耦合度过高、易导入不可预知错误等问题。

继承（Inheritance）：继承描述的是类与类之间的关系，通过继承，一个新类可以使用现有类的相关功能，并且在无须重新编写原来的类的情况下对这些功能进行扩展。通过继承创建的新类称为"子类"或"派生类"，被继承的类称为"基类""父类""超类"，继承的过程就是从一般到特殊的过程。继承不仅增强了代码的复用性，提高了开发效率，也为程序的扩充提供了便利。例如，交通工具类描述了不同类型的交通工具所共有的属性和行为，而飞机这种交通工具，除了具有通用交通工具的共有属性和行为，还具有专属于飞机的属性和行为，因此在定义飞机这个类时，可以直接让飞机类继承交通工具类，再为飞机类单独添加它所特有的属性和行为即可。

多态（Polymorphism）：所谓多态，就是指一个类实例的相同方法在不同情形下有不同的表现形式，即同一个属性或行为在父类和子类中具有不同的语义。多态机制使具有不同内部结构的对象可以共享相同的外部接口，这意味着，虽然针对不同对象的具体操作不同，但通过一个公共的类（父类），这些不同的操作可以通过相同的方式进行调用。例如，交通工具类都具有将乘客从出发地运送到目的地的功能（行为），但是不同的交通工具子类实现这个功能的具体操作是不一样的，如汽车通过公路实现运送乘客的功能，高铁通过铁路运输实现，飞机则通过空中飞行将乘客运送到目的地。

2. 类的定义

在程序中创建对象之前要先定义类。类是对象的抽象，是一种自定义数据类型，用于描述一组对象的共同特征和行为。在类中可以定义属性和方法，属性用于描述对象的特征，方法（在类中定义的函数）用于描述对象的行为。Python 中的类定义语法格式如下：

```
1.  class 类名[(父类列表)]:
2.      属性名1 = 属性值1
3.      ……
4.      def 方法名1(self [, 其他参数列表]):
5.          方法体
6.      ……
```

在上面的语法格式中，class 为定义的关键字，其后的类名是类的标识符，需要满足 Python 中标识符的命名规范。类名的首字母一般大写，类名后方括号中的内容为可选项，表示当前定义的类要从哪些父类中继承，如果没有，则表示当前类直接从 Python 的基类 Object 类中继承。Python 支持多重继承，即可以有多个父类，两个父类之间用英文逗号（,）分隔。第一行后面的冒号必须有，它指示接下来的内容为类中的相关属性及方法定义，类中的属性和方法定义要注意向右缩进。属性的定义与前面所述的 Python 中的变量定义类似，方法定义与前面介绍的函数定义相同，但是类中的方法有一个指向当前对象的默认参数 self。类中定义的属性和方法默认是公有的，由该类创建的对象可以任意访问类的公有成员（方法和属性），如果想将类中的某些属性和方法封装为私有成员，不允许外部代码随意访问，则可以通过在成员名前面添加双下画线（__）将成员声明为私有的（私有属性或私有方法）。另外，Python 的类中有两个特殊的方法：构造方法__init__()和析构方法

__del__()，构造方法用于对类进行实例化时设置相关属性的初始值，析构方法用于销毁对象时进行相关清理工作。类的定义示例如图 1-52 所示。

```
vehicle.py
1    # 定义一个交通工具基类
2  ⊟ class Vehicle:
3        def __init__(self, type='vehicle', brand=None, seat=0):
4            self.type = type        # 品牌
5            self.brand = brand      # 品牌
6            self.seat = seat        # 座位数
7
8        def __str__(self):
9            return f"{self.type} 的品牌为：{self.brand}，座位数为：{self.seat}"
10
11       def moving(self):           # 定义一个成员方法
12           print("vehicle is moving ... ")
13
14
15   # 定义一个交通工具类的子类：汽车类
16   class Car(Vehicle):
17       def moving(self):
18           print("car is moving on the highway ... ")
19
20
21   # 定义一个交通工具类的子类：轮船类
22   class Ship(Vehicle):
23       def moving(self):
24           print("ship is moving in th sea ... ")
25
26
27   # 定义一个交通工具类的子类：飞机类
28   class Plane(Vehicle):
29       def moving(self):
30           print("plane is flying ... ")
```

图 1-52　类的定义示例

3. 对象的创建与使用

类定义完成后，只是定义了一个创建对象的模板，并不能直接使用。只有通过类的实例化，创建了对象后才能实现类的作用。对象的创建语法格式如下：

```
1.   对象名 = 类名([参数列表])
```

在上面的语法格式中，对象名必须满足 Python 中标识符的命名规范，如果在类声明时没有显示定义构造方法，则 Python 会给类提供一个默认的、不带参数的构造方法，此时类名后面的圆括号中为空；如果在类声明时自定义了带参数的构造方法，则必须按声明时的参数列表提供对应的实参列表。

对象创建后，可以通过成员引用运算符（.）来访问对象的属性或成员方法，访问的语法格式如下：

```
1.   对象名.属性名                    # 访问对象属性
2.   对象名.方法名([参数列表])         # 访问对象的成员方法
```

在访问成员方法时，方法声明时参数列表中的 self 参数指向当前对象，在方法访问时不需要在参数列表中进行传递，如果还有其他参数，则需要按照普通函数的参数传递方法进行处理。对象的创建与使用示例及运行结果如图 1-53 所示。

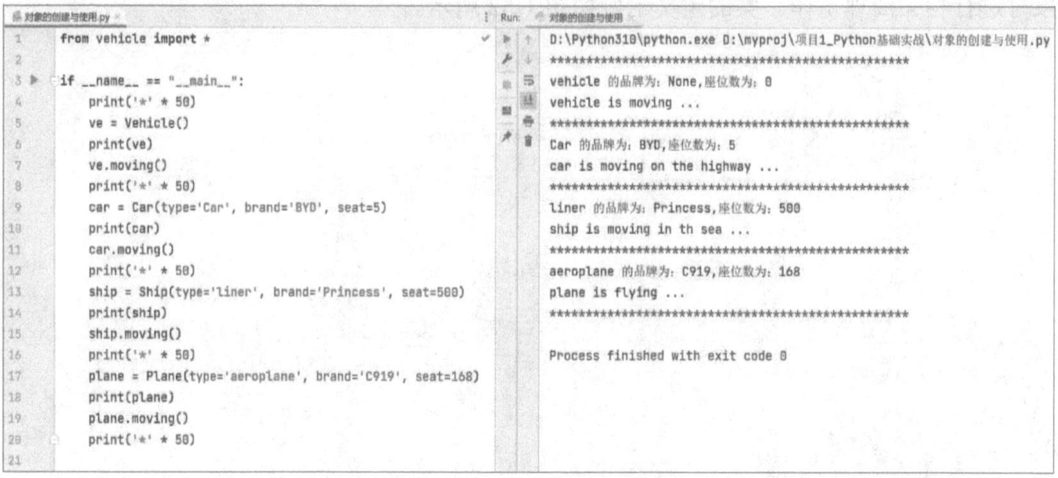

图 1-53　对象的创建与使用示例及运行结果

1.5.2　文件与目录操作

通常利用变量将程序运行中产生的数据保存在内存中，但当程序运行结束后，内存中的数据也会随之被清除。如果要将程序运行中产生的数据持久化地保存，则需要将它们保存到文件或数据库等存储对象中。而保存数据的文件可能存储在不同的位置，在操作文件时，需要准确地找到文件的位置（存储路径），这就涉及对目录的相关操作。

1. 文件操作

在文件操作时，首先要打开文件，然后对文件进行读写操作，读写操作完成后，关闭文件以释放内存。Python 提供了内置的 open()函数来打开文件，如果成功打开文件，则会返回对应的文件对象；如果打开文件操作失败，则会抛出 OSError 错误。open()函数的语法格式如下：

```
1.  open(file, mode='r', buffering=None, encoding=None, errors=None, newline=None,
closefd=True)
```

在 open()函数中，参数 file 接收文件路径信息，为必选参数；mode 为文件的打开方式，默认值为'r'，表示以只读方式打开文件，其他相关参数值及其含义如表 1-3 所示；buffering 用于指定缓冲策略，为可选参数；encoding 用于指定编码方式，默认值为 None，表示使用操作系统的默认编码，如果要指定使用 utf-8 编码来打开文件，则传递参数 encoding='utf-8'；errors 用于指定报错级别；newline 用于指定换行符，默认为 None，表示使用通用换行模式；closefd 用于指定是否关闭文件描述符。通常最后面的 3 个参数采用默认值即可。

表 1-3　mode 参数值及含义

参数	含义
'r'	以只读模式打开文件，若文件不存在，则报错，为默认参数
'w'	以只写模式打开文件，若文件存在，则先清空原有内容，再从头写入；若文件不存在，则新建一个文件并写入
'x'	以新建模式打开文件，若文件存在，则报错
'a'	以追加模式打开文件，若文件存在，则接着原有内容写入；若文件不存在，则新建一个文件
'b'	以二进制文件模式打开文件
't'	以文本文件模式打开文件，为默认参数
'+'	以可读写模式打开文件进行更新

提示：

mode 参数可以[打开模式]+[文件模式]+[是否更新]的方式进行组合，如 rb:，以只读模式打开二进制文件；wb:，以只写模式打开二进制文件。

当调用 open()函数成功打开文件后，会返回一个文件对象，通过文件对象的 read()、readline()、readlines()等方法可以读取文件中的内容；通过文件对象的 write()、writelines()方法可以向文件中写入数据。文件操作结束后，调用 Python 的内置函数 close()关闭已打开的文件。文件的相关操作示例如图 1-54 所示。

Python 中内置的 shutil 模块、os 模块等还提供了有关文件复制、删除、修改、统计信息获取等相关函数，详细用法可以查阅 Python 的官方文档。

```python
# 文件操作示例1

# 利用 open() 函数以只读方式 (mode='r') 打开文件，并通过encoding指定字符编码
source = open('example_1.html', mode='r', encoding='utf-8')

# 利用 open() 函数以只写方式 (mode='w') 打开文件，并通过encoding指定字符编码
target = open('demos.txt', mode='w', encoding='utf-8')

# 逐行读取example_1.html 中的内容，并写入 demos.txt文件中
while True:
    line = source.readline()
    if line:
        target.writelines(line)
    else:
        break

# 文件读取完成后，关闭打开的文件
source.close()
target.close()
```

图 1-54　文件的相关操作示例

2. with 语句

在文件操作中，文件的打开和关闭操作一定要成对使用，注意避免因没有关闭使用后

的文件而导致信息泄露或对文件造成破坏。为了避免这种情况，Python 提供了 with 语句来自动实现文件的关闭操作，让程序员在 with 语句中能聚焦于文件操作本身，不用担心因忘记关闭文件而造成相关损失。with 语句的语法格式如下：

```
1.  with 表达式 [as 对象名]:
2.      with语句体
```

with 语句的示例代码如图 1-55 所示。

```
# 文件操作示例2

# 利用 with 语句以只读方式（mode='r'）打开文件，并通过encoding指定字符编码
with open('example_1.html', mode='r', encoding='utf-8') as source:

    # 利用with语句打开一个新文件（只写）
    with open('demos.abc', mode='w', encoding='utf-8') as target:
        # 逐行读取example_1.html中的内容，并写入 demos.abc 文件中
        while True:
            line = source.readline()
            if line:
                target.writelines(line)
            else:
                break
```

图 1-55　with 语句的示例代码

3. 目录操作

文件通常存储在计算机的磁盘中，当文件的数量较多时，可以使用文件夹（目录）对文件进行分门别类的组织管理。对于目录的查询、修改、删除等操作，可以通过 os.path 模块、os 模块及 shutil 模块等 Python 内置模块中的相关函数来实现。一些常用函数如表 1-4～表 1-6 所示，相关的目录操作示例代码如图 1-56 所示，示例运行后创建的目录树结构及运行结果如图 1-57 所示。

表 1-4　os.path 模块中目录操作常用的函数及功能

函数	功能
abspath(path)	返回 path 指定的文件或文件夹的绝对路径
basename(path)	返回 path 路径中的最后一级文件名称或文件夹名称
dirname(path)	从 path 中提取目录名
exists(path)	检测 path 是否存在，若存在，则返回 True，否则返回 False
getsize(filename)	返回指定 filename 文件的大小
isabs(path)	检测 path 是否为绝对路径，若是，则返回 True，否则返回 False
isdir(path)	检测 path 是否为目录，若是，则返回 True，否则返回 False
isfile(path)	检测 path 是否为文件，若是，则返回 True，否则返回 False
join(path,name)	将 path 和 name 合成为新的路径

函数	功能
split(path)	分离 path 指定的路径，返回(head, tail)元组
splitdrive(path)	从 path 指定的路径中分离出驱动器名称和剩余路径
splitext(path)	从 path 指定的路径中分离出文件名和扩展名

表 1-5　os 模块中目录操作常用的函数及功能

函数	功能
getcwd()	返回当前的工作目录（current working directory）
chmod(path,mode)	修改文件/目录的访问权限
listdir(path=None)	返回指定 path 下的所有文件及目录的名字列表
chdir(path)	将指定 path 设置为当前目录
mkdir(path)	创建 path，若指定目录已存在，则抛出 FileExistsError 错误
rmdir(path=None)	删除 path，若指定目录不存在，则抛出 FileNotFoundError 错误
walk(top,topdown=True,onerror=None, followlinks=False)	遍历目录树，并返回由路径名、文件夹名和文件名组成的三元素元组

表 1-6　shutil 模块中目录操作常用的函数及功能

函数	功能
copetree(src,dst)	将源目录树 src 复制到目标目录 dst 中，若目录树已存在，则抛出 FileExistsError 错误
rmtree(path)	删除 path 指定的目录树，若遇到只读属性的文件或目录，则抛出 PermissionError 错误

```python
# 导入相关模块
import os, shutil
import os.path as pt

# 遍历给定的起始目录下的所有子目录和文件
def iter_dir(level, path):
    if pt.isdir(path):
        print(f"{'-' * (level*4)}目录: {pt.basename(path)}")
        for p in os.listdir(path):
            iter_dir(level+1, pt.join(path, p))
    else:
        print(f"{'-' * (level * 4)}文件: {pt.basename(path)}")

# 目录操作示例代码
curr_dir = os.getcwd()          # 获取当前目录
print(f"当前路径为: {curr_dir}")
os.mkdir("test_base")           # 在当前目录下创建一个名为'test_base'的子目录
os.chdir("test_base")           # 将当前目录切换到test_base目录下
print(f"当前路径为: {os.getcwd()}")
os.mkdir("test_sub1")           # 在当前的test_base目录下创建一个名为'test_sub1'的子目录
os.mkdir("test_sub2")           # 在当前的test_base目录下创建一个名为'test_sub2'的子目录
os.makedirs("test_sub3/example1/example2")   # 在当前的test_base目录下连续创建子目录
target_dir = pt.join(os.getcwd(), 'test_sub3', "example1", 'target.txt')   # 拼接路径
```

图 1-56　目录操作示例代码

```
24    # 将'目录操作示例.py'文件复制一个副本到test_base/test_sub3/example1 子目录下，并命名名为'target.txt'
25    shutil.copy('../目录操作示例.py', target_dir)
26    another_dir = pt.join(os.getcwd(), 'test_sub3/example1/example2', 'another.txt')
27    # 将'目录操作示例.py'文件复制一个副本到test_base/test_sub3/example1/example2 子目录下，并命名名为'another.txt'
28    shutil.copy('../目录操作示例.py', another_dir)
29    iter_dir(0, pt.abspath('.'))        # 遍历给定的起始目录（test_base）下的所有子目录和文件
30    print(f"本文件所在的绝对路径为: {pt.abspath('../目录操作示例.py')}")        # 获取给定文件的绝对路径
```

图 1-56　目录操作示例代码（续）

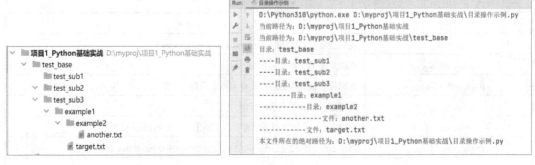

图 1-57　在目录操作示例中创建的目录树及运行结果

1.5.3　JSON

JSON 是比 XML（Extensible Markup Language）更简单、清晰的一种数据交换格式，它采用完全独立于编程语言的文本格式来存储和表示数据。当表示相同的数据时，JSON 文件所使用的字符数要比 XML 文件少得多，可以大大节约数据传输时的带宽，传输效率更高。Python 中提供了 JSON 模块支持对 JSON 数据的操作。JSON 的语法规则如下。

- 使用键-值对（key : value）表示对象属性和值。
- 使用逗号（,）分隔多条数据。
- 使用花括号（{}）包含对象。
- 使用方括号（[ ]）表示数组。

在上述规则中，JSON 键-值对的格式是属性名称（包含在一对双引号中）后面加一个冒号（英文的），冒号后是属性对应的取值，例如，"name":"张三" "age":18 等。JSON 中的数据可以是数值（整数或浮点数）、用双引号括住的字符串、布尔值（True 或 False）、数组（与 Python 中的列表类似，用一对方括号括住，数组中的两个值之间用逗号分隔）、对象（用一对花括号括住）、null。

JSON 对象为{key: value, key: value, …}的键-值对结构。key 为对象的属性，value 为对应的属性值，通过"对象.key"的方式来获取对应的属性值。

JSON 数组是一对用方括号括住的内容，格式为[字段 1,字段 2,字段 3,...]，其中字段值的类型可以是数字、字符串、数组、对象等。取值方式与 Python 中的列表取值类似，使用索引获取。

表示学生信息的 JSON 对象示例如下。

```
1.  {
2.      "name":"张三",
3.      "stu_no":"2022010001",
4.      "is_registered":true,
5.      "age":20,
6.      "hobbies":["篮球","羽毛球","徒步"],
7.      "scores":{"思政":80,"体育":95,"Python":90}
8.  }
```

任务实施

JSON 数据因它简洁、体积小的特点而非常适合在网络数据传输中使用。很多网站在后台向前台进行异步数据传输时，通常将数据组织为 JSON 格式后再传输，因此在处理动态页面的爬虫程序中，需要对爬取的 JSON 数据进行相应的处理，以提取感兴趣的信息。

下面练习从图 1-58 所示的保存天气数据的 JSON 文件 weather_20230208.json 中读取相关数据，进行相应处理后，将数据以 CSV 文件的方式保存到计算机中。相关操作示例代码及运行结果如图 1-59～图 1-62 所示。

```
1   [
2       {
3           "city": "101010100",    "cityname": "北京",    "fctime": "202302081800",    "temp": "7℃",    "tempn": "-2℃",
4           "weather": "多云",    "weathercode": "d1",    "weathercoden": "n1",    "wd": "东北风转南风",    "ws": "3-4级转<3级"
5       },
6       {
7           "city": "101020100",    "cityname": "上海",    "fctime": "202302081800",    "temp": "10℃",    "tempn": "7℃",
8           "weather": "多云转小雨",    "weathercode": "d1",    "weathercoden": "n7",    "wd": "东北风转东风",    "ws": "<3级"
9       },
10      {
11          "city": "101280101",    "cityname": "广州",    "fctime": "202302081800",    "temp": "22℃",    "tempn": "18℃",
12          "weather": "多云转阴",    "weathercode": "d1",    "weathercoden": "n2",    "wd": "东南风转无持续风向",    "ws": "<3级"
13      },
14      {
15          "city": "101280601",    "cityname": "深圳",    "fctime": "202302081800",    "temp": "21℃",    "tempn": "18℃",
16          "weather": "多云转阴",    "weathercode": "d1",    "weathercoden": "n2",    "wd": "东风",    "ws": "<3级转3-4级"
17      }
18  ]
```

图 1-58　weather_20230208.json 天气数据文件

在图 1-59 所示的代码中，第 1 行和第 2 行代码通过 import 语句导入了 Python 内置的 JSON 模块和 csv 模块，用于处理 JSON 文件和 CSV 文件；第 5～28 行代码定义了一个表示天气信息的 Weather 类，并显式声明了一个构造方法，构造方法中定义了 6 个参数用于接收对象实例化时的初始值，其中前 3 个参数为必需参数，分别接收城市编号、城市名称、预报时间的初始值，后 3 个参数为可选参数，设置了不传参时的默认值为 None，由于构造方法中的参数没有指定是仅限位置参数或仅限关键字参数，因此可以选择位置参数传参或关键字参数传参；第 19～28 行代码定义了两个方法，分别用于输出对应城市的天气情况及风力、风向情况。

```
从json文件中加载数据.py ×
1    import json          # 导入Python的json模块，用于对JSON数据的处理
2    import csv           # 导入Python的 csv模块，用于处理对CSV文件的读取
3
4
5    class Weather(object):
6        """ 定义一个表示天气信息的类：Weather，继承于object基类 """
7
8        def __init__(self, city_id, city_name, fctime, temp=None, tempn=None, weather=None):
9            """ 天气信息类的构造方法 """
10           self.city_id = city_id      # 城市编号
11           self.city_name = city_name  # 城市名称
12           self.fctime = fctime        # 预报时间
13           self.temp = temp            # 最高温度
14           self.tempn = tempn          # 最低温度
15           self.weather = weather      # 天气情况
16           self.wd = None              # 风向
17           self.ws = None              # 风力
18
19       def show_weather(self):
20           """ 输出某个城市，某天的天气情况 """
21           print(f"{self.city_name}---{self.fctime}: {self.weather}")
22
23       def show_wind(self):
24           """ 输出某个城市，某天的风向及风力情况 """
25           if self.wd and self.ws:
26               print(f"{self.city_name}---{self.fctime}: {self.wd},{self.ws}")
27           else:
28               print(f"{self.city_name}---{self.fctime}: 当天的风向风力情况未知")
29
```

图 1-59　JSON 数据处理示例（1）

在图 1-60 所示的代码中，第 31～48 行代码定义了一个用于对 JSON 文件进行数据处理的函数：第 39 行代码利用 with 语句调用 open()函数来打开指定的 JSON 文件，并返回一个文件对象；第 40 行代码利用 JSON 模块中定义的 load()方法从文件对象 f 所指向的 JSON 文件中加载 JSON 数据，并将其转换为 Python 中的相应数据结构（JSON 数组将转换为列表，JSON 对象则转换为字典对象）；第 41～48 行代码通过一个 for 循环实现对转换得到的列表进行遍历，利用列表中的每个天气信息的字典对象实例化一个对应的 Weather 类对象，并添加到一个列表中，最后将天气类对象的列表返回。

在图 1-61 所示的代码中，第 53 行代码调用自定义函数 extract_info_from_json()，从指定的 JSON 文件中读取天气信息并以 Weather 类对象列表返回；第 55～57 行代码遍历列表，输出每个城市的天气及风力信息；第 60～76 行代码创建了一个 CSV 文件，并将天气列表中每个城市的天气信息依次写入 weather.csv 文件。程序的运行结果及 weather.csv 文件中的内容如图 1-62 所示。

```python
31   def extract_info_from_json(json_file):
32       """
33       定义一个从给定的 JSON 文件提取天气信息的函数
34       :param json_file: JSON 文件名
35       :return: 天气信息类对象的列表
36       """
37       w_list = []   # 定义一个用于保存天气信息类对象的列表
38       # 使用 with 语句打开文件，使用完后无须手动调用 close() 方法关闭文件
39       with open(json_file, encoding='utf-8') as f:
40           weathers = json.load(f)   # json 模块中提供的 load() 方法，实现读取 JSON 文件中的数据并转换为字典对象
41           for w in weathers:   # 循环处理每一个字典对象，转换为 Weather 类的对象
42               weather = Weather(w['city'], w['cityname'], w['fctime'], w['temp'])
43               weather.tempn = w.get('tempn')
44               weather.weather = w.get('weather')
45               weather.wd = w.get('wd')
46               weather.ws = w.get('ws')
47               w_list.append(weather)   # 将天气信息类对象加入到列表中
48       return w_list   # 返回包含天气信息类对象的列表
49
50
```

图 1-60　JSON 数据处理示例（2）

```python
51   if __name__ == "__main__":
52       # 从 JSON 文件中读取天气信息
53       weather_list = extract_info_from_json('weather_20230208.json')
54       # 遍历天气信息列表，输出相应城市的天气信息
55       for item in weather_list:
56           item.show_weather()
57           item.show_wind()
58       # 将天气信息列表中的数据保存到 CSV 文件中
59       # 以写入的模式（mode='w'）打开文件 weather.csv，若文件不存在，会创建新文件，若存在，则覆盖原文件
60       with open('weather.csv', mode='w', encoding='utf-8') as wf:
61           # 定义列名的列表
62           field_names = ['城市编号', '城市名称', '预报时间', '最高温度', '最低温度', '天气', '风向', '风力']
63           # 实例化一个 DictWriter 对象，用于向 CSV 文件中写入数据
64           writer = csv.DictWriter(wf, fieldnames=field_names)
65           writer.writeheader()         # 写入列名行
66           for it in weather_list:      # 逐行写入每个城市的天气信息
67               writer.writerow({
68                   '城市编号': it.city_id,
69                   '城市名称': it.city_name,
70                   '预报时间': it.fctime,
71                   '最高温度': it.temp,
72                   '最低温度': it.tempn,
73                   '天气': it.weather,
74                   '风向': it.wd,
75                   '风力': it.ws
76               })
77
```

图 1-61　JSON 数据处理示例（3）

```
D:\Python310\python.exe D:\myproj\项目1_Python基础实战\从json文件中加载数据.py
北京---202302081800：多云
北京---202302081800：东北风转南风，3-4级转<3级
上海---202302081800：多云转小雨
上海---202302081800：东北风转东风，<3级
广州---202302081800：多云转阴
广州---202302081800：东南风转无持续风向，<3级
深圳---202302081800：多云转阴
深圳---202302081800：东风，<3级转3-4级

Process finished with exit code 0
```

图 1-62　JSON 数据处理示例运行结果

图 1-62　JSON 数据处理示例运行结果（续）

任务拓展

　　Python 的 JSON 模块中还提供了 dump()、dumps()、load()等方法来实现对 JSON 数据的相关处理。请自行查阅官方文档，熟练掌握相关方法的用法。

项目 2

网页数据采集实战

【学习目标】

【知识目标】

- 了解爬虫产生的背景；
- 了解爬虫的基本概念；
- 熟悉通用爬虫工具的使用；
- 掌握 urllib 库的应用；
- 掌握 requests 库的应用；
- 掌握基本的反爬虫策略；
- 掌握 urllib 库的数据请求处理方法；
- 熟悉 urllib 库中的异常类。

【技能目标】

- 能使用通用爬虫工具进行网页数据爬取；
- 能基于 urllib 库编写爬虫程序进行网页数据爬取；
- 能基于 requests 库编写爬虫程序进行网页数据爬取；
- 能根据实际情况应用基本的反爬虫策略实现网页数据爬取。

任务 2.1　利用工具爬取一个电商网页的数据

任务介绍

扫一扫，看微课

在大数据时代，如何从互联网的海量数据中自动高效地获取感兴趣的信息并为我们所用是一个重要的问题，为了解决此问题，爬虫技术应运而生。本任务将简要介绍爬虫的相关概念，并练习使用通用的数据采集工具从网页中爬取感兴趣的信息。

↓ 知识准备

2.1.1　爬虫的定义

网络爬虫，又称为网页蜘蛛、网络机器人，是一种按照一定的规则（网络爬虫算法），自动请求互联网上的相关网页并提取页面中相关数据的程序或脚本。用户上网冲浪时经常使用的搜索引擎就离不开爬虫，例如，百度搜索引擎的爬虫叫作百度蜘蛛（Baiduspider)，360 的爬虫叫作 360Spider，搜狗的爬虫叫作 sogouspider。搜索引擎的爬虫会不知疲倦地在海量的互联网信息中进行爬取及优质信息收录，例如，当用户在百度搜索引擎上检索对应关键词时，百度搜索引擎的服务端将对关键词进行分析处理，并从收录的网页中找出与此关键词相关联的网页，按照一定的排名规则进行排序后将结果展现给用户，在这个过程中，百度蜘蛛起到了至关重要的作用。那么，如何能做到覆盖互联网中尽可能多的优质网页并去掉可能的重复页面呢？这些都是由搜索引擎的爬虫算法决定的，算法不同，爬虫的运行效率也会不同，最终爬取的结果也会有所差异。

大数据时代也离不开爬虫，在进行大数据分析或者进行数据挖掘的时候，虽然数据源可以从某些提供数据统计的网站中获得，也可以从某些文献或内部资料中获得，但是这些数据源比较有限，很难满足用户对大数据的需求，而手动从互联网中搜集这些数据则耗时费力，此时就可以利用爬虫技术，编写个性化的爬虫程序，自动地从互联网中获取感兴趣的数据内容，并将这些数据内容爬取回来，作为数据分析中的数据源，从而进行更深层次的数据分析，以期挖掘出更多有价值的信息。

2.1.2　爬虫的类型

网络爬虫可以按照实现的技术、结构等多种维度进行分类。例如，按照使用的场景，可以分为通用网络爬虫和聚焦网络爬虫；按照爬取数据的形式，可以分为累积式网络爬虫和增量式网络爬虫；按照爬取数据在网页中的存在方式，可以分为表层网络爬虫和深层网络爬虫等。实际的网络爬虫，通常是上述几类爬虫的组合体。

1. 通用网络爬虫（General Purpose Web Crawler）

通用网络爬虫又称为全网爬虫，它是搜索引擎系统的重要组成部分，它爬取的对象是整个互联网，主要目的是爬取互联网中的网页，形成一个互联网的镜像备份。通用网络爬虫所爬取的是海量的目标数据，因此对它的性能、爬取速度及存储空间的要求是非常高的。这种网络爬虫主要应用于大型搜索引擎中，有非常高的应用价值。

通用网络爬虫主要由初始 URL 集合、URL 队列、页面爬行模块、页面分析模块、页面数据库、链接过滤模块等构成。通用网络爬虫在爬取的时候会采取一定的爬取策略，主要有深度优先爬取策略和广度优先爬取策略。

通用网络爬虫的爬取流程如图 2-1 所示。

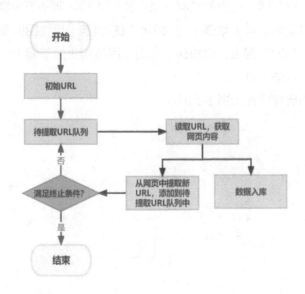

图 2-1　通用网络爬虫的爬取流程

通用网络爬虫的爬取步骤如下。

（1）获取初始的 URL。初始的 URL 地址可以人为指定，也可以由用户指定的某个或某几个初始爬取网页决定。

（2）获取新 URL。获得初始的 URL 地址之后，爬取当前 URL 地址中的网页内容，然后解析网页内容，将网页存储到相应的数据库中，并在当前爬取的网页中提取新的 URL 地址，存放到一个待提取的 URL 队列中。

（3）从待提取的 URL 队列中读取新的 URL，从而获取新的网页内容，同时在新网页中提取新的 URL 地址，并重复上述的网页爬取及新 URL 提取流程。

（4）满足爬虫系统设置的终止条件时，停止爬取。在编写爬虫的时候，一般会设置相应的终止条件，爬虫会在终止条件满足时停止爬取。如果没有设置终止条件，爬虫会一直爬取下去，直到无法获取新的 URL 地址为止。

2．聚焦网络爬虫（Focused Web Crawler）

聚焦网络爬虫也叫主题网络爬虫，顾名思义，聚焦网络爬虫是按照预先定义好的主题有选择地进行网页爬取的一种爬虫。聚焦网络爬虫不像通用网络爬虫那样将目标资源定位在全互联网中，而是将爬取的目标网页定位在与主题相关的页面中，此时可以大大节省爬虫爬取时所需的带宽资源和服务器资源。聚焦网络爬虫主要应用于对特定信息的爬取。

聚焦网络爬虫主要由初始 URL 集合、URL 队列、页面爬行模块、页面分析模块、页面数据库、链接过滤模块、内容评价模块、链接评价模块等构成。内容评价模块用于评价内容的重要性，链接评价模块用于评价链接的重要性，根据内容和链接的重要性，可以确定哪些页面优先访问。聚焦网络爬虫的爬取策略主要有 4 种，即基于内容评价的爬取策略、基于链接评价的爬取策略、基于增强学习的爬取策略和基于语境图的爬取策略。聚焦网络爬虫的执行原理与通用网络爬虫大致相同，在通用网络爬虫的基础上会增加两个步骤，即定义爬取目标和筛选过滤 URL。

聚焦网络爬虫的爬取流程如图 2-2 所示。

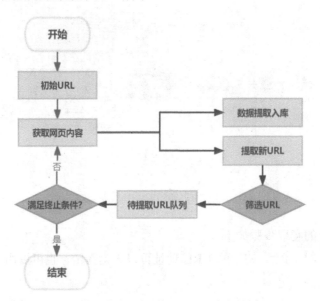

图 2-2　聚焦网络爬虫的爬取流程

聚焦网络爬虫的爬取步骤如下。

（1）制定爬取方案。在聚焦网络爬虫中，首先要根据具体应用的需要，定义聚焦网络爬虫爬取的目标以及整体的爬取方案。

（2）设定初始的 URL。

（3）根据初始的 URL 爬取页面，解析页面内容并提取新的 URL。

（4）从新的 URL 中过滤掉与需求无关的 URL，将过滤后的 URL 放到待提取的 URL 队列中。

（5）在待提取的 URL 队列中，根据搜索算法确定 URL 的优先级，并确定下一步要提取的 URL 地址，由于聚焦网络爬虫具有目的性，所以 URL 的提取顺序不同会导致爬虫的执行效率有所区别。

（6）得到新的 URL，对新的 URL 重复上述步骤（3）～（5）的爬取过程。

（7）满足系统中设置的终止条件或无法获取新的 URL 地址时，停止爬取。

3．增量式网络爬虫（Incremental Web Crawler）

所谓增量式，对应着增量式更新。增量式更新指的是在更新的时候只更新数据中有变化的部分，没有变化的部分则不更新，所以增量式网络爬虫在爬取网页的时候只爬取内容发生变化的网页或者新产生的网页，对于未发生内容变化的网页则不会爬取。增量式网络爬虫在一定程度上能够保证所爬取的页面尽可能是新页面。

4．深层网络爬虫（Deep Web Crawler）

深层网络爬虫可以爬取互联网中的深层页面。在互联网中，网页按存在方式分类，可以分为表层页面和深层页面。表层页面是指不需要提交表单，使用静态的链接就能够到达的静态页面；而深层页面则隐藏在表单后面，不能通过静态链接直接获取，是需要通过表单提交一定的关键词后才能够获取的页面。在互联网中，深层页面的数量往往比表层页面的数量要多得多，因此爬虫需要想办法到达深层页面，才可能获取更多的有用数据。

深层网络爬虫主要由 URL 列表、LVS 列表（LVS 指的是标签/数值集合，即填充表单的数据源）、爬行控制器、解析器、LVS 控制器、表单分析器、表单处理器、响应分析器等部分构成。

深层网络爬虫表单的填写有两种类型：第一种是基于领域知识的表单填写，简单来说就是建立一个填写表单的关键词库，在需要填写的时候，根据语义分析选择对应的关键词进行填写；第二种是基于网页结构分析的表单填写，这种填写方式一般在领域知识有限的情况下使用，它会根据网页结构进行分析，并自动地进行表单填写。

2.1.3　与爬虫相关的网站文件

在搜索引擎利用通用网络爬虫爬取网站数据之前，需要对目标网站的规模和结构进行一定程度的了解。此时，可以通过网站自身提供的 robots.txt 和 Sitemap.xml 文件获取帮助。

1．robots.txt 文件

网站通过一个符合 Robots 协议的 robots.txt 文件来告诉搜索引擎爬虫哪些页面可以爬取，哪些页面不能爬取。Robots 协议（又称爬虫协议、机器人协议等）全称是"网络爬虫排除标准"（Robots Exclusion Protocol），是互联网界通行的道德规范，它基于以下原则建立。

- 搜索技术应服务于人类，同时尊重信息提供者的意愿，并维护其隐私权。
- 网站有义务保护其使用者的个人信息和隐私不被侵犯。

robots.txt 文件是搜索引擎访问网站时要查看的第一个文件，它会限定网络爬虫的访问范围。当一个网络爬虫访问一个站点时，它会先检查该站点根目录下是否存在 robots.txt 文件。如果该文件存在，那么网络爬虫就会按照该文件中的内容来确定访问的范围；如果该文件不存在，那么网络爬虫就能够访问网站上所有没有被密码保护的页面。

robots.txt 文件有一套通用的语法规则，它使用"#"进行注释，既可以包含一条记录，又可以包含多条记录，并且使用空行分开。一般情况下，该文件以一行或多行 User-Agent 记录开始，后面再跟若干行 Disallow 记录。

关于记录的详细介绍如下。

- User-Agent：该项的值用于描述搜索引擎 robot 的名字。在 robots.txt 文件中，至少要有一条 User-Agent 记录。如果有多条 User-Agent 记录，则说明有多个 robot 会受到该协议的限制。若该项的值设为"*"，则该协议对任何搜索引擎均有效，且这样的记录只能有一条。
- Disallow：该项的值用于描述不希望被访问的一个 URL，这个 URL 可以是一条完整的路径，也可以是部分路径。任何一条 Disallow 记录为空，都说明该网站的所有部分都允许被访问。在 robots.txt 文件中，至少要有一条 Disallow 记录。
- Allow：该项的值用于描述希望被访问的一组 URL，与 Disallow 项相似，这个值可以是一条完整的路径，也可以是路径的前缀。一个网站的所有 URL 默认都是 Allow 的，所以 Allow 通常与 Disallow 搭配使用，实现允许访问一部分网页的同时禁止访问其他所有 URL 的功能。

大多数网站都会定义 robots.txt 文件，可以让爬虫了解爬取该网站时存在哪些限制。例如，下面是天猫网站的 robots.txt 文件，它声明了禁止所有爬虫爬取它的任何资源。

```
1.  User-agent: *
2.  Disallow: /
```

类似地，还可以查看其他网站（如京东商城、亚马逊等）的 robots.txt 文件。

提示：

（1）robots.txt 文件必须放置在站点的根目录下，而且文件名必须全部小写。

（2）Robots 协议只是一种建议，它没有实际的约束力，网络爬虫可以选择不遵守这个协议，但可能会存在一定的法律风险。

2. Sitemap.xml 文件

为了方便网站管理员通知爬虫遍历和更新网站的内容，而无须爬取每个网页，网站提供了 Sitemap.xml 文件。在 Sitemap.xml 文件中，列出了网站中的网址及每个网址的其他元数据，如上次更新的时间、更改的频率及相对于网站上其他网址的重要程度等，以便爬虫可以更加智能地爬取网站。

2.1.4 反爬虫应对策略

因为搜索引擎的流行，如今的网络爬虫已成为非常普及的一门技术，除了专门做搜索引擎的 Google、Yahoo、百度以外，几乎每个大型门户网站都有自己的搜索引擎。一些智能的搜索引擎爬虫算法设计合理，对网页的爬取频率适中，不会消耗过多的网站资源，但一些网络爬虫由于各种原因，爬虫算法设计不合理，对网页的爬取能力差，经常并发许多请求来循环重复爬取，这种爬虫对中小型网站造成的访问压力非常大，很可能会占用过多正常的带宽资源而导致网站访问速度缓慢，甚至无法访问，因此，很多网站会采取一些反爬虫措施来阻止爬虫的不当爬取行为。

对于采取了反爬虫措施的网站，爬虫程序需要针对这些措施采取相应的应对策略，才能成功地爬取网站上的数据。常用的应对策略包括以下几种。

1. 设置 User-Agent

User-Agent 表示用户代理，是 HTTP 协议中的一个字段，其作用是描述发出 HTTP 请求的终端信息，如操作系统及版本、浏览器及版本等，服务器通过这个字段可以知道访问网站的用户。每个正规的爬虫都有固定的 User-Agent，用户自行开发爬虫程序时，也能通过查看各浏览器的网络响应信息找到对应浏览器的 User-Agent，图 2-3 所示为 Chrome 浏览器的 User-Agent。

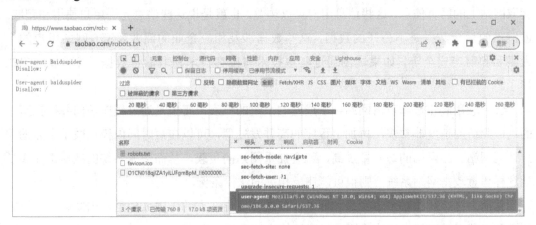

图 2-3　查看浏览器的 User-Agent

2. 使用代理 IP

如果网站根据某个时间段内 IP 访问的频繁次数来判定是否为爬虫，那么一旦这些 IP 地址被封禁，User-Agent 的设置也就失效了。如果遇到这种情况，可以使用代理 IP 完成。使用代理 IP 访问时，用户先将请求发送给代理 IP，再由代理 IP 将请求转发送到目标服务器，这时服务器看到的请求 IP 为代理 IP，如果同时用多个代理 IP 转发请求，则可以降低单个 IP 地址的访问量，从而尽可能地降低 IP 地址被封禁的概率。

3. 降低访问频率

在没有代理 IP 使用的情况下，可以通过降低对目标网站的访问频率，以模仿真实用户访问网站的行为。例如，每爬取一个页面后就让爬虫休眠若干秒，或者限制每天爬取的页面数量等，以防止网站的反爬机制从访问频率上识别出爬虫的身份。

4. 验证码识别

虽然有些网站不登录就能访问，但是当它检测到某 IP 的访问量异常时，就会提出登录要求，并随机提供一个验证码。遇到这种情况，大多数情况下需要采取相应的技术识别验证码，只有正确输入验证码，才能够继续爬取网站。

2.1.5 爬虫的合法性

网络爬虫在大多数情况下都不会违法，生活中每个人都有可能接触到爬虫应用，由于搜索引擎中的内容几乎都是通过爬虫采集下来的，因此网络爬虫作为一门技术，技术本身是不违法的，且在大多数情况下可以放心使用爬虫技术。当然也有特殊情况，例如，法律上并不禁止使用水果刀，但是如果有人用它来伤害他人，此时就触犯法律了。

一般情况下，爬虫所带来的违法风险主要体现在以下两个方面。

（1）利用爬虫技术与黑客技术结合，攻击网站后台，从而窃取后台数据。因为爬虫是爬取网站上的网页信息，这些信息用户可以浏览，也就是说这些信息允许用户使用和爬取。但网站的后台数据是不公开的数据，这些数据涉及相应企业的商业秘密、网站用户的个人隐私和财产安全等，如果试图通过爬虫技术与黑客技术窃取后台数据，就明显触犯法律了。

（2）利用爬虫恶意攻击网站，造成网站系统的瘫痪。爬虫是通过程序访问并操控网站的，因此访问速度非常快，再加上程序的高并发处理，可以在短时间内模拟成千上万的用户访问网站。当网站的访问量过高，就会加重网站的负载，从而造成系统的瘫痪，如果长期这样恶意攻击网站系统，则很可能违反相关的法律条例。

总而言之，爬虫技术本身是无罪的，问题往往出在人的无限欲望上。因此爬虫开发者和企业经营者的道德良知才是避免触碰法律底线的根本所在。

↓ 任务实施

在了解了爬虫的相关概念后，下面使用一款通用的网页数据采集器——八爪鱼采集器来采集当当网中上架的爬虫相关书籍信息，以便让读者能快速、形象地了解爬虫的整个工作过程，为后续使用 Python 开发爬虫程序打下基础。数据采集的具体步骤如下。

1. 安装和登录八爪鱼采集器

（1）进入八爪鱼采集器官网，免费下载该工具的安装包，如图 2-4 所示，下载完成后双击安装包打开并按提示安装即可。

（2）打开安装到本地计算机的八爪鱼采集器，会弹出注册/登录的界面，单击"免费注册"按钮注册一个账号。注册完成以后，在登录界面输入刚注册的用户名和密码，单击"登录"按钮，进入八爪鱼采集器主界面，如图 2-5 所示。

图 2-4　八爪鱼采集器下载界面

图 2-5　八爪鱼采集器主界面

　　由八爪鱼采集器主界面可知，该软件提供了两种采集模式：自定义任务采集和模板任务采集。其中，模板任务采集模式下提供了各行业多个主流网站的数据采集模板，当需要采集相关网站时可以直接使用，节省了制作规则的时间和精力；而自定义任务采集模式则为用户提供了一种定制化的采集设置，用户通过自行配置采集规则，能够实现对特定网站上的网页数据采集。接下来将通过八爪鱼采集器中的自定义任务采集模式实现对当当网中上架的爬虫相关书籍信息的采集。

2. 创建自定义任务

（1）在八爪鱼采集器主界面中，单击"新建自定义任务"按钮，新建一个任务，在弹出的"任务：新建任务"页面中设置"采集网址"为"手动输入"，并在"网址"对应的文本框中输入当当网的首页地址，然后单击"保存设置"按钮，如图 2-6 所示。

图 2-6　八爪鱼采集器的新建自定义任务操作界面

（2）八爪鱼采集器窗口会访问该网址并显示对应的网页，同时会根据当前页面的结构显示相关的操作提示，如图 2-7 所示。

图 2-7　显示要自定义采集的页面

3. 配置数据采集规则

（1）配置"输入文本"操作。在显示的采集页面中，单击搜索文本框，八爪鱼采集器会根据当前选中的页面元素弹出对应的操作提示，在操作提示中选择"输入文本"选项，如图 2-8 所示。

图 2-8 选择"输入文本"选项

（2）在弹出的操作提示框中输入"爬虫"文本，然后单击"确定"按钮，如图 2-9 所示，完成设置。

图 2-9 设置搜索文本框的输入内容

（3）八爪鱼采集器会自动将"爬虫"文本填充到网页的搜索框中，同时在采集器右侧的操作流程中会增加一个"输入文本"流程，如图 2-10 所示。

图 2-10 "输入文本"操作设置完成

（4）配置"点击元素"操作。用户浏览页面时，当输入搜索关键字后，通常会按 Enter 键或单击"搜索"按钮发送搜索请求给服务器，服务器根据搜索关键字执行数据筛选后将结果返回到前端页面，页面刷新后将搜索结果显现给用户。八爪鱼采集器在数据采集时通过"点击元素"操作来模拟用户的单击按钮操作。单击图 2-10 中的"搜索"按钮，在弹出的操作提示中选择"点击该按钮"选项，如图 2-11 所示。

图 2-11　选择"点击该按钮"选项

（5）八爪鱼采集器检测到页面是通过 AJAX（Asynchronous JavaScript And XML）技术异步请求数据的，因此会在接下来弹出的操作提示中允许用户配置 AJAX 超时时间，本示例中配置超时时间为 5 秒，如图 2-12 所示。

图 2-12　配置 AJAX 超时时间

（6）自动识别网页并配置循环采集和列表采集。在操作提示中选择"自动识别网页"选项，采集器会自动加载页面并识别页面结构，如图 2-13 和图 2-14 所示。

（7）页面数据自动加载并识别完成后，八爪鱼采集器识别到了页面中有列表显示的数据，并且翻页导航后会自动配置"采集列表数据""翻页采集"和"滚动加载数据"选项，同时会在页面底部以列表形式呈现数据预览，默认加载每个列表项中全部数据字段，用户可以在预览窗口自行选择要采集的数据字段，如图 2-15 所示。

图 2-13　自动识别网页

图 2-14　自动识别网页数据加载界面

图 2-15　自动配置的"采集列表数据"和"翻页采集"等选项

（8）配置完成后，在操作提示中单击"生成采集设置"按钮，生成数据采集设置，如图 2-16 所示。

图 2-16　生成数据采集设置

（9）执行数据采集。在操作提示中选择"保存并开始采集"选项，或单击界面右上方的"采集"按钮，会弹出"请选择采集模式"窗口，如图 2-17 所示。

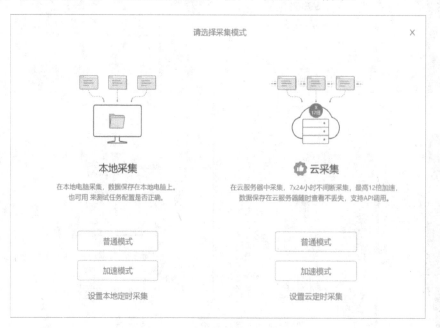

图 2-17　"请选择采集模式"窗口

（10）单击"本地采集"模式下的"普通模式"按钮，会弹出一个新窗口显示该任务的数据采集进度及采集结果，如图 2-18 所示。

（11）数据采集完成以后，会弹出提示选择导出数据的格式，选择相应的格式将结果导出即可。

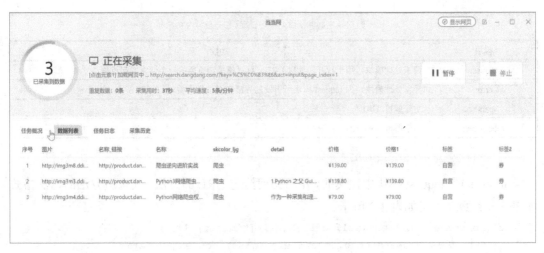

图 2-18　数据采集进度及采集结果显示窗口

任务拓展

请查阅八爪鱼采集器官网提供的使用手册，使用自定义任务采集模式或模板任务采集模式，选择某个电商平台，采集该平台中与"爬虫"相关的在售图书信息。

任务 2.2　基于 urllib 库爬取一个电商网页的数据

扫一扫，看微课

任务介绍

urllib 是 Python 自带的标准库，它的 request 模块中提供了 urlopen()函数用于打开一个 URL 地址，函数执行成功后返回一个 HttpResponse 对象，通过该对象提供的 read()、readlines()等方法可以将 URL 对应的网页内容读取出来。本任务学习利用 urllib 库爬取一个电商网页，并将页面内容输出。

知识准备

urllib 库无须安装，直接导入项目中即可使用。urllib 库可操作网页 URL，并对网页的内容进行爬取处理，通常用于爬虫开发、API（应用程序编程接口）数据获取和测试。在 Python 2 和 Python 3 中，urllib 库在不同版本中的语法有明显的改变。本书中的项目是基于 Python 3.10 的，因此，下面的内容均以 Python 3.X 下的 urllib 库为例进行介绍。

在 Python 3 中，urllib 库是一个集成了处理 URL 的多个模块的集合，它包含的主要模块及功能如表 2-1 所示。

表 2-1 urllib 库中的主要模块及功能

模块	功能
request	请求处理模块，用于打开和读取 URL，可以模拟浏览器的一个请求发起过程
error	异常处理模块，为 request 模块所引发的异常定义了异常类
parse	用于解析 URL
robotparser	用于解析 robots.txt 文件

1．urllib.request.urlopen()方法

urlopen()是 request 模块中定义的，用于访问给定 URL 的方法，其构造方法的语法格式如下，各参数及含义如表 2-2 所示。

```
1.  urllib.request.urlopen(url, data=None, [timeout, ]*,
2.   cafile=None, capath=None, cadefault=False, context=None)
```

表 2-2 urlopen()方法的参数及含义

参数	含义
url	网页的 URL 地址，可以是一个字符串，或一个 urllib.request.Request 对象
data	一个对象，包含要发送到服务器的附加数据，若不需要发送数据则为 None。当 data 不为 None 时，发送请求的方式为 POST
timeout	可选参数，用于指定阻塞操作（如连接尝试）的超时时间，单位为秒
cafile	HTTPS 请求时，指定 CA 证书文件
capath	HTTPS 请求时，指定 CA 证书的路径
cadefault	未使用
context	该参数若提供，则必须是一个 ssl.SSLContext 实例，用于描述各种 SSL 参数

2．urllib.request.Request 类

URL 请求对象的抽象类。当使用 urlopen()方法发送一个请求时，可以通过一个该类的对象来实现复杂的操作，如添加额外的 data 参数、自定义请求头（headers）信息等，其构造方法的语法格式如下，各参数及含义如表 2-3 所示。

```
1.  class urllib.request.Request(url, data=None, headers={},
2.    origin_req_host=None, unverifiable=False, method=None)
```

表 2-3 urllib.request.Request 类的参数及含义

参数	含义
url	网页的 URL 地址，与 urllib.request.urlopen()方法中的 url 参数一致
data	与 urllib.request.urlopen()方法中的 data 参数一致，目前唯一用到 data 的只有 HTTP 请求
headers	一个字典，用于设置 request 请求头信息，通常被用于"伪装"User-Agent 标头值。如果给出了 data 参数，则应当包含合适的 Content-Type 头部信息；如果未提供且 data 不是 None，则会把 Content-Type: application/x-www-form-urlencoded 加入作为默认值
origin_req_host	发起初始会话的请求主机，默认值为 "http.cookiejar.request_host(self)"，表示用户发起初始请求的主机名或 IP 地址

参数	含义
unverifiable	用于表明请求是否无法验证
method	字符串，表示要采用的 HTTP 请求方法，如"GET" "POST"等

3. http.client.HTTPResponse 对象

在使用 urllib.request.urlopen()方法向网站发送请求时，如果是 HTTP/HTTPS 请求的 URL，urlopen()方法将返回一个 http.client.HTTPResponse 的对象。而对于 FTP、file、data 请求的 URL，以及由 URLopener 或 FancyURLopener 类处理的请求，urlopen()方法将返回一个 urllib.response.addinfourl 的对象。

urlopen()方法返回的 http.client.HTTPResponse 对象是一个经过部分修改后的对象，它提供了 url、headers、status 和 msg 等用于表示有关响应内容的 URL、状态码、请求头等的属性，也提供了获取网站响应内容的方法函数。

- read()、readline()、readlines()：对响应内容的数据进行读取操作。
- info()：获取远程服务器返回的头信息，Python 3.9 后建议用 headers 代替。
- getcode()：返回 HTTP 状态码，Python 3.9 后建议用 status 代替。
- geturl()：返回请求的 URL，Python 3.9 后建议用 url 代替。

↓ **任务实施**

在了解了 urllib 库中的相关概念后，接下来练习利用 urllib 库快速爬取当当网的首页，并利用 Python 的文件操作方法将爬取的页面内容保存到本地计算机上。相关操作示例代码如图 2-19 所示。

```python
# 导入urllib.request
from urllib import request

# 调用urlopen()请求当当网的首页
response = request.urlopen(url='https://www.dangdang.com/')
print(type(response))
# urlopen()方法返回的响应对象中的有关URL、响应状态码、响应头信息等的属性
print(f"response.url = {response.url}")
print(f"response.status = {response.status}")
print(f"response.msg = {response.msg}")
print(f"response.headers = {response.headers}")

# urlopen()方法返回的响应对象提供了获取URL、响应状态码、响应头信息等的方法
print(f"response.geturl() = {response.geturl()}")
print(f"response.getcode() = {response.getcode()}")
print(f"response.info() = {response.info()}")

# 可通过urlopen()方法返回的响应对象的read()、readline()、readlines()等方法读取响应数据
html = response.read().decode('GB2312')
# 将读取到的数据保存到文件中
with open("dangdang_home.html", mode='w', encoding='GB2312') as f:
    f.write(html)
```

图 2-19　urllib 库爬取网页操作示例代码

在图 2-19 中，第 2 行代码通过 from…import…方式导入 urllib 库中的 request 模块；第 5 行代码将当当网的首页 URL 传递给 urlopen()方法，urlopen()方法执行后，返回一个包含服务器响应结果的 http.client.HTTPResponse 对象；第 6 行代码输出了 response 的类型；第 8~16 行代码分别通过 url/geturl()、status/getcode()、headers/info()等属性/方法获取并输出有关响应的 URL、状态码、请求头等，运行后的输出结果如图 2-20 所示；第 19 行代码通过 HTTPResponse 的 read()方法将响应内容一次性读取出来，read()方法读取到的是 bytes 类型的数据，因此需要通过 decode()方法进行编码后转换为文本数据；第 21~22 行代码利用 Python 的 with 语句，以只读方式打开一个名为"dangdang_home.html"的本地文件，并将读取到的网页内容保存到本地磁盘，如图 2-21 所示。程序运行结束后，双击保存好的"dangdang_home.html"文件，在浏览器中打开的页面如图 2-22 所示。

```
Run:    urllib_request_demo (1)
    D:\Python310\python.exe D:\myproj\项目2_网页数据采集实战\urllib_request_demo.py
    <class 'http.client.HTTPResponse'>
    response.url = https://www.dangdang.com/
    response.status = 200
    response.msg = OK
    response.headers = Server: Byte-nginx
    Content-Type: text/html; charset=GBK
    Content-Length: 162945
    Connection: close
    Age: 293
    Content-Encoding: identity
    Vary: Accept-Encoding
    X-Bdcdn-Cache-Status: TCP_HIT
    X-M-Log: QNM:bc1033;QNM3
    X-M-Reqid: HQ4AAM_j3RkoXEoX
    X-Qnm-Cache: Hit
```

图 2-20   响应的 URL、状态码、请求头等的输出结果

```
dangdang_home.html
1    <!DOCTYPE html PUBLIC "-//W3C//DTD XHTML 1.0 Transitional//EN"
2            "http://www.w3.org/TR/xhtml1/DTD/xhtml1-transitional.dtd">
3
4    <html xmlns="http://www.w3.org/1999/xhtml" xmlns:v="urn:schemas-microsoft-com:vml">
5
6    <head>
7
8
9        <base href="//www.dangdang.com/Standard/Framework/Extend/hosts/"/>
10
11
12        <title>当当网</title>
13        <meta http-equiv="Content-Type" content="text/html; charset=GB2312">
14
```

图 2-21   保存到本地磁盘的网页内容

图 2-22　在浏览器中打开 dangdang_home.html 文件

任务拓展

请参考 urlopen() 的使用方法，尝试将你感兴趣的网页采集并保存到本地磁盘。

任务 2.3　通过 urllib 库发送 GET/POST 请求

扫一扫，看微课

任务介绍

在访问网页时，需要向服务器发送网页数据请求，常用的两种请求方式为 GET 和 POST。本任务练习通过 urllib 库向服务器发送 GET 或 POST 请求，以获取响应数据的方法。

知识准备

在访问网页的过程中，用户在网页上执行某些操作后（如单击了某个页面元素，或在表单中输入了相关信息后进行提交），客户端页面会向服务器发送相关的 HTTP 请求，要求与服务器端进行消息传递或数据存取等操作。常用的 HTTP 请求有以下几种类型。

- GET 请求：一般用于向服务器请求数据，它直接在 URL 中附加上所有请求参数。
- POST 请求：通常用于向服务器提交数据，它的请求参数或提交的数据不会出现在 URL 地址中，是一种比较主流也比较安全的数据传递方式。
- PUT 请求：请求服务器存储一个资源，通常要指定存储的位置。
- DELETE 请求：请求服务器删除一个资源。

63

- HEAD 请求：请求获取对应的 HTTP 标头信息。
- OPTIONS 请求：可以获得当前 URL 所支持的请求类型。

除此之外，还有 TRACE 请求与 CONNECT 请求，感兴趣的读者可以查阅相关资料进行深入了解。在这些请求中，GET 请求和 POST 请求是相对使用最多的两种方式，下面通过实例来讲解 HTTP 协议请求中的 GET 请求和 POST 请求。

1. GET 请求

GET 请求一般用于向服务器请求数据，请求的参数通过 URL 地址传递到服务器，既可以直接在 URL 中写上要传递的参数，也可以由表单进行传递。如果使用表单进行传递，那么表单中的参数会自动转为 URL 地址中的数据，通过 URL 地址传递。例如，在当当网首页的搜索框中输入"爬虫"这个关键字并执行搜索后，页面的 URL 地址为：

```
1.  http://search.dangdang.com/?key=%C5%C0%B3%E6&act=input
```

在上面的地址字符串中，跟在页面地址中问号（?）后面的部分便是要传递的参数，每个参数以"参数名=值"的格式表示，多个参数之间用符号&拼接。当传递的参数中包含中文或其他特殊字符时，需要对这些参数进行 URL 编码，urllib 库中可以通过 urllib.parse 中的 urlencode()方法实现，如图 2-23 所示。

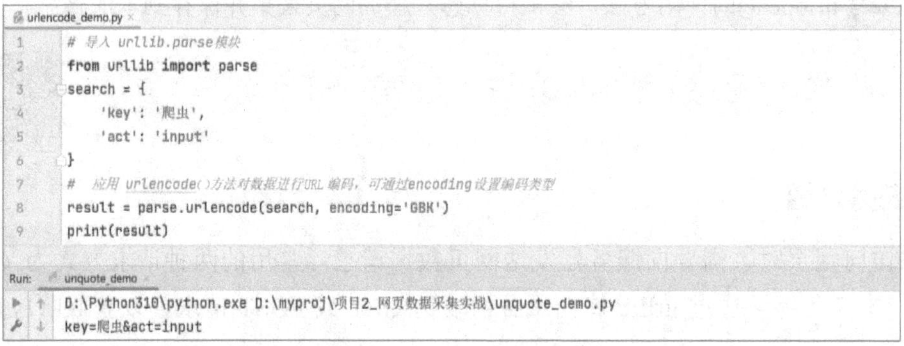

```python
# 导入 urllib.parse模块
from urllib import parse
search = {
    'key': '爬虫',
    'act': 'input'
}
# 应用 urlencode()方法对数据进行URL 编码，可通过encoding设置编码类型
result = parse.urlencode(search, encoding='GBK')
print(result)
```

```
Run:    unquote_demo
    D:\Python310\python.exe D:\myproj\项目2_网页数据采集实战\unquote_demo.py
    key=爬虫&act=input
```

图 2-23　urllib.parse.urlencode()应用示例及运行结果

与 URL 编码类似，urllib.parse 模块中也提供了 URL 解码的方法 unquote()，具体的解码操作示例及运行结果如图 2-24 所示。

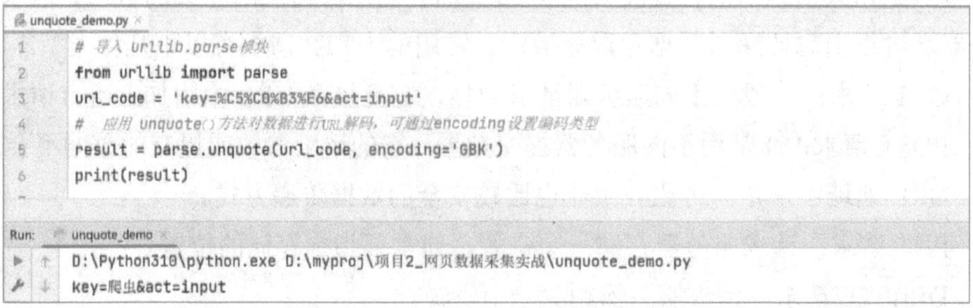

```python
# 导入 urllib.parse模块
from urllib import parse
url_code = 'key=%C5%C0%B3%E6&act=input'
# 应用 unquote()方法对数据进行URL 解码，可通过encoding设置编码类型
result = parse.unquote(url_code, encoding='GBK')
print(result)
```

```
Run:    unquote_demo
    D:\Python310\python.exe D:\myproj\项目2_网页数据采集实战\unquote_demo.py
    key=爬虫&act=input
```

图 2-24　urllib.parse.unquote()应用示例及运行结果

2. POST 请求

POST 请求通过表单的方式向服务器提交数据，它的请求参数或提交的数据不会出现在 URL 地址中，相对于 GET 请求方式而言，POST 请求是一种更安全的数据传递方式。POST 请求的数据放在请求的消息实体中，在请求头里还会对消息实体进行属性描述（如数据类型、数据大小、字符集等），POST 请求提交的数据无大小限制。当在网络上进行注册、登录等操作的时候，基本上都是通过 POST 请求将个人的隐私信息提交到服务器进行注册或用户验证的。如果打开百度在线翻译页面，进入浏览器的调试模式，单击"网络"标签，在"名称"列表中选中以"v2transapi?"开头的请求，在右侧页面单击"标头"标签，在"标头"页面中可见发送翻译请求是通过 POST 请求的方式向服务器发送数据的，切换到"载荷"或"预览"页面，可以查看此次 POST 请求的表单结构及请求与响应内容，如图 2-25～图 2-27 所示。

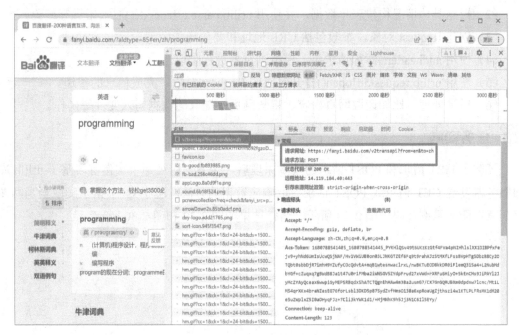

图 2-25　在浏览器调试模式下查看百度在线翻译的 HTTP 请求

图 2-26　百度在线翻译 POST 请求的表单数据

图 2-27 百度在线翻译 POST 请求的响应内容

在 urlopen()函数的参数说明中指出，当 data 参数不为 None 时，HTTP 请求的方式应为 POST。如果要通过爬虫自动实现 POST 请求的过程，则要求在爬虫程序中构造表单数据 data 及 POST 请求的请求头信息，具体实现步骤如下。

（1）设置好请求的 URL 网址。

（2）根据具体情况构建表单数据，并使用 urllib.parse.urlencode()对数据进行编码。

（3）创建 Request 对象，参数包括 URL 地址和要传递的数据。

（4）使用 addheader()添加请求头，模拟浏览器进行爬取。

（5）使用 urllib.request.urlopen()打开对应的 Request 对象，完成信息的传递。

（6）后续处理，比如读取网页内容、将从网页中提取的数据写入文件等操作。

任务实施

了解了 GET 请求和 POST 请求的基本原理后，接下来通过两个实例练习基于 urllib 库向服务器发送 GET 请求或 POST 请求获取响应数据的方法。基于 GET 请求爬取当当网图书列表页面的示例代码如图 2-28 所示，运行结果如图 2-29 和图 2-30 所示。

```python
import os
import time
from urllib import request, parse


# 定义一个对查询关键字进行URL编码的函数
def find_encode(key='爬虫'):
    search = {
        'key': key,
        'act': 'input'
    }
    # 应用 urlencode()方法对数据进行URL编码，通过encoding设置编码类型
    result = parse.urlencode(search, encoding='GBK')
    return result


if __name__ == "__main__":
    base_url = "http://search.dangdang.com/"
    in_str = input('请输入搜索的关键字，多个关键字请用逗号分割:')
```

图 2-28 基于 GET 请求爬取当当网图书列表页面的示例代码

```
20    keys = in_str.split(',')    # 如果输入了多个关键字, 用split( )切分, 得到关键字的列表
21    for k in keys:   # 循环处理每一个关键字
22        encode_key = find_encode(k.strip())
23        url = base_url + "?" + encode_key
24        response = request.urlopen(url)
25        print(f"当前搜索的书籍关键词是: {k}, 请求状态码: {response.status}")
26        if response.status == 200:
27            f_name = "dangdang_book_" + k.strip() + '.html'
28            f_path = os.path.join(os.getcwd(), 'files', f_name)
29            with open(f_path, 'wb') as f:    # 将请求到的网页保存到本地
30                f.write(response.read())
31        time.sleep(10)        # 处理完一个关键字后, 暂停10秒后再爬取下一个页面
```

图 2-28　基于 GET 请求爬取当当网图书列表页面的示例代码（续）

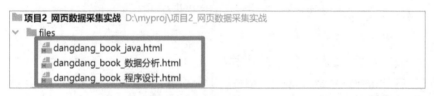

```
Run:    dangdang_books_demo ×
▶ ↑   D:\Python310\python.exe D:\myproj\项目2_网页数据采集实战\dangdang_books_demo.py
🔧 ↓   请输入搜索的关键字, 多个关键字请用逗号分割: 程序设计, java, 数据分析
■ ⬏   当前搜索的书籍关键词是: 程序设计, 请求状态码: 200
⬒ ⬇   当前搜索的书籍关键词是:  java, 请求状态码: 200
🖥 🖨  当前搜索的书籍关键词是:  数据分析, 请求状态码: 200
```

图 2-29　基于 GET 请求爬取网页示例代码运行结果

```
📁 项目2_网页数据采集实战 D:\myproj\项目2_网页数据采集实战
∨  📁 files
        📄 dangdang_book_java.html
        📄 dangdang_book_数据分析.html
        📄 dangdang_book_程序设计.html
```

图 2-30　基于 GET 请求爬取网页后保存到本地磁盘的网页文件

图 2-31 所示为基于 POST 请求向百度在线翻译发送数据, 并获取服务端返回的响应数据的示例代码。

在图 2-31 中, 第 6~14 行代码定义了 POST 请求要发送的表单数据 data, data 中各数据项的取值要与图 2-26 中通过浏览器调试模式下查看到的表单数据项中的取值一致, 其中的 from、to 为语言配置项; query 表示要翻译的文本, 通过查看相关的 JavaScript 文件可知; sign 为根据 query 值生成的签名值; token 为令牌值。第 16~23 行代码定义了请求头信息, 其取值来自图 2-25 中的请求标头中的对应值, 需要说明的是, Cookie（第 17 行）和 User_Agent（第 21 行）的值没有截图完整, 具体要参考浏览器中实际对应的内容。因为 POST 请求需要设置表单数据及请求头信息, 因此第 26 行代码创建了一个 urllib.request.Request 对象, 然后将此对象作为参数之一传递到 urlopen()方法中。第 29 行代码利用 JSON 库的 loads()方法将服务端返回的 JSON 字符串转换为 JSON 对象, 以便后续操作, 运行结果如图 2-32 所示。

```
baidu_translate_demo.py ×
3      # 百度翻译的请求地址
4      post_url = "https://fanyi.baidu.com/v2transapi?from=en&to=zh"
5      # 构建表单数据
6      data = {
7          'from': 'en',
8          'to': 'zh',
9          'query': 'programming',
10         'transtype': 'realtime',
11         'simple_means_flag': '3',
12         'sign': '776107.996586',
13         'token': '805cc38e283141ec8e8899bd098f794c',
14     }
15     # 构建请求头信息
16     headers = {
17         'Cookie': 'BIDUPSID=CC210A371358C3D1FD2A201C31F98216; PSTM=1665664637; APPGUIDE_10_0_2=1; REALTIME_TRANS_SWITCH=1
18         'Host': 'fanyi.baidu.com',
19         'Origin': 'https://fanyi.baidu.com',
20         'Referer': 'https://fanyi.baidu.com/',
21         'User-Agent': 'Mozilla/5.0 (Windows NT 10.0; Win64; x64) AppleWebKit/537.36 (KHTML, like Gecko) Chrome/106.0.0.0
22         'X-Requested-With': 'XMLHttpRequest',
23     }
24     # 给表单数据进行URL编码
25     encode_data = parse.urlencode(data).encode("utf8")
26     req = request.Request(url=post_url, headers=headers)    # 创建Request对象
27     response = request.urlopen(req, data=encode_data)       # 发送POST请求获取翻译结果
28     result = response.read().decode('gbk')                  # 读取返回的翻译结果并用GBK编码
29     json_result = json.loads(result)                        # 转换为JSON对象，以便提取相关数据
30     print(f"programming ---> {json_result['trans_result']['data'][0]['dst']}")
```

图 2-31 基于 POST 请求数据的示例代码

```
Run:    baidu_translate_demo (1) ×
▶  ↑    D:\Python310\python.exe D:\myproj\项目2_网页数据采集实战\baidu_translate_demo.py
   ↓    programming ---> 程序设计
■  ⇆
```

图 2-32 基于 POST 请求数据示例代码的运行结果

任务拓展

在 POST 请求百度翻译响应时，请求数据中的 sign、Cookie 等配置项的值会随翻译文本内容的变化而变化，因此图 2-31 的示例代码只能获取英文单词"programming"的翻译结果。请尝试修改并完善图 2-31 中的代码，实现对任意中/英文词语的翻译结果爬取。

任务 2.4 请求头伪装与代理服务器应用

扫一扫，看微课

任务介绍

由于各种原因，一些爬虫的执行效率不高，在爬取网页信息时很可能会占用过多正常的带宽资源，从而导致网站访问速度缓慢，甚至无法访问，因此，很多网站会采取一些反爬虫措施来阻止爬虫的不当爬取行为。对于采取了反爬虫措施的网站，爬虫程序需要针对

这些措施采取相应的应对策略，本任务练习请求头伪装及代理服务器的反爬虫策略。

↓ **知识准备**

2.4.1 请求头伪装

对于一些需要登录的网站，如果不是从浏览器发出的请求，是不能获得响应内容的。针对这种情况，需要将爬虫程序发出的请求伪装成一个浏览器发出的请求。伪装浏览器请求需要自定义请求标头，也就是在发送 Request 请求时，加入特定的 Headers 请求头信息。urllib 库中，urlopen()方法不能直接设置请求头信息，需要通过 urllib.request.Request 进行设置，或通过调用 Request.add_header()来添加请求头信息。如果想查看已有的 Headers，可以通过调用 Request.ge_header()查看。设置请求头示例代码及运行结果如图 2-33 和图 2-34 所示。

```python
# 导入 urllib.request 模块
from urllib import request

url = 'https://www.baidu.com'
headers = {'User-Agent': ('Mozilla/5.0 (Windows NT 6.1; Win64; x64) '
                          'AppleWebKit/537.36 (KHTML, like Gecko) Chrome/70.0.3521.2 Safari/537.36')}

# 可以在创建Request对象时通过headers参数设置请求头
req = request.Request(url, headers=headers)
# 也可以通过Request对象的add_header()方法设置请求头
req.add_header("Custom-header", "hello")

response = request.urlopen(req)

# 通过Request对象的get_header()方法查看请求头信息
print(f'User-Agent = {req.get_header(header_name="User-agent")}')
print(f'Connection = {req.get_header("Connection")}')
print(f'Custom-header = {req.get_header("Custom-header")}')
print(f'{response.code=}')
```

图 2-33 设置请求头示例代码

```
D:\Python310\python.exe D:\myproj\项目2_网页数据采集实战\set_headers_demo.py
User-Agent = Mozilla/5.0 (Windows NT 6.1; Win64; x64) AppleWebKit/537.36 (KHTML, like Gecko) Chrome/70.0.3521.2 Safari/537.36
Connection = None
Custom-header = hello
response.code=200
```

图 2-34 设置请求头示例代码的运行结果

2.4.2 代理服务器

在通过爬虫爬取某些网站时，会发现刚开始时能正常爬取，但是爬取几次后就爬取不到信息了，这是因为很多网站会检测某时间段内同一个 IP 的访问次数，如果同一 IP 地址的访问过于频繁，网站会认定此 IP 是爬虫程序而不是正常用户浏览网页，因此该网站会禁止来自该 IP 的访问。针对这种情况，可以尝试使用代理服务器，多个代理服务器轮换使用，可以有效解决被网站禁止访问的问题。

urllib 库中的 urlopen()方法不支持代理、Cookie 等 HTTP/HTTPS 高级功能。因此，如果要在 urllib 库下使用代理服务器，需要通过 urllib.request 中的 OpenerDirector 类的对象来实现，具体步骤如下。

（1）使用相关的 Handler 处理器创建特定功能的处理器对象。

（2）通过 build_opener()方法使用 Handler 对象创建自定义的 opener 对象。

（3）使用自定义的 opener 对象，调用 open()方法发送请求。

代理服务器设置示例代码及运行结果如图 2-35 和图 2-36 所示。

```
proxy_demo.py
# 导入 urllib.request模块
from urllib import request
import random

url = 'https://www.baidu.com'
headers = {'User-Agent': ('Mozilla/5.0 (Windows NT 6.1; Win64; x64) '
                          'AppleWebKit/537.36 (KHTML, like Gecko) Chrome/70.0.3521.2 Safari/537.36')}
proxies_list = [
        {"http": "123.101.231.118:9999"},
        {"http": "175.44.108.135:9999"},
        {"http": "117.91.250.105:9999"},
    ]

# 在创建Request对象时通过headers参数设置请求头
req = request.Request(url, headers=headers)
handler = request.ProxyHandler(random.choice(proxies_list))
opener = request.build_opener(handler)
response = opener.open(req)
print(f'{response.code=}')
print(response.read().decode("utf-8"))
```

图 2-35　代理服务器设置示例代码

```
Run: proxy_demo
D:\Python310\python.exe D:\myproj\项目2_网页数据采集实战\proxy_demo.py
response.code=200
<!DOCTYPE html><!--STATUS OK--><html><head><meta http-equiv="Content-Type" content="text/html;charset=utf-8"><meta http-equiv="X-UA-Compatible"
 content="IE=edge,chrome=1"><meta content="always" name="referrer"><meta name="theme-color" content="#ffffff"><meta name="description"
content="全球领先的中文搜索引擎、致力于让网民更便捷地获取信息，找到所求。百度超过千亿的中文网页数据库，可以瞬间找到相关的搜索结果。"><link rel="shortcut icon"
href="/favicon.ico" type="image/x-icon" /><link rel="search" type="application/opensearchdescription+xml" href="/content-search.xml" title="百
度搜索" /><link rel="icon" sizes="any" mask href="//www.baidu.com/img/baidu_85beaf5496f291521eb75ba38eacbd87.svg"><link rel="dns-prefetch"
href="//dss0.bdstatic.com"/><link rel="dns-prefetch" href="//dss1.bdstatic.com"/><link rel="dns-prefetch" href="//ss1.bdstatic.com"/><link
rel="dns-prefetch" href="//sp0.baidu.com"/><link rel="dns-prefetch" href="//sp1.baidu.com"/><link rel="dns-prefetch" href="//sp2.baidu
.com"/><link rel="apple-touch-icon-precomposed" href="https://psstatic.cdn.bcebos.com/video/wiseindex/aa6eef91f8b5b1a33b454c401_1660835115000
.png"><title>百度一下，你就知道</title><style index="newi" type="text/css">#form .bdsug{top:39px}.bdsug{display:none;position:absolute;
width:535px;background:#fff;border:1px solid #ccc!important;_overflow:hidden;box-shadow:1px 1px 3px #ededed;-webkit-box-shadow:1px 1px 3px
#ededed;-moz-box-shadow:1px 1px 3px #ededed;-o-box-shadow:1px 1px 3px #ededed}.bdsug li{width:519px;color:#000;font:14px arial;
line-height:25px;padding:0 8px;position:relative;cursor:default}.bdsug li.bdsug-s{background:#f0f0f0}.bdsug-store span,.bdsug-store
b{color:#7A77C8}.bdsug-store-del{font-size:12px;color:#666;text-decoration:underline;position:absolute;right:8px;top:0;cursor:pointer;
display:none}.bdsug-s .bdsug-store-del{display:inline-block}.bdsug-ala{display:inline-block;border-bottom:1px solid #e6e6e6}.bdsug-ala
h3{line-height:14px;background:url(//www.baidu.com/img/sug_bd.png?v=09816787.png) no-repeat left center;margin:6px 0 4px;font-size:12px;
font-weight:400;color:#7B7B7B;padding-left:20px}.bdsug-ala p{font-size:14px;font-weight:700;padding-left:20px}#m .bdsug .bdsug-direct
```

图 2-36　代理服务器设置示例运行结果

↓ **任务实施**

接下来以爬取豆瓣电影 Top 250 排行榜为例来练习请求头伪装及代理服务器的应用，豆瓣电影 Top 250 排行榜中每部电影的页面结构如图 2-37 所示，从图中可知，每部电影的相关信息都封装在一个<li></li>标签中。

图 2-37　豆瓣电影 Top 250 排行榜中每部电影的页面结构

具体代码及运行结果如图 2-38～图 2-43 所示。

第 6～11 行代码用于实现从电影页面的 HTML 文档中利用字符串对象的切分方法提取全部电影列表的 HTML 文本片段（所有的<li></li>标签及其内部的全部文本），因为每部电影的信息都包含在<li></li>标签内，因此在第 13 行利用字符串的子串切分方法 split()，以"</li>"作为分割子串，将每页 HTML 文档中包含的 25 部电影信息的子字符串切分出来。第 14～48 行代码通过循环实现对每部电影信息的字符串利用字符串的相关函数提取影片名称、影片评分、评价人数及影片信息等内容。最后将提取出来的每部电影的信息用字典数据结构保存，再将其添加到影片信息列表中并返回。

```
douban_top250.py
1    from urllib import request
2    import time
3    import random
4
5
6    def douban_top250_extract(htm):
7        ol_start_str = '<ol class="grid_view">'      # 影片信息块的开始字符串
8        ol_start = htm.find(ol_start_str)             # 影片信息块的开始索引
9        ol_end_str = '</ol>'                          # 影片信息块的结束字符串
10       ol_end = htm.find(ol_end_str)                 # 影片信息块的结束索引
11       film_str = htm[ol_start+len(ol_start_str):ol_end]  # 利用字符串切片操作从HTML文档字符串将影片信息块的子串切分出来
12       results = []            # 保存提取结果的列表
13       film_list = film_str.split("</li>")  # 按照</li>将每个<li>标签及其子标签分别切分出来
14       for info in film_list[0:len(film_list)-1]:  # 循环处理每一部影片,利用正则表达式提取相关信息
15           # 提取影片标题
16           title_start_str = '<span class="title">'
17           title_start = info.find(title_start_str)
18           title_end_str = '</span>'
19           title_end = info.find(title_end_str)
20           film_title = info[title_start+len(title_start_str):title_end]
21           # 提取影片评分
22           score_start_str = '<span class="rating_num" property="v:average">'
23           score_start = info.find(score_start_str)
24           score_end_str = '</span>'
25           score_end = info.find(score_end_str, score_start)
26           film_score = info[score_start + len(score_start_str):score_end]
27           # 提取影片评价人数
28           judge_start_str = '<span>'
29           judge_start = info.find(judge_start_str, score_end)
30           judge_end_str = '</span>'
31           judge_end = info.find(judge_end_str, judge_start)
32           film_judge = info[judge_start + len(judge_start_str):judge_end]
33           # 提取影片的导演、主演等信息
34           info_start_str = '<p class="">'
35           info_start = info.find(info_start_str)
36           info_end_str = '</p>'
37           info_end = info.find(info_end_str, info_start)
38           film_info = info[info_start + len(info_start_str):info_end]
39           # 影片的导演等信息组合在一起,提取出来后要将一些无效的空格、换行等字符去掉
40           film_info = film_info.replace(" ", "").replace("...<br>\n", "").replace(" ", "").strip()
41           film = {
42               '影片名': film_title,
43               '影片评分': film_score,
44               '评价人数': film_judge,
45               '影片信息': film_info
46           }
47           results.append(film)
48       print(results)
49
```

图 2-38　豆瓣电影 Top 250 排行榜爬取代码（1）——定义电影信息提取方法

```
douban_top250.py
50
51   # 随机选择一个浏览器的头信息
52   def choice_head():
53       headers = [
54           {'User-Agent': ('Mozilla/5.0 (Windows NT 6.1; Win64; x64) '
55                           'AppleWebKit/537.36 (KHTML, like Gecko) Chrome/70.0.3521.2 Safari/537.36')},
56           {'User-Agent': ('Mozilla/5.0 (Windows NT 10.0; WOW64) '
57                           'AppleWebKit/537.36 (KHTML, like Gecko) Chrome/86.0.4240.198 Safari/537.36')},
58           {'User-Agent': ('Mozilla/5.0 (Windows NT 10.0; Win64; x64) '
59                           'AppleWebKit/537.36 (KHTML, like Gecko) Chrome/107.0.0.0 Safari/537.36 Edg/107.0.1418.56')}
60       ]
61       return random.choice(headers)
62
63
```

图 2-39　豆瓣电影 Top 250 排行榜爬取代码（2）——定义随机选择请求头方法

```
douban_top250.py ×
64    # 随机选择一个代理IP  注：下面是网上提供的一些免费代理IP，可能会失效，需注意更新
65    def choice_proxy():
66        proxies_list = [
67            {"http": "123.101.231.118:9999"},
68            {"http": "175.44.108.135:9999"},
69            {"http": "117.91.250.105:9999"},
70            {"http": "49.85.163.162:3000"},
71            {"http": "122.143.83.179:4278"},
72            {"http": "175.21.98.87:4268"},
73            {"http": "36.7.249.122:4278"},
74            {"http": "27.220.48.142:4278"},
75            {"http": "114.99.196.85:4226"},
76            {"http": "123.169.117.113:9999"},
77            {"http": "115.221.246.205:9999"},
78            {"http": "120.83.99.50:9999"}
79        ]
80        return random.choice(proxies_list)
81
```

图 2-40 豆瓣电影 Top 250 排行榜爬取代码（3）——定义随机选择代理 IP 方法

```
douban_top250.py ×
83  ▶ if __name__ == "__main__":
84        for i in range(10):
85            base_url = f"https://movie.douban.com/top250?start={i * 25}&filter="
86            head = choice_head()
87            req = request.Request(base_url, headers=head)  # 创建一个Request对象，并添加随机的头信息进行请求伪装
88            proxy = choice_proxy()
89            proxy_handler = request.ProxyHandler(proxy)
90            use_proxy = True
91            if use_proxy:
92                opener = request.build_opener(proxy_handler)
93                response = opener.open(req)
94                print(f"正在使用代理:{proxy}......")
95            else:
96                response = request.urlopen(req)  # 读取结果
97
98            print(f"正在爬取第{i + 1}页数据......")
99            html = response.read().decode("utf-8")
100           douban_top250_extract(html)
101           time.sleep(5)
102
```

图 2-41 豆瓣电影 Top 250 排行榜爬取代码（4）——实现逐个页面爬取

在浏览器中访问豆瓣电影 Top 250 的 10 个页面，可以发现 URL 地址的规律如下：

```
1.  https://movie.douban.com/top250?start={i * 25}&filter=
```

其中 i 的取值范围为 0～9，因此图 2-41 的代码通过一个 for 循环来实现逐个页面的爬取。第 90 行代码定义了一个 use_proxy 标志变量，用于选择是否要使用代理服务器来实现数据的爬取。第 101 行代码使用了 Python 的时间库 time，通过调用 time.sleep()方法，让程序休眠 5 秒钟后再执行下一个页面的爬取，以降低爬虫的访问频率，降低被封 IP 的风险。不使用代理服务器进行爬取的输出结果如图 2-42 所示，使用代理服务器进行爬取的输出结果如图 2-43 所示。

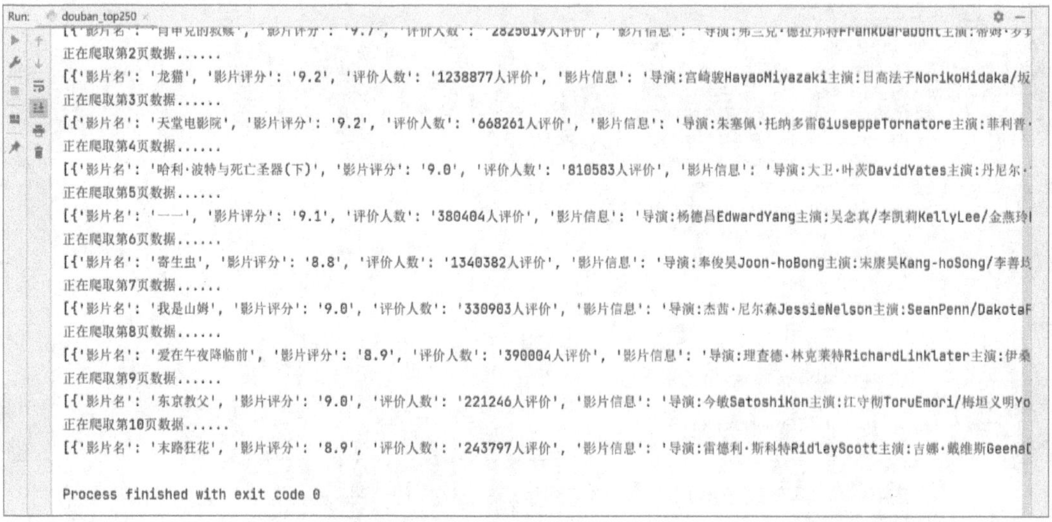

图 2-42　豆瓣电影 Top 250 排行榜爬取输出结果（1）——不使用代理服务器

图 2-43　豆瓣电影 Top 250 排行榜爬取输出结果（2）——使用代理服务器

↓　**任务拓展**

请结合前面讲解的内容将爬取的信息保存到 CSV 文件或 JSON 文件中。

任务 2.5　网络异常处理

↓　任务介绍

在网络请求中，各种网络异常的存在（如服务器连接失败、没有连接网络、超时等），都可能导致请求失败，此时需要对可能出现的异常情况进行适当的处理。本任务介绍 urllib.error 库中定义的网络异常类。

↓　知识准备

2.5.1　URLError

URLError 是 urllib.error 库中定义的 3 个异常类的基类，它继承自 Python 的 OSError，定义了 args、reason 和 filename 3 个参数。URLError 产生的原因主要有以下几种。

- 没有连接网络。
- 服务器连接失败。
- 找不到指定的服务器。

可以使用 try…except…结构来捕获 URLError 异常。URLError 异常处理示例代码及运行结果如图 2-44 所示。

```python
urlerror_demo.py

1    from urllib import request, error
2
3    base_url = "https://www.abcdef.com"        # 一个虚构的URL地址
4
5    try:
6        response = request.urlopen(base_url)
7        response.read().encoding('utf-8')
8    except error.URLError as e:
9        print(f"发生了URLError错误")
10       print(f"{e.reason=}")
11       print(f"{e.args=}")
12       print(f"{e.filename=}")
13
```

```
Run:    urlerror_demo

    D:\Python310\python.exe D:\myproj\项目2_网页数据采集实战\urlerror_demo.py
    发生了URLError错误
    e.reason=TimeoutError(10060, '由于连接方在一段时间后没有正确答复或连接的主机没有反应，连接尝试失败。', None, 10060, None)
    e.args=(TimeoutError(10060, '由于连接方在一段时间后没有正确答复或连接的主机没有反应，连接尝试失败。', None, 10060, None),)
    e.filename=None

    Process finished with exit code 0
```

图 2-44　URLError 异常处理示例代码及运行结果

2.5.2　HTTPError

HTTPError 是 urllib.error 库中定义的 3 个异常类之一，继承自 URLError，它的对象拥有一个整型的属性 code，表示服务器返回的错误代码。每个服务器的响应都有一个数字响应码（如响应码 200 表示请求成功、404 表示请求的页面不存在、500 则表示服务器内部错误），当使用 urllib.request.urlopen()方法请求页面时，如果返回的响应码反馈无法处理请求内容时，urlopen()会抛出 HTTPError 异常，它是 urllib.request.urlopen()方法返回的合法值之一。HTTPError 异常处理示例代码及运行结果如图 2-45 所示。

```python
1    from urllib import request, error
2
3    base_url = "https://www.baidu.com/test_abc"          # 一个虚构的URL地址
4
5    try:
6        response = request.urlopen(base_url)
7        response.read().encoding('utf-8')
8
9    except error.HTTPError as e:
10       print(f"发生了HTTPError错误")
11       print(f"{e.code=}")
12       print(f"{e.msg=}")
13       print(f"{e.hdrs=}")
14       print(f"{e.filename=}")
15
16   except error.URLError as e:
17       print(f"发生了URLError错误")
18       print(f"{e.reason=}")
19       print(f"{e.args=}")
20       print(f"{e.filename=}")
```

```
Run:    httperror_demo
    D:\Python310\python.exe D:\myproj\项目2_网页数据采集实战\httperror_demo.py
    发生了HTTPError错误
    e.code=404
    e.msg='Not Found'
    e.hdrs=<http.client.HTTPMessage object at 0x000001C9CA5F3520>
    e.filename='https://www.baidu.com/test_abc'
```

图 2-45　HTTPError 异常处理示例代码及运行结果

↓ 任务拓展

请修改并完善图 2-41 所示的代码，对可能出现的异常添加相应的处理代码。

任务 2.6　基于 requests 库爬取电商网页的数据

扫一扫，看微课

↓ 任务介绍

urllib 库中的相关模块提供了各种方法用来创建爬虫实现数据的爬取，但是实现时需要编写相对较多的代码，接下来在本任务中练习利用一个更为方便的第三方库——requests 库，实现对网页的爬取。

↓ **知识准备**

requests 是一个基于 Apache 2 协议开源的 Python HTTP 库，号称 HTTP for Humans，如图 2-46 所示，可以通过 GitHub 仓库查看。与 urllib 标准库相比，requests 库可以更方便地处理与网络请求相关的代码，它使用起来更方便，能大大提高工作效率。requests 库不仅能够重复地读取返回的数据，而且在大多数情况下都能正确地自动确定响应内容的编码。实际上，requests 库是基于 urllib 库的基础上进行了高度的封装，它不仅继承了 urllib 库的所有特性，还支持使用 Cookie 保持会话、自动确定响应内容的编码等特性，可以轻松完成浏览器的任何操作。

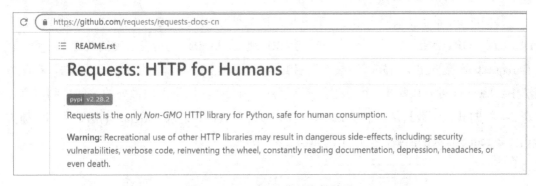

图 2-46　requests 库的文档地址

使用 requests 库前需要先安装，可以通过以下命令安装：

```
1.  pip install requests
```

安装完成后，通过 import 语句导入后即可使用。requests 库中提供了以下几个常用的类。

- requests.Request：表示请求对象，用于将一个请求发送到服务器。
- requests.Response：表示响应对象，其中包含服务器对 HTTP 请求的响应。
- requests.Session：表示请求会话，提供了持久性、连接池等相关配置。

其中，Request 类的对象表示一个请求，它的生命周期针对一个客户端请求，一旦请求发送完毕，该请求包含的内容就会被释放。request 对象的请求完成后会将响应结果封装在 Response 类的响应对象中返回，其中包含服务器对 HTTP 请求的响应。而 Session 类的对象可以跨越多个页面，它的生命周期同样针对的是一个客户端请求，当关闭这个客户端的浏览器时，只要是在预先设置的会话周期内，这个会话包含的内容会一直存在，不会被马上释放。

requests 库中常用的请求函数及功能如表 2-4 所示。

表 2-4 requests 库中常用的请求函数及功能

函数	功能
requests.request()	构造一个请求，是最基本的 HTTP 请求实现方法
requests.get()	获取网页，对应 HTTP 中的 GET 请求
requests.post()	向网页提交信息，对应 HTTP 中的 POST 请求
requests.head()	获取网页的头信息，对应 HTTP 中的 HEAD 请求
requests.put()	向网页提交 put()方法，对应 HTTP 中的 PUT 请求
requests.patch()	向网页提交局部修改的请求，对应 HTTP 中的 PATCH 请求
requests.delete()	向网页提交删除请求，对应 HTTP 中的 DELETE 请求

表 2-4 中列举了一些常用于 HTTP 请求的函数，其中 request()函数是最基础的函数，其语法格式如下：

```
1.  def request(method, url, **kwargs)
```

其中的 method 参数用于指定 HTTP 请求的类型（GET、POST、HEAD、PUT、PATCH、DELETE、OPTIONS 之一），url 为请求的 URL 地址，kwargs 为可变长度的关键字参数。查看 request()函数的定义可知，其最终调用的是 requests.Session 中的 request()方法，在此方法中，kwargs 可以接收 13 个关键字参数（key=value），用于添加额外的访问控制信息。表 2-4 中的其他函数只是提供了 method 参数为某个 HTTP 请求的 request()函数调用快捷方式，如 requests.get()函数，应用示例如图 2-47 所示。

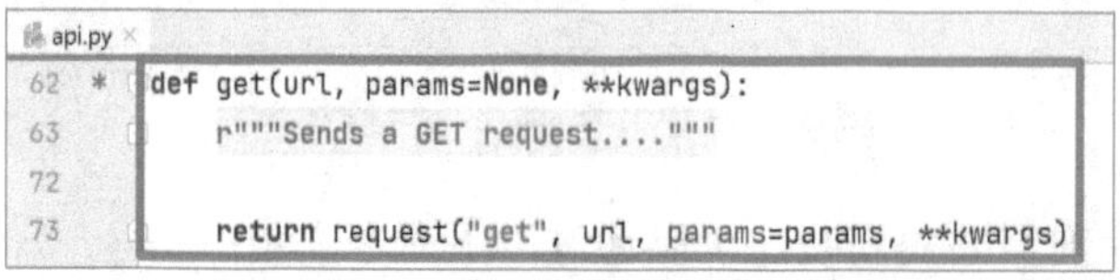

图 2-47　requsts.get()函数应用示例

当 request()函数得到服务器返回的响应后，就会创建并返回一个 response 对象，该对象包含了服务器返回的所有信息，也包括原来创建的 request 对象。response 对象的常用属性及含义如表 2-5 所示。

表 2-5　response 对象的常用属性及含义

属性	含义
status_code	HTTP 请求返回的状态码，200 表示成功
text	HTTP 响应的字符串形式，即 URL 对应的网页内容
encoding	从 HTTP header 中获取的响应内容编码方式
apparent_encoding	从内容中推断的响应内容编码方式（备选）
content	HTTP 响应内容的二进制形式

在网络请求过程中，由于各种原因，如 URL 编写错误、远程服务器不可访问等，都将

导致网络请求失败，抛出相应的异常。在 requests 库中定义了多种异常类来处理不同的网络请求错误，常用的异常类及含义如表 2-6 所示。

表 2-6　requests 库中的异常类及含义

异常类	含义
requests.ConnectionError	网络连接异常，如 DNS 查询失败、拒绝连接等
requests.HTTPError	HTTP 错误异常
requests.URLRequired	URL 缺失异常
requests.TooManyRedirects	超过最大重定向次数，产生重定向异常
requests.ConnectTimeout	连接远程服务器超时异常
requests.Timeout	请求 URL 超时异常

任务实施

下面基于 requests 库实现对豆瓣电影 Top 250 排行榜爬取，爬取示例代码如图 2-48 所示。

```python
douban_top250_requests.py
1    import requests
2    import time
3    import douban_top250
4
5
6    if __name__ == "__main__":
7        for i in range(10):
8            base_url = f"https://movie.douban.com/top250?start={i * 25}&filter="
9            head = douban_top250.choice_head()
10           proxy = douban_top250.choice_proxy()
11           response = requests.get(base_url, headers=head, proxies=proxy, timeout=5, verify=False)
12           print(f"正在使用代理:{proxy}......")
13           print(f"正在爬取第{i + 1}页数据......")
14           html = response.text
15           douban_top250.douban_top250_extract(html)
16           time.sleep(5)
```

图 2-48　基于 requests 库的豆瓣电影 Top 250 排行榜爬取示例代码

与图 2-38 所示的基于 urllib 库的豆瓣电影 Top 250 排行榜爬取相比，图 2-48 所示的基于 requests 库的爬取代码要简练很多，可以在 requests 库的请求函数中直接设置请求头信息及代理，同时返回的 response 对象中不需要先用 read()方法将响应内容读取后再利用 decode()函数进行编码，而是由 requests 库自动确定编码并将网页内容存储到 response.text 属性中。示例代码的运行结果如图 2-49 所示。

由图 2-49 中的运行结果可知，当用 requests 库的相关函数访问 HTTPS 协议的网址时，会弹出 InsecureRequestWarning 警告信息，此时可以通过调用 urllib3 库中的 disable_warnings()方法来关闭警告信息的输出，代码如图 2-50 所示，运行结果如图 2-51 所示。

图 2-49　基于 requests 库的豆瓣电影 Top 250 排行榜爬取示例代码运行结果

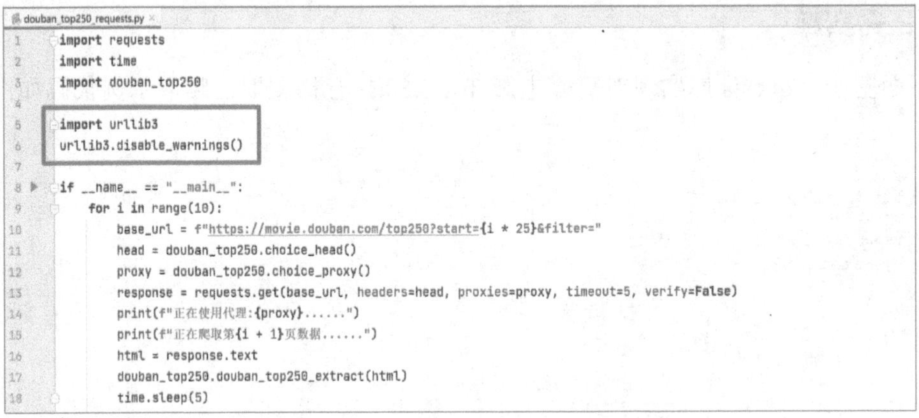

图 2-50　基于 requests 库爬取时关闭警告信息输出

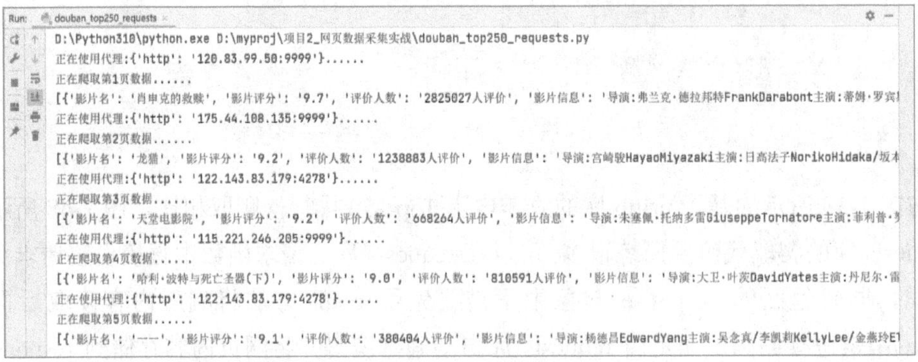

图 2-51　基于 requests 库爬取时关闭警告信息输出的运行结果

任务拓展

请查阅相关资料，尝试实现用 request()方法、post()方法爬取百度翻译内容的功能。

项目 3

网页数据解析实战

【知识目标】

- 了解 HTML 页面基础；
- 了解 Chrome 浏览器 DevTools（开发者工具）的使用；
- 了解 Chrome 浏览器下 XPath 插件的安装与使用；
- 掌握基于正则表达式的网页数据解析；
- 掌握基于 lxml 库的网页数据解析；
- 掌握基于 Beautiful Soup 的网页数据解析；
- 掌握基于 JsonPath 的网页数据解析。

【技能目标】

- 能使用 Chrome 浏览器 DevTools 进行网页结构的查看与分析；
- 能基于正则表达式实现对网页数据的解析；
- 能基于 lxml 库实现对网页数据的解析；
- 能基于 Beautiful Soup 实现对网页数据的解析；
- 能基于 JsonPath 实现对网页数据的解析。

任务 3.1　HTML 基础

任务介绍

扫一扫，看微课

利用爬虫爬取网页中的数据时，实质上就是从服务端返回的 HTML 字符串中提取特定子串的过程。因此，需要对网页的结构有一定的了解，明确提取的信息在 HTML 文档的位置及分布规律后才能有效地制定提取策略，从而实现信息的提取。本任务简单介绍 HTML 文档的相关知识，并练习通过浏览器的调试功能查看特定 HTML 网页的结构。

⬇ **知识准备**

3.1.1　HTML 网页的结构

HTML（Hyper Text Markup Language）即超文本标记语言。它包括一系列标签，通过这些标签可以将网络上的文档格式统一，使互联网上分散的资源连接为一个逻辑整体。HTML 文档是由 HTML 命令组成的描述性文档，HTML 命令可以包含说明文字、图形、动画、声音、表格、链接等。"超文本"就是指页面内可以包含图片、链接，甚至音乐、程序等非文字元素。超文本标记语言的结构包括"头"（head）和"主体"（body）两部分，其中"头"部分提供关于网页的信息，"主体"部分提供网页的具体内容。HTML 最新版本为 HTML 5。

在进行爬虫开发时，需要清楚 HTML 文档中各个标签的含义，了解标签的属性、作用以及整个 HTML 的布局设计。图 3-1 所示为 HTML 文档的基本结构。

图 3-1　HTML 文档的基本结构

<html></html>为 HTML 文档的根标签，其他标签都声明在<html></html>标签内。整个 HTML 文档可以分为两部分，具体说明如下。

（1）<head></head>，主要是对网页的描述、图片、CSS 样式表、JavaScript 文件等的引用。<head></head>标签内包含所有的头部标签元素。在<head></head>标签内可以插入脚本（Script）、样式（CSS）及各种 meta 元信息。<head></head>中可以添加的元素标签有<title></title>、<style></style>、<meta></meta>、<link></link>、<script></script>等。

（2）<body></body>，是网页信息的主要载体。该标签内通常包含很多类别的标签，不同的标签有不同的作用，标签通常以<标签名>开头，以</标签名>结尾，<标签名>和</标签名>之间的内容是标签的值和属性等，不同标签之间可以是相互独立的，也可以是嵌套、层层递进的关系。常用的 HTML 标签及含义如表 3-1 所示。

表 3-1　常用的 HTML 标签及含义

标签名	含义
h1、h2、h3、h4、h5、h6	标题标签，字体从 h1 到 h6 逐渐缩小，如<h1>标题</h1>
div	布局标签，通常独占一行，如<div>内容</div>
p	段落标签，如<p>一段文本内容</p>
span	布局标签，为行内标签，一行内可以有多个<span></span>标签
a	超链接标签，如<a href="链接路径">链接内容</a>
img	图像标签，如<img src="图像的 URL 地址">
ol、ul、li	列表标签，<ol></ol>为有序列表标签，<ul></ul>为无序列表标签，<li></li>为列表项标签
form	表单标签，其中包含各种表单元素
input	表单控件，通过 type 来指定控件类型，如 text 表示文本输入，password 指定为密码输入控件，button 指定为按钮，submit 指定为提交按钮等
select	下拉列表，如<select><option>选项一</option><option>选项二</option></select>
textarea	多行文本输入控件

3.1.2　Chrome 浏览器的 DevTools

Chrome 浏览器是广受开发人员欢迎并拥有大量使用群体的 Web 浏览器，它为开发人员提供了使用浏览器中的内置 DevTools 调试大多数 Web 应用程序的能力，开发人员可以直接在浏览器中编辑代码、测试和添加断点以检测问题，能更有效地调试代码，而无须第三方调试工具。

在 Windows 系统中打开 Chrome 浏览器的 DevTools 有多种方法：可以按快捷键 F12 或 Ctrl + Shift + C 打开；也可以在网页的任意位置单击鼠标右键，在弹出的快捷菜单中选择"检查"选项打开；还可以单击"自定义及控制"按钮，在展开的选项菜单中选择"更多工具" > "开发者工具"选项打开。Chrome 浏览器的 DevTools 打开后的界面如图 3-2 所示。

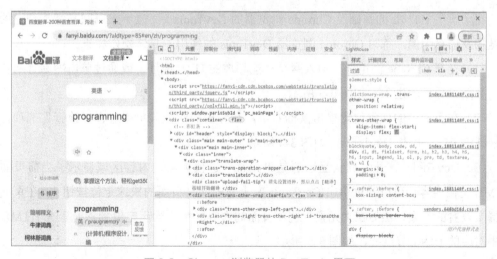

图 3-2　Chrome 浏览器的 DevTools 界面

Chrome 浏览器的 DevTools 打开时会在顶部显示一些功能的选项卡，还会隐藏其他选项卡，可以通过单击选项栏右边的 3 个小点按钮来访问其他选项卡。常用的选项卡及相关功能如表 3-2 所示。

表 3-2　DevTools 常用的选项卡及功能

选项卡	功能
元素（Elements）	检查和编辑 DOM 节点和样式属性
控制台（Console）	查看和运行 JavaScript 代码
源代码（Sources）	调试 JavaScript 代码并添加断点等
网络（Network）	查看和监控网络，调试网络相关的活动
性能（Performance）	分析及优化性能
内存（Memory）	通过跟踪内存使用情况来修复与内存相关的问题
应用（Application）	查看 sessionStorage、localStorage、IndexDB、Cookies 及其他应用相关的数据文件
安全（Security）	调试证书问题和其他安全问题

在对 HTML 网页的数据和结构有一定了解后，就可以借助相关的网页解析技术从网页中解析和提取有价值的数据了。Python 中提供了丰富的数据解析工具用于从爬虫爬取的 HTML 网页或其他的格式化数据（如 XML 或 JSON 格式的数据）中解析提取的相关数据，如以下几种方式。

- 正则表达式：对文本数据的解析。
- XPath、Beautiful Soup 等：对 HTML/XML 数据的解析。
- JSON、JsonPath：对 JSON 格式数据的解析。

任务实施

在了解了 HTML 的基础及 Chrome 浏览器的 DevTools 后，接下来以网易智能频道的页面结构及信息为例，练习 Chrome 浏览器 DevTools 的使用。具体操作如下。

（1）打开 Chrome 浏览器，输入网易智能频道的 URL 地址，或通过单击网易官网首页的"智能"导航项进入，如图 3-3 所示。

（2）在页面中的任意位置单击鼠标右键，在弹出的快捷菜单中选择"检查"选项，或按快捷键 F12，打开 DevTools，如图 3-4 所示。

（3）DevTools 打开时默认显示的是"元素"选项页面，内容区域显示了当前页面的 HTML 文档内容。可以通过单击 DevTools 左上角的网页页面的快速定位按钮，在页面中选择要查看的元素，然后在"元素"选项页面的内容区域会同步定位到该元素在 HTML 文档中对应的 DOM 节点处，如图 3-5 所示。

通过查看该 DOM 节点的结构及属性特征，可以为下一步制定爬虫程序的数据提取策略提供参考。例如，如果要提取该页面中的新闻标题，从图 3-5 可知，新闻标题在一个类样式为"news_title"的<div></div>标签下的<h3></h3>子标签内部的超链接标签中，因此可以先通过样式 class="news_title"定位到<div></div>标签，再进一步进行文本数据的提取。

图 3-3　网易智能频道页面

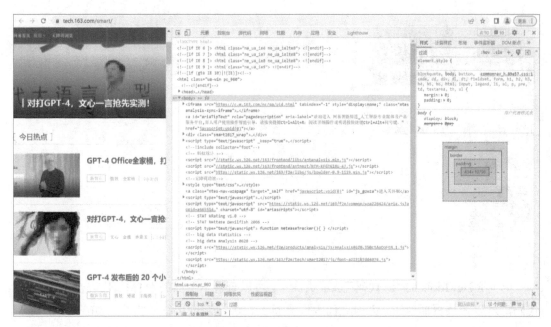

图 3-4　打开 DevTools

图 3-5　在 DevTools 中查看 DOM 节点的结构及属性

（4）在 DevTools 的"控制台"选项页面中，可以查看与 HTML 页面相关的 DOM 元素属性或运行相关代码，如图 3-6 所示。

图 3-6　DevTools 的"控制台"选项页面

（5）在 DevTools 的"源代码"选项页面中，可以查看本页面的 HTML 代码及 JavaScript 代码，可以在该页面对 JavaScript 代码设置断点、进行调试运行等操作，如图 3-7 所示。

（6）在 DevTools 的"网络"选项页面中，可以查看与本页面相关的网络请求的加载情况、相关请求的请求头信息及响应数据等，其中的请求头信息是爬虫在发送请求时需要提供给请求对象的相关参数，如图 3-8 所示。

图 3-7　DevTools 的"源代码"选项页面

图 3-8　DevTools 的"网络"选项页面

任务拓展

请利用 DevTools 查看网易智能频道页面中相关新闻的评论页面的结构，并思考如何根据页面结构规划爬虫程序爬取相关新闻的评论数据。

任务 3.2　基于正则表达式的网页数据解析

任务介绍

扫一扫，看微课

本任务以豆瓣电影 Top 250 排行榜爬取及电影信息的提取为例来练习利用正则表达式

对爬虫请求到的网页数据进行解析。

知识准备

在利用正则表达式对字符串进行匹配处理时，如果需要对一个正则表达式重复使用，在 Python.re 模块中，可以利用 compile()函数对其进行预编译，以避免每次编译正则表达式的开销。compile()函数的语法格式如下：

```
1.  compile(pattern,flags=0)
```

其中的参数 pattern 表示一个正则表达式，参数 flags 用于指定正则表达式匹配的模式，该参数的常用匹配模式及含义如表 3-3 所示。

表 3-3　常用的匹配模式及含义

匹配模式	含义
re.I	忽略大小写
re.L	做本地化识别（locale-aware）匹配，使预定义字符集\w、\W、\b、\B、\s、\S 取决于当前区域设置
re.M	多行匹配，影响 ^ 和 $
re.S	使 "." 匹配任何字符，包括换行符
re.U	根据 Unicode 字符集解析字符
re.A	根据 ASCII 字符集解析字符
re.X	允许使用更灵活的格式（可以是多行、忽略空白字符、可加入注释等）书写正则表达式，以便表达式更易理解

例如，要从 HTML 文档中提取出<span></span>标签中的影视作品中文名称信息，示例代码及运行结果如图 3-9 所示。

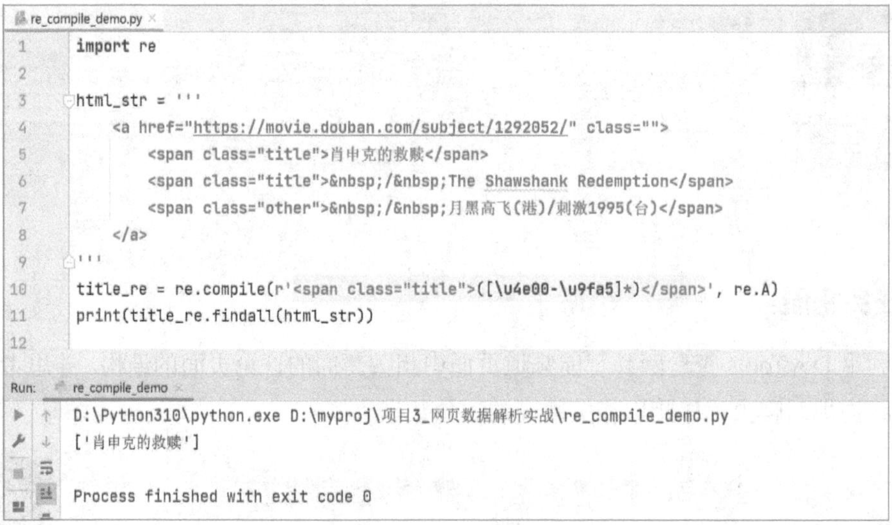

```
re_compile_demo.py ×
1    import re
2
3    html_str = '''
4        <a href="https://movie.douban.com/subject/1292052/" class="">
5            <span class="title">肖申克的救赎</span>
6            <span class="title"> / The Shawshank Redemption</span>
7            <span class="other"> / 月黑高飞(港)/刺激1995(台)</span>
8        </a>
9    '''
10   title_re = re.compile(r'<span class="title">([\u4e00-\u9fa5]*)</span>', re.A)
11   print(title_re.findall(html_str))
12
```

```
Run:    re_compile_demo
    D:\Python310\python.exe D:\myproj\项目3_网页数据解析实战\re_compile_demo.py
    ['肖申克的救赎']

    Process finished with exit code 0
```

图 3-9　预编译正则表达式示例代码及运行结果

任务实施

下面通过正则表达式的方式来实现豆瓣电影 Top 250 排行榜的信息提取，示例代码如图 3-10 所示。

```python
from urllib import request
import time
import re
from douban_top250 import choice_head, choice_proxy

def douban_top250_extract(htm):
    re_film = re.compile(r'<li>(.*)</li>', re.S)  # 影片信息块，re.S 让换行符包含在匹配字符中
    re_title = re.compile(r'<span class="title">(.*)</span>')  # 影片名
    re_rating = re.compile(r'<span class="rating_num" property="v:average">(.*)</span>')  # 影片评分
    re_judge = re.compile(r'<span>(\d*)人评价</span>')  # 评价人数
    rf_info = re.compile(r'<p class="">(.*?)</p>', re.S)  # 影片导演信息等
    results = []
    film_list = re_film.findall(htm)  # 先提取出全部的<li>标签及其子标签
    for info in film_list:  # 循环处理每一部影片，利用正则表达式提取相关信息
        film = {
            '影片名': extract_info(re.search(re_title, info).group()),
            '影片评分': extract_info(re.search(re_rating, info).group()),
            '评价人数': extract_info(re.search(re_judge, info).group()),
        }
        f_info = extract_info(re.search(rf_info, info).group())
        # 影片的导演等信息组合在一起，提取出来后要将一些无效的空格、换行等字符去掉
        film['影片信息'] = f_info.replace(" ", "").replace("...<br>\n", "").replace(" ", "")
        results.append(film)
    print(results)

# 利用正则表达式提取的信息包含标签，需进一步提取所需的文本
def extract_info(txt):
    start = txt.find('>')
    end = txt.rfind('<')
    return txt[start + 1:end].strip()
```

图 3-10　基于正则表达式的豆瓣电影 Top 250 排行榜爬取示例代码（1）

图 3-10 中的第 6～24 行代码用于实现从电影页面的 HTML 文档中提取全部电影列表的 HTML 文本片段（所有的<li></li>标签及其内部的全部文本）。通过第 7～11 行代码定义对应电影信息（如影片名、评分等）的正则表达式来提取对应的内容，首先应用 Python 正则表达式模块中的 search()方法来提取，该方法会返回一个匹配对象，然后通过匹配对象的 group()方法获取匹配结果子串，返回的结果是类似于<span class="title">肖申克的救赎</span>的字符串，最后通过第 28～31 行代码定义的 extract_info()方法来提取最终的信息。

本示例在任务 2.4 相关示例的基础上，将提取电影信息的实现由采用字符串的相关方法改为使用 re 模块的正则表达式，对于随机选择请求头的 User-Agent、随机选择代理 IP 的方法仍采用任务 2.4 相关示例中的实现，因此在第 3 行和第 4 行代码处分别导入了 re 模块及自定义的 douban_top250 模块中的 choice_head()和 choice_proxy()函数。具体实现代码如图 3-11 所示。

基于正则表达式的豆瓣电影 Top 250 排行榜不使用代理服务器进行爬取的输出结果如图 3-12 所示。

```
🅐 douban_top250_re.py ×
32
33 ▶   ⌐ if __name__ == "__main__":
34          for i in range(10):
35              base_url = f"https://movie.douban.com/top250?start={i * 25}&filter="
36              head = choice_head()
37              req = request.Request(base_url, headers=head)  # 创建一个Request对象，并添加随机的头信息进行请求伪装
38              proxy = choice_proxy()
39              proxy_handler = request.ProxyHandler(proxy)
40              use_proxy = False
41              if use_proxy:
42                  opener = request.build_opener(proxy_handler)
43                  response = opener.open(req)
44                  print(f"正在使用代理:{proxy}......")
45              else:
46                  response = request.urlopen(req)  # 读取结果
47
48              print(f"正在爬取第{i + 1}页数据......")
49              html = response.read().decode("utf-8")
50              with open(f"files/douban_top250_{i}.html", 'w+', encoding='utf-8') as f:
51                  f.write(html)
52              douban_top250_extract(html)
53              time.sleep(5)
```

图 3-11　基于正则表达式的豆瓣电影 Top 250 排行榜爬取示例代码（2）

```
Run:    ◆ douban_top250_re                                                                          ⚙ –
▶  ↑   D:\Python310\python.exe D:\myproj\项目3_网页数据解析实战\douban_top250_re.py
▪  ↓   正在爬取第1页数据......
🔧 ⇥   [{'影片名': '肖申克的救赎', '影片评分': '9.7', '评价人数': '2825041人评价', '影片信息': '导演:弗兰克·德拉邦特FrankDarabont主演:蒂姆·罗宾斯TimR
   ⇥   正在爬取第2页数据......
🗑 ⇥   [{'影片名': '龙猫', '影片评分': '9.2', '评价人数': '1238883人评价', '影片信息': '导演:宫崎骏HayaoMiyazaki主演:日高法子NorikoHidaka/坂本千夏Cl
   ⇥   正在爬取第3页数据......
   ⇥   [{'影片名': '天堂电影院', '影片评分': '9.2', '评价人数': '668267人评价', '影片信息': '导演:朱塞佩·托纳多雷GiuseppeTornatore主演:菲利普·努瓦雷Ph
       正在爬取第4页数据......
       [{'影片名': '哈利·波特与死亡圣器(下)', '影片评分': '9.0', '评价人数': '818591人评价', '影片信息': '导演:大卫·叶茨DavidYates主演:丹尼尔·雷德克里
       正在爬取第5页数据......
       [{'影片名': '一一', '影片评分': '9.1', '评价人数': '380413人评价', '影片信息': '导演:杨德昌EdwardYang主演:吴念真/吴凯莉KellyLee/金燕玲Elai200
       正在爬取第6页数据......
       [{'影片名': '寄生虫', '影片评分': '8.8', '评价人数': '1340391人评价', '影片信息': '导演:奉俊昊Joon-hoBong主演:宋康昊Kang-hoSong/李善均Seon-g
       正在爬取第7页数据......
       [{'影片名': '我是山姆', '影片评分': '9.0', '评价人数': '330907人评价', '影片信息': '导演:杰茜·尼尔森JessieNelson主演:SeanPenn/DakotaFanning
       正在爬取第8页数据......
```

图 3-12　基于正则表达式的豆瓣电影 Top 250 排行榜爬取的输出结果

↓ **任务拓展**

　　请利用 DevTools 查看网易智能频道页面中相关新闻的 HTML 结构，设计爬虫程序，采用基于正则表达式的信息提取方法爬取页面中的相关新闻数据。

任务 3.3　XPath 应用

扫一扫，看微课

↓ **任务介绍**

　　解析网页内容是爬虫的基础工作。对于 HTML 页面而言，当使用爬虫将页面内容爬取下来后，页面中通常只有很少的一部分是有价值的内容，其他绝大部分都是 HTML 标签及

其属性描述、CSS 及 JavaScript 代码等。此时需要采用相关的解析方法对 HTML 文本内容进行清洗，将有价值的内容提取出来，如任务 3.2 中使用的正则表达式。本任务学习另一种方法，即基于 XPath 路径的数据提取方法。

↓　**知识准备**

3.3.1　XPath 简介

基于正则表达式的数据提取是根据待提取数据在网页文本字符串中的上下文特征，设计出有针对性的文本匹配模式，进而使用该模式在整个 HTML 文档中遍历匹配，从而提取出相应的数据。与正则表达式不同的是，XPath 是基于文档的层次结构来确定查找路径的。

XPath（XML Path Language）即 XML 路径语言，是为了能够在 XML（EXtensible Markup Language，可扩展标记语言）的文档树中准确地找到某个节点，而设计的一种在 XML 文档中查找信息的语言。XPath 用于确定 XML 树结构中某一部分的位置，XPath 技术基于 XML 树结构，使用路径表达式选取 XML 文档中的节点或节点集，能够在树结构中遍历节点（元素、属性等）。XPath 的路径表达式与计算机文件系统中的路径类似，代表着从一个节点到另一个或者一组节点的顺序，并以"/"字符进行分隔。虽然 XPath 是为 XML 文档查询而开发的，但是借助相关技术将 HTML 文档转换为 XML 文档树后，也可以使用 XPath 语法在此结构中查找节点。

在 XPath 中，有 7 种类型的节点：元素、属性、文本、命名空间、处理指令、注释及文档（根）节点。XML 文档可以看作节点树，树的根即为文档节点或者根节点。与人类的家族结构类似，XPath 中也有父节点（Parent）、子节点（Children）、兄弟节点（Sibling）、先辈节点（Ancestor）、后代节点（Descendant）的概念。XPath 使用路径表达式在 XML 文档中选取节点，常用的路径表达式及含义如表 3-4 所示。

表 3-4　XPath 常用的路径表达式及含义

表达式	含义
node_name	选取此节点的所有子节点
/	从根节点选取
//	从匹配选择的当前节点选取文档中的节点，而不考虑它们的位置
.	选取当前节点
..	选取当前节点的父节点
@	选取属性
*	匹配任意元素节点
@*	匹配任意属性节点
node()	匹配任何类型的节点

在构造路径表达式时，还可以通过谓语（Predicates）来限定查找某个特定的节点或者包含某个指定属性或值的节点，谓语被嵌套在一对方括号中。包含谓语的路径表达式示例及含义如表 3-5 所示。

表 3-5   包含谓语的路径表达式示例及含义

表达式	含义
//div[1]	选取当前页面中的第一个 div 节点
//div[last()]	选取当前页面中的最后一个 div 节点
//ul[@class='bigimg']/li[1]	选取当前页面中具有样式'bigimg'的 ul 节点下的第一个 li 节点
//ul[@class='bigimg']/li[position()<4]	选取当前页面中具有样式'bigimg'的 ul 节点下的前 3 个 li 节点
//ul[@class='bigimg']/li//a[@title]/@title	选取当前页面中具有样式'bigimg'的 ul 节点下的所有 li 节点下面，具有 title 属性的所有\<a>\</a>标签的 tilte 属性值

下面以 Chrome 浏览器中的 XPath 插件为例来练习 XPath 语法的使用，具体操作如下。

1. 添加 XPath 插件

需要先安装 XPath 相关的扩展插件，如 XPath Helper、SelectorHub 等。因网络访问的原因，在 Chrome 浏览器中安装 XPath 插件需要先下载相应的插件包，然后手动添加 Chrome 浏览器的扩展程序，添加扩展程序时要切换到"开发者模式"，图 3-13 所示为 XPath Helper 插件安装成功后的界面。需要说明的是：

- 在添加插件后会有一个错误提示，单击"错误"按钮可以查看错误提示信息，该提示信息的主要内容是 Chrome 目前已经不再支持 XPath Helper，但是不影响接下来的相关操作。
- 插件安装完成后需要重启浏览器。

图 3-13   XPath Helper 插件安装成功后的界面

2. XPath 语法练习

XPath Helper 插件安装完成后并重启浏览器，接下来以从当当网爬取与爬虫相关图书列表页面为例练习 XPath 的使用。

（1）在 Chrome 浏览器中打开目标页面，进入调试界面（在页面任意位置单击鼠标右键，在弹出的快捷菜单中选择"检查"选项，或按快捷键 F12），单击网页页面的快速定位按钮，将光标移到要获取的内容上方并单击，DevTools 的"元素"选项页面的 HTML 文档中会同步定位该页面的节点，如图 3-14 所示。

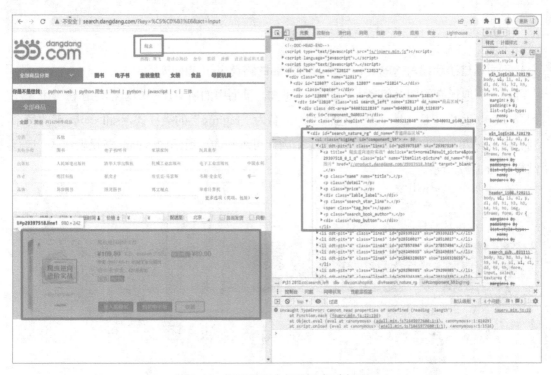

图 3-14　当当网爬虫相关图书列表页面

（2）单击浏览器地址栏右侧的"扩展程序"按钮 ，在弹出的"扩展程序"面板中选择"XPath Helper"选项，此时会在浏览器地址栏下方看到"XPath Helper"运行界面：黑色的背景区域中分为两部分，左侧为 QUERY 部分，可以在该窗口中输入 XPath 相关语句；右侧为 RESULTS 部分，显示了当前在左侧窗口中输入的 XPath 语句的结果，如图 3-15 和图 3-16 所示。

图 3-15　选择"XPath Helper"选项

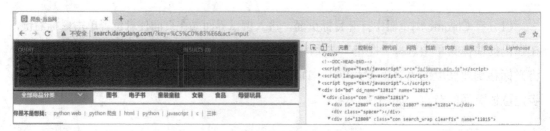

图 3-16　XPath Helper 运行界面

下面通过手动编写 XPath 语句练习 XPath 的路径表达式的书写。

（3）获取所有的图书信息。从图 3-14 可知，页面中的所有图书信息都包含在一个无序列表<ul></ul>中，且<ul></ul>中包含了一个名为"bigimg"的类样式，<ul><ul/>下的每个列表项<li></li>中包含了一本图书的信息，因此可编写如下所示的 XPath 路径表达式，运行结果如图 3-17 所示。

```
1.  //ul[@class='bigimg']/li
```

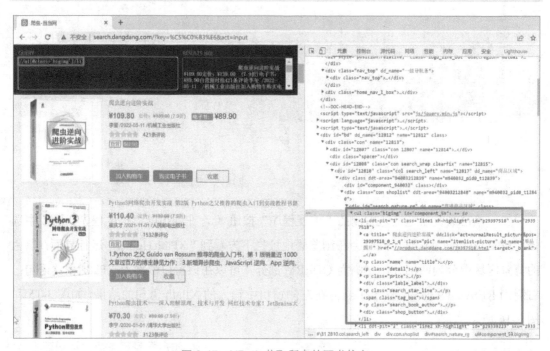

图 3-17　XPath 获取所有的图书信息

（4）获取第一本图书的封面图片链接地址。通过查看 DevTools 中"元素"选项页面中HTML 页面代码可知，页面中每本图书的封面图片链接地址都位于无序列表<ul></ul>下的每个列表项<li></li>中的第一个<a></a>标签中，因此可以编写如下所示的 XPath 路径表达式，获取图书列表中第一本图书的封面图片链接地址，运行结果如图 3-18 所示。

```
1.  //ul[@class='bigimg']/li[1]/a/img/@src
```

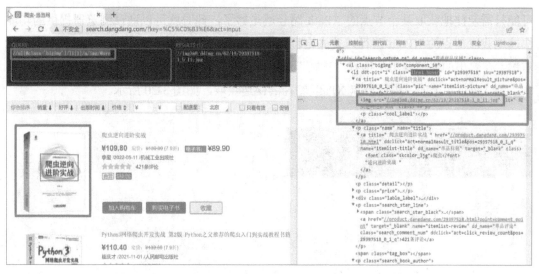

图 3-18 XPath 获取图书列表中第一本图书的封面图片链接地址

（5）获取前 3 本图书的书名。通过查看 DevTools 中"元素"选项页面中 HTML 页面代码可知，页面中每本图书的书名都位于无序列表<ul></ul>下的每个列表项<li></li>中的第一个<p></p>标签下的<a></a>标签中，因此可以编写如下所示的 XPath 路径表达式，运行结果如图 3-19 所示。

```
1.  //ul[@class='bigimg']/li[position()<4]/p[1]/a
```

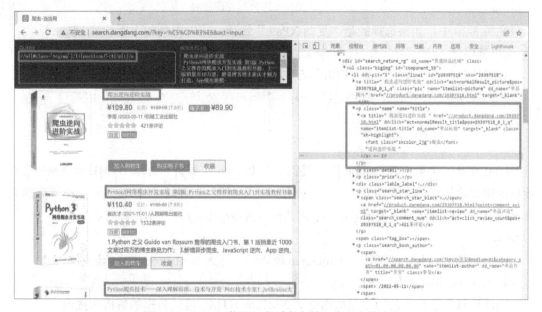

图 3-19 XPath 获取图书列表中前 3 本图书的书名

3．XPath 路径的快速获取

上述方法中通过定位与分析页面结构，可以得到我们想要的页面数据。但有时候我们可能只需便捷地获取某个节点的 XPath 路径就足够了，此时就可以通过浏览器提供的功能快速地获取节点的 XPath 路径：首先定位到要获取的节点在文档中的位置，然后单击鼠标右键，在弹出的快捷菜单中选择"复制"选项，并根据实际情况选择"复制 XPath"或"复制完整 XPath"选项，进行节点 XPath 路径的快速获取，如图 3-20 所示。

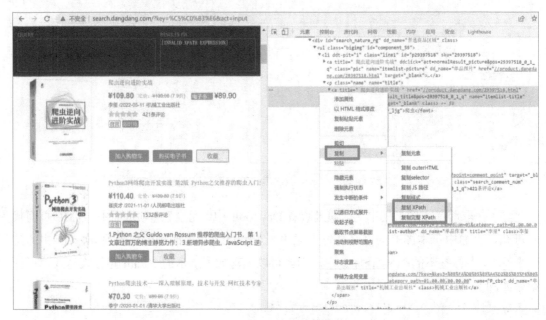

图 3-20　XPath 路径的快速获取

在图 3-20 中，如果选择的是"复制 XPath"选项，可以得到如下所示的 XPath 路径：

```
1.  //*[@id="p29397518"]/p[1]/a
```

如果选择的是"复制完整 XPath"选项，可以得到如下所示的 XPath 路径：

```
1.  /html/body/div[3]/div/div[3]/div[1]/div[1]/div[2]/div/ul/li[1]/p[1]/a
```

3.3.2　lxml 库简介

lxml 库是一个第三方 Python 库，提供了在 Python 中解析和提取 HTML 或 XML 格式数据的相关功能。lxml 库功能丰富、方便使用，可以利用 XPath 语法快速地定位特定的元素或节点。使用前需要先使用 pip 命令或其他方式安装 lxml 库，语法格式如下：

```
1.  pip install lxml
```

lxml 库的大部分功能都位于 lxml.etree 模块中，导入 lxml.etree 模块的语法格式如下：

```
1.  from lxml import etree
```

lxml 库提供了丰富的函数及类用于对 XML 或 HTML 格式数据的解析和提取。

1. Element 类

Element 类是 XML 处理的核心类，可以直观地理解为 XML 的节点，大部分 XML 节点的处理都是围绕着该类进行的。例如，要创建一个节点对象，则可以通过构造函数直接创建。节点对象创建后，对于节点的相关操作主要分为 3 类，分别是节点操作、节点属性的操作、节点内文本的操作。可以通过 append()方法或 SubElement 类添加子节点，通过 tag 属性获取节点的名称等；创建节点时，可以通过 Key=Value 传参的方式给节点设置属性，或在节点创建完成后，通过 set()方法为节点添加属性；可以通过 text、tail 属性或者 xpath()方法来访问节点中文本的内容。Element 类使用示例代码及运行结果如图 3-21 所示。

图 3-21　Element 类使用示例代码及运行结果

2. 字符串或文件解析函数

etree 模块中提供了 fromstring()、XML()、HTML()函数，能够将 XML 文件解析为树结构，它们能实现从字符串中解析 XML 文档或片段，返回根节点（或解析器目标返回的结果）。其中，XML()函数的行为类似于 fromstring()函数，通常用于将 XML 字面量直接写入到源代码中，HTML()函数可以自动补全缺少的< html></ html>和< body></ body>标签。此外，还可以调用 parse()函数从 XML 文件中直接解析。HTML()函数使用示例代码及运行结果如图 3-22 所示。

3. ElementPath 类

ElementTree 类中附带了一个类似于 XPath 路径语言的 ElementPath 类。该类提供了 find()、findall()和 iterfind() 3 个常用的方法，可以满足大部分搜索和查询需求，前面两个方法的参数都是 XPath 语句。这 3 个方法的具体含义如下。

- find()方法：返回匹配到的第一个子元素。
- findall()方法：以列表的形式返回所有匹配的子元素。

- iterfind()方法：返回一个所有匹配元素的迭代器。

```python
from lxml import etree

area_str = '''
    <div class="ddnewhead_area">
        <ul class="ddnewhead_area_list" style="display: none;" id="area_list">
            <li><a href="#" onclick="change_area('111','北京')" num="111">北京</a></li>
            <li><a href="#" onclick="change_area('112','天津')" num="112">天津</a></li>
            <li><a href="#" onclick="change_area('131','上海')" num="131">上海</a></li>
            <li><a href="#" onclick="change_area('171','台湾')" num="171">台湾</a></li>
            <li><a href="#" onclick="change_area('172','香港')" num="172">香港</a></li>
            <li><a href="#" onclick="change_area('173','澳门')" num="173">澳门</a></li>
            <li><a href="#" onclick="change_area('174','钓鱼岛')" num="174">钓鱼岛</a></li>
        </ul>
    </div>
'''

html = etree.HTML(area_str)
result = etree.tostring(html, encoding='utf-8')
print("*" * 100)
print(f"html.xpath('//a/text()'): {html.xpath('//a/text()')}")
print(f"html.xpath('//a[@num=174]/text()'): {html.xpath('//a[@num=174]/text()')}")
```

```
Run:  lxml_demo
    D:\Python310\python.exe D:\myproj\项目3_网页数据解析实战\lxml_demo.py
    ****************************************************************************************************
    html.xpath('//a/text()'): ['北京', '天津', '上海', '台湾', '香港', '澳门', '钓鱼岛']
    html.xpath('//a[@num=174]/text()'): ['钓鱼岛']
```

图 3-22　HTML()函数使用示例及运行结果

任务实施

图片、文档、视频下载是爬虫经常会遇到的问题，下面以包图网上的小视频下载保存为例，使用 requests 库、lxml 库对视频类数据进行爬取，具体步骤如下。

1. 页面分析

（1）对目标页面进行分析，在 Chrome 浏览器的地址栏输入包图网的网址，按 Enter 键确认，进入包图网首页，然后单击页面导航中的"视频模板"导航项，进入"视频模板"页面，如图 3-23 所示。

图 3-23　包图网的"视频模板"页面

（2）在"视频模板"页面的底部有页面导航按钮，可以导航至指定页面。多次单击"下一页"按钮，从 URL 地址栏观察确定 URL 地址的变化规律为：https://ibaotu.com/shipin/7-0-0-0-0-N.html，即整个 URL 地址中只有页数 N 在变，这样就能构造出我们想要的所有的 URL 地址了。

（3）确定 URL 地址的规律后，接下来通过浏览器 DevTools 来分析页面请求，查看数据是如何传输过来的。通过查看请求信息，发现浏览器实际请求数据的地址与上面分析的 URL 地址一致，如图 3-24 所示。

图 3-24   通过 DevTools 查看网络请求信息

2. XPath 路径表达式编写

页面接口确定后，就可以根据页面结构确定待解析内容在页面中的位置，以编写相应的 XPath 路径表达式进行页面解析。本任务的目标是获取页面中的小视频并下载保存到本地磁盘。因此，在得到页面信息后，需要对页面进行解析。

（1）提取小视频的标题及对应的链接地址，通过 DevTools 定位相关元素，如图 3-25 所示。

（2）图 3-25 显示，视频标题在\\标签中，且定义一个 class 属性，值为"video-title"，因此可以构造如下 XPath 路径表达式来提取视频标题文本：

```
1.  //span[@class="video-title"]/text()
```

（3）类似地，视频下载链接在\<video>\</video>标签的 src 属性中，对应的 XPath 路径表达式如下：

```
1.  //div[@class="video-play"]/video/@src
```

（4）如果要处理连续多页的小视频，则需要提取"下一页"的链接地址，以便循环处理。通过 DevTools 定位并查看"下一页"对应的 HTML 代码，如图 3-26 所示。

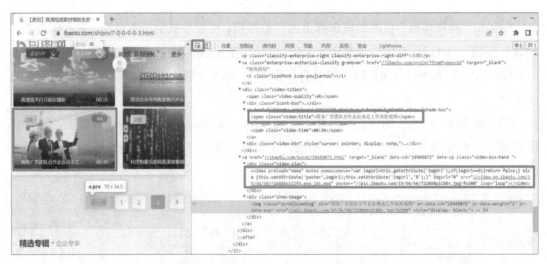

图 3-25　通过 DevTools 定位相关元素

图 3-26　定位并查看"下一页"对应的 HTML 代码

（5）从图 3-26 可以观察到，页面不是最后一页时，<a></a>标签中会存在指向"下一页"地址的 href 属性，当到达最后一页时，<a></a>标签的 href 属性消失，因此可以通过判断<a></a>标签的 href 属性是否存在来判断当前页面是否是最后一页。从 href 中提取"下一页"地址的 XPath 路径表达式如下：

```
1.    //a[@class="next"]/@href
```

3．代码实现

（1）通过上面的分析，已经明确了爬虫爬取的目标及待解析内容在页面中的 XPath 路径，接下来便是编写代码，以验证算法，具体代码实现如图 3-27 和图 3-28 所示。

（2）执行代码，等待数据下载完成，爬虫运行结束后，可以到对应的文件夹中查看保存到本地磁盘的数据。运行结果如图 3-29 所示。

```python
1   import os
2   import requests
3   from lxml import etree
4
5
6   class BTWSpider(object):
7       def __init__(self):
8           self.headers = {
9               'User-Agent': ('Mozilla/5.0 (Windows NT 10.0; WOW64) AppleWebKit/537.36 (KHTML, like Gecko)'
10                              ' Chrome/67.0.3396.99 Safari/537.36')
11          }
12          self.offset = 1
13
```

图 3-27　基于 lxml 库的数据解析示例代码（1）

```python
14      def start_work(self, url_str):
15          print(f"正在爬取页面 {self.offset}.............")
16          response = requests.get(url=url_str, headers=self.headers)
17          html_doc = response.text
18          html = etree.HTML(html_doc)   # 解析返回的HTML页面文档
19
20          video_src = html.xpath('//div[@class="video-play"]/video/@src')   # 提取小视频的URL地址
21          video_title = html.xpath('//span[@class="video-title"]/text()')   # 提取小视频的标题
22
23          next_page = "https:" + html.xpath('//a[@class="next"]/@href')[0]   # 提取下一页的URL地址
24          # 爬取前三页
25          if self.offset > 3 or next_page == "https:":
26              return
27          self.write_file(video_src, video_title)
28          # 请求下一页
29          self.offset += 1
30          self.start_work(next_page)
31
32      # 定义一个爬取小视频并保存到本地的方法
33      def write_file(self, video_src, video_title):
34          for src, title in zip(video_src, video_title):
35              response = requests.get("https:" + src, headers=self.headers)
36              root_dir = "btw_video"
37              if not os.path.exists(root_dir):
38                  os.makedirs(root_dir)
39              file_name = title + ".mp4"
40              file_name = "".join(file_name.split('/'))
41              print(f"正在爬取文件：{file_name}")
42              with open(root_dir + "\\" + file_name, 'wb') as f:
43                  f.write(response.content)
44
45
46  if __name__ == "__main__":
47      btw_spider = BTWSpider()
48      url = "https://ibaotu.com/shipin/7-0-0-0-0-1.html"
49      btw_spider.start_work(url)
50
```

图 3-28　基于 lxml 库的数据解析示例代码（2）

```
Run:  baotuwan_demo
D:\Python310\python.exe D:\myproj\项目3_网页数据解析实战\baotuwan_demo.py
正在爬取页面 1.............
正在爬取文件：中国风国潮春分节气片头AE模板.mp4
正在爬取文件：大气清新春分片头AE模板.mp4
正在爬取文件：震撼科技感数据图表AE模板.mp4
正在爬取文件：科技粒子企业图文展示AE模板.mp4
正在爬取文件：中国风大气卷轴工艺文化AE模板.mp4
正在爬取文件：国潮鎏金房地产宣传AE模板.mp4
正在爬取文件：商务时间线ae模板展示.mp4
正在爬取文件：手机互动APP图文演示AE模板.mp4
```

图 3-29　基于 lxml 库的数据解析示例代码的运行结果

任务拓展

请编写爬虫程序，实现基于 lxml 库提取当当网中爬虫相关的书籍信息及相关的用户评价数据。

任务 3.4　Beautiful Soup 解析数据

任务介绍

与采用字符串处理或正则表达式的方式从网页中解析数据相比，Beautiful Soup 解析数据的功能更加强大，它可以更加方便地从网页中提取数据，大大节省了程序员设计爬虫任务的时间。本任务学习基于 Beautiful Soup 库的数据解析方法。

知识准备

Beautiful Soup 是 Python 的一个 HTML 或 XML 的解析库，当前的最新版本是 Beautiful Soup 4，它拥有强大的 API 和多样的解析方式，可以用它来方便地从网页中提取数据。使用前需要先使用 pip 命令或其他方式安装 Beautiful Soup 4，语法格式如下：

```
1.  pip install beautifulsoup4
```

Beautiful Soup 可以将 HTML 文档转换成一个复杂的树形结构，每个节点都是 Python 对象，所有对象都可以归纳为以下 4 类。

- bs4.element.Tag 类：与 XML 或 HTML 原生文档中的 Tag 相同，是最基本的信息组织单元。它有两个非常重要的属性：name，表示标签名；attributes，表示标签的属性，可通过字典的引用方式或 "." 成员引用符的方式来引用。
- bs4.element.NavigableString 类：表示 HTML 中标签的文本（非属性字符串）。
- bs4.BeautifulSoup 类：表示的是一个文档的全部内容。大部分时候可以把它当作 Tag 对象，支持遍历文档树和搜索文档树的大部分方法。
- bs4.element.Comment 类：表示文档内的注释部分。

应用 Beautiful Soup 进行网页数据解析的处理流程如图 3-30 所示。

1. 创建 BeautifulSoup 对象

使用 Beautiful Soup 进行网页数据解析的第一步是先创建一个 BeautifulSoup 类的对象。BeautifulSoup 类构造方法的语法格式如下：

```
1.  def __init__(self,markup="",features=None,builder=None,parse_only=None,
from_encoding=None,exclude_encodings=None,**kwargs)
```

BeautifulSoup 类构造方法的参数及含义如表 3-6 所示。

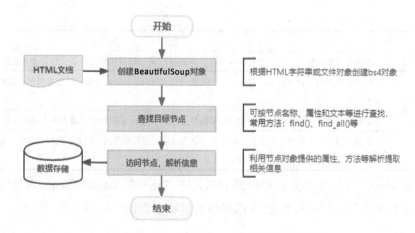

图 3-30　Beautiful Soup 网页数据解析流程

表 3-6　BeautifulSoup 类构造方法的参数及含义

参数	含义
markup	待解析的 HTML 字符串或类文件对象
features	用于指定解析器，可以是特定解析器的名称（"lxml""lxml-xml""html.parser"或"html5lib"），或者是要使用的标记类型（"html""html5"或"xml"）
builder	使用自定义的 TreeBuilder 子类替换 features 中的默认实现
parse_only	指定文档中需要解析的部分，其他未指定部分将会被忽略
from_encoding	指定要使用的编码格式
exclude_encodings	指定要排除的编码格式
kwargs	出于兼容性目的的可选关键字参数

2. 查找目标节点

Beautiful Soup 定义了很多搜索节点的方法，如 find()用于查找符合条件的第一个节点，find_all()会查找所有符合查询条件的标签节点并以列表方式返回，find_parent()、find_parents()用于查找当前节点的父节点，find_next()、find_all_next() 用于查找当前节点的后续节点等。这些方法的参数和用法均类似，下面以 find_all()方法为例介绍其用法，find_all()方法的语法格式如下：

```
1. find_all(name, attrs, recursive, string, **kwargs )
```

find_all()方法的常用参数及含义如表 3-7 所示。

表 3-7　find_all()方法的常用参数及含义

参数	含义
name	指定要查找的标签名，如果传入的是字符串，则会查找与字符串完全匹配的内容；如果传入的是正则表达式，则通过 re 模块的 match()函数进行匹配；如果传入一个列表，则会返回与列表中任一元素相匹配的内容
attrs	字典结构的过滤器，用于设置查找时的过滤条件

103

参数	含义
recursive	指定是否检索当前节点的所有子孙节点，如果为 False，则只检索当前节点的直接子节点
string	搜索文档中的字符串内容。与 name 参数的可选值一样，string 参数也接收字符串、正则表达式、列表、True
limit	限制返回结果的数量，一旦搜索到结果的数量达到了 limit 的限制时，就会停止搜索
kwargs	关键字参数，如果某个指定名字的参数不是方法中内置的参数名，那么在进行搜索时，会把该参数当作指定名称的标签中的属性来搜索

Beautiful Soup 还支持大部分的 CSS 选择器，在 Tag 或 BeautifulSoup 对象的 select() 方法中传入字符串参数，即可使用 CSS 选择器的语法来查找相应的节点。

3. 解析信息

通过相关方法获取目标节点对象后，即可通过该对象的相关属性或方法来获取相应的信息。

- 如果一个节点对象只有一个 NavigableString 类型子节点，那么这个节点对象可以使用.string()方法获取子节点。
- 如果一个节点对象仅有一个子节点，那么这个节点对象也可以使用.string()方法，输出结果与当前唯一子节点的.string()方法结果相同。
- 如果一个节点对象包含了多个子节点，那么节点对象就无法确定.string()方法应该调用哪个子节点的内容，这种情况下，.string()方法的输出结果是 None。
- 如果一个节点对象中包含多个字符串，那么可以使用.strings()方法或.stripped_strings()方法来循环获取，.stripped_strings()方法可以去除多余空白内容。
- 如果只想得到一个节点对中包含的文本内容，那么可以使用 get_text()方法，该方法可以获取节点中包含的所有文本内容，包括子孙节点中的内容，并将结果以 Unicode 字符串返回。

任务实施

本案例将基于 Beautiful Soup 库对中国天气网进行爬取，爬取每个城市的相关天气预报信息并进行可视化展示，可视化工具使用 pyecharts，需要通过 pip install pyecharts 命令或其他方法安装后再使用。案例的具体步骤如下。

1. 页面分析

（1）进入"文字版国内城市天气预报"页面，如图 3-31 所示，在该页面中，将国内各城市划分为 8 个区域（华北、东北、华东、华中、华南、西北、西南、港澳台）来展示，由于各区域板块的 URL 地址固定不变，因此可以先将各区域板块的 URL 地址提取出来，并封装到一个列表中。

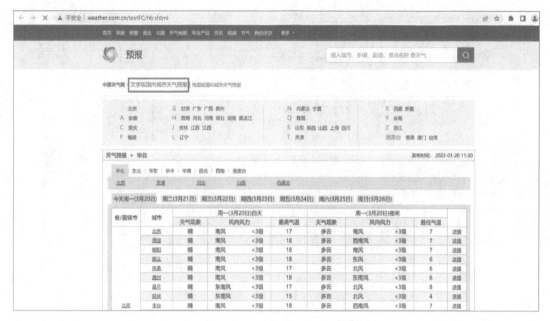

图 3-31　"文字版国内城市天气预报"页面

（2）已经获取 URL 地址，接下来确认这些 URL 地址里面是否有我们需要的数据。在网页上单击鼠标右键，在弹出的快捷菜单中选择"检查"选项，打开 DevTools，切换到"网络"选项页面，先清空页面信息再刷新页面重新加载数据，查看网络请求头信息及网络请求的预览页面信息，如图 3-32 和图 3-33 所示。

从预览页面信息可以发现请求的数据与页面展示数据一致，说明已经找到了数据的请求接口，请求方式就是图 3-32 所显示的信息。同理，其余地区的接口查找方法与上面相同，证明 URL 地址列表没有错误。

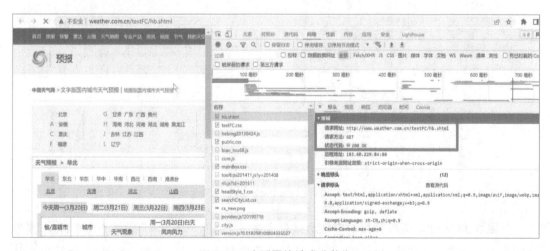

图 3-32　查看网络请求头信息

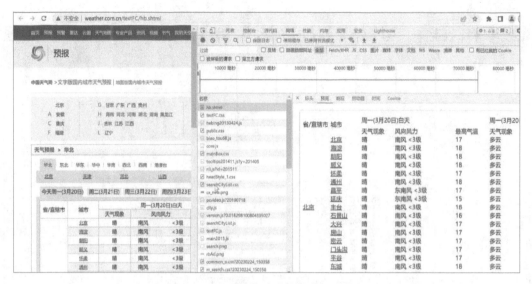

图 3-33　查看网络请求的预览页面信息

2. 数据定位

确定了数据的接口信息后，接下来需要对待解析的数据进行定位。本任务的目标是获取天气预报页面中各城市的气温并可视化展示，因此在得到页面信息后，需要对页面进行解析，提取出各城市的气温数据。通过 DevTools 定位相关元素，如图 3-34 所示。

图 3-34　通过 DevTools 定位相关元素

从图 3-34 可知，天气预报的全部数据包含在一个\<div\>\</div\>标签中（通过 class 属性声明了一个 CSS 类样式 conMidtab），具体的数据包含在一个\<table\>\</table\>标签中，从\<table\>\</table\>标签的第 3 个\<tr\>\</tr\>标签开始，每个\<tr\>\</tr\>标签中包含了一个城市的天气预报信息，其中第 2 个<td></td>标签中的内容为对应的城市名称，第 5 个<td></td>标签中的内容为需要提取的最高气温数据，每个<td></td>标签中均包含了一个属性"width"，不同的<td></td>标签，width 的值各不相同。

3. 代码实现

明确了接口信息及页面结构后，便可以开始爬虫代码的编写了（在开始项目构建前，需要先确定是否已经安装好依赖库 Beautiful Soup 4 及 pyecharts），相关代码示例如图 3-35～图 3-37 所示。

（1）图 3-35 中第 1～4 行代码导入相关的库和模块，然后在第 7 行代码中定义了一个用于存储城市天气信息的列表。

```
weather_bs4_demo.py
1    import requests
2    from bs4 import BeautifulSoup
3    from pyecharts.charts import Bar
4    from pyecharts import options as opts
5
6    # 定义一个用于存储城市天气信息的列表
7    all_data = []
8
9
```

图 3-35 天气预报数据爬取与解析示例（1）

（2）图 3-36 中的第 10～33 行代码定义了实现网页爬取与数据解析的函数 parse_page()，函数中接收一个待爬取页面的 URL 地址。第 17 行和第 18 行代码通过 requests 库的 get()方法请求页面，获取服务器的响应。第 19～33 行代码通过 Beautiful Soup 库的 select()、find()、find_all()等方法进行元素查找及内容提取等。

```
weather_bs4_demo.py
10   def parse_page(url):
11       """
12       天气信息提取函数，根据传递过来的天气预报页面的URL，用requests获取页面响应后，
13       利用Beautiful Soup解析页面，提取各城市的天气信息，并添加到天气信息列表中
14       :param url: 天气预报页面的URL
15       :return: 无
16       """
17       response = requests.get(url)                          # 请求页面，获取响应
18       text = response.content.decode("utf-8")               # 提取响应内容
19       soup = BeautifulSoup(text, 'lxml')                    # 构造BeautifulSoup对象，指定解析器为 lxml
20       conMidtab = soup.select("div.conMidtab")[0]           # 通过select()方法，用CSS选择器查找div元素
21       tables = conMidtab.select("table")                    # 获取div下面的所有包含天气数据的table元素
22       for table in tables:                                  # 循环处理每个地区下，每个城市的天气
23           # 获取每个table的从第三个 tr 开始之后的全部 tr (前两个tr为表头，无可用信息)
24           trs = table.find_all("tr")[2:]
25           for tr in trs:
26               try:
27                   city_div = tr.find("td", {"width": "83"})     # 获取城市名称
28                   city = city_div.find('a').string
29                   max_temp = tr.find("td", {"width": "92"}).string    # 获取最高气温
30                   city_info = {"city": city, "max_temp": int(max_temp)}
31                   all_data.append(city_info)
32               except Exception as e:
33                   continue
34
```

图 3-36 天气预报数据爬取与解析示例（2）

（3）图 3-37 的 main()函数中，首先在第 37～46 行代码中将各区域板块的 URL 地址提

取出来，并封装到一个列表中。第47~48行代码循环爬取每个天气预报页面并提取天气信息，循环执行完毕后，all_data列表中已经包含了某一天各个城市的最高气温数据。第50~61行代码使用pyecharts对最高气温的前十座城市进行数据可视化。

```python
def main():
    urls = [
        "http://www.weather.com.cn/textFC/hb.shtml",    # 华北地区
        "http://www.weather.com.cn/textFC/db.shtml",    # 东北地区
        "http://www.weather.com.cn/textFC/hd.shtml",    # 华东地区
        "http://www.weather.com.cn/textFC/hz.shtml",    # 华中地区
        "http://www.weather.com.cn/textFC/hn.shtml",    # 华南地区
        "http://www.weather.com.cn/textFC/xb.shtml",    # 西北地区
        "http://www.weather.com.cn/textFC/xn.shtml",    # 西南地区
        "http://www.weather.com.cn/textFC/gat.shtml"    # 港澳台地区
    ]
    for url in urls:
        parse_page(url)
    #   对所有城市按最高温度降序排序
    all_data.sort(key=lambda x: x['max_temp'], reverse=True)
    data = all_data[0:10]          # 选取最高温度排名前10位的数据

    cities = map(lambda x: x['city'], data)
    temps = map(lambda x: x['max_temp'], data)
    # 调用pyecharts的相关方法进行可视化
    c = (
        Bar().add_xaxis(list(cities))
        .add_yaxis('', list(temps))
        .set_global_opts(title_opts=opts.TitleOpts(title="中国城市最高气温排行榜"))
    )
    c.render()


if __name__ == "__main__":
    main()
```

图3-37　天气预报数据爬取与解析示例（3）

（4）运行程序后，将在项目目录下生成一个render.html文件，用浏览器打开该文件即可查看可视化的结果，如图3-38所示。

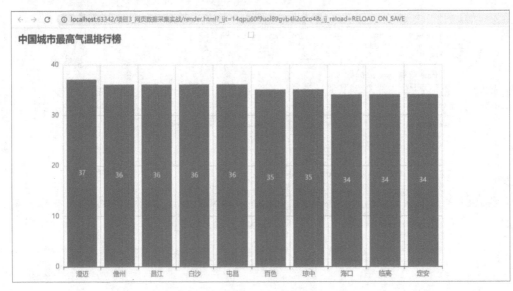

图3-38　天气预报数据可视化结果

任务拓展

请编写爬虫程序，基于 Beautiful Soup 库提取当当网中爬虫相关的书籍信息及对应的用户评价数据。

任务 3.5　JSON 数据解析

任务介绍

解析 HTML 文档时，可以采用 XPath 路径表达式来定位节点元素，进而采用相关方法对节点进行解析，提取相关信息。当请求获得的响应是 JSON 类型的数据时，可以采用与 XPath 类似的 JsonPath 来对 JSON 数据进行定位及信息提取。本任务介绍 JsonPath 的相关知识，并练习基于 JsonPath 的天气数据的解析。

知识准备

Python 提供了 JSON 模块来处理与 JSON 数据相关的操作，如将 JSON 格式的字符串转换为 Python 中的字典结构数据、读取或写入 JSON 文件等。在爬虫程序中，如果获取的响应不是 HTML 文档，而是 JSON 字符串，此时如果想要类似 XPath 操作 HTML 文档或 XML 文档那样从一个 JSON 对象中解析出部分感兴趣的信息，那么 JsonPath 库不失为一个很好的选择。JsonPath 是一个用于从 JSON 文档中抽取指定信息的信息抽取类库，使用 JsonPath，可以方便地在 JSON 文档中查找节点、获取想要的数据，JsonPath 是 JSON 版的 XPath。

在使用 JsonPath 之前需要先安装，语法格式如下：

```
1. pip install jsonpath
```

JsonPath 的语法相对简单，它采用开发语言友好的表达式形式，如表 3-8 所示。

表 3-8　JsonPath 的语法及含义

表达式	含义
$	根节点对象，可以是数组或对象
@	将用于过滤器处理的当前节点对象
*	通配符，可以表示一个名字或数字
..	选取任意位置，满足条件的节点对象
.<name>	名为 name 的子节点
['<name>' (,'<name>')]	选取多个子节点
[<number> (, <number>)]	表示一个或多个数组下标
[start:end]	切片，与 Python 中的 list 切片操作类似
[?(<expression>)]	过滤器表达式，表达式运算的结果为布尔类型

JsonPath 中定义了相关函数，可以在 JsonPath 表达式执行后进行调用，其输入值为表达式的结果，如表 3-9 所示。

表 3-9　JsonPath 的函数及功能

函数	功能
min()、max()、avg()、sum()、stddev()	对数值、数组进行操作的函数，分别返回浮点数类型的最小值/最大值/平均值/求和结果/标准差
length()	返回数值类数组的长度
keys()	返回键的集合
first()、last()、index()	返回数组的第一个/最后一个/指定索引位置处的元素

过滤器是筛选数组的逻辑表达式，一个典型的过滤器是[?@.age>18)]，其中@表示正在处理的当前节点。可以使用逻辑运算符 && 和 || 创建复杂的过滤器，如果表达式中包含字符串，则字符串的文字必须用单引号或者双引号括起来，如(?@.color=='blue')]或者[?@.color=="blue")])。过滤器表达式中的运算符及含义如表 3-10 所示。

表 3-10　过滤器表达式中的运算符及含义

运算符	含义
==、!=、<、<=、>、>=	比较运算符，含义与 Python 中的比较运算符相似
=~	正则表达式匹配运算符
in、nin	包含/不包含运算符
subsetof、anyof、noneof	子集/交集/不相交运算符
size	数组或字符串长度判断运算符
empty	空集运算符

任务实施

在简单了解了 JsonPath 的相关操作后，接下来以对页面请求返回的 JSON 类型的天气预报信息的解析为例，练习基于 JsonPath 的相关操作，具体步骤如下。

1. 页面分析

打开中国天气网，进入对应城市的 15 天天气预报信息页面（URL 地址中的最后一个部分为对应城市的编号，如 101280101 为广州），如图 3-39 所示，从图中可以看到，返回的天气预报信息是 JSON 类型的数据，查看网络请求头信息发现，直接通过 GET 请求即可获取。

2. 数据定位

确定了数据的接口信息后，接下来需要对待解析的数据进行定位。在 DevTools 中的"网络"选项页面中，在请求名称内找到对应城市编号的请求，单击进入请求数据预览界面，查看响应数据的结构，可以发现 15 天的天气预报信息位于 JSON 数据中的 forecast 数据项内，以列表的方式返回，如图 3-40 所示。

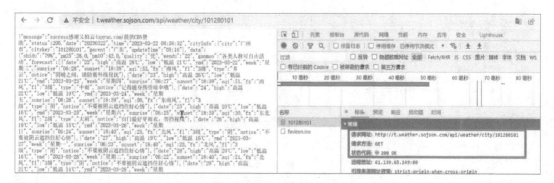

图 3-39 返回 JSON 类型的天气预报信息页面

图 3-40 对待解析的数据进行定位

3. 代码实现

（1）明确了接口信息及页面响应数据结构后，接下来开始基于 JsonPath 的数据解析代码的编写（在开始爬虫代码开发前，需要先确定是否已经安装好了依赖库 JsonPath、requests、pyecharts 等），相关代码示例如图 3-41 和图 3-42 所示。

在代码中，首先导入相关的模块，如第 1～6 行代码所示；接下来定义了一个使用 JsonPath 解析 JSON 数据的函数 parse_json_info()，函数接收一个请求的 URL 地址参数，利用 requests 库获取响应数据后，先将响应的 JSON 字符串转换为字典对象，然后利用 JsonPath 的相关方法提取天气预报的相关信息（日期、最高温度及最低温度），并将数据封装到一个字典对象后返回，如第 9～22 行代码所示。解析完数据后，通过第 25～45 行代码定义的数据可视化函数 data_visual()进行数据的可视化呈现。

```python
 1    import re
 2    import json
 3    import requests
 4    import jsonpath
 5    from pyecharts.charts import Line
 6    from pyecharts import options as opts
 7
 8
 9    def parse_json_info(url):
10        """
11        天气信息提取函数，根据传递过来的天气预报信息页面的URL，用requests获取页面响应后，
12        利用JsonPath解析JSON格式的响应数据，提取15天的天气预报信息
13        :param url: 天气预报页面的URL
14        :return: 一个字典结构数据，包括城市名称，预报日期列表、每日最高温度列表、每日最低温度列表
15        """
16        response = requests.get(url)  # 请求页面，获取响应
17        jsonobj = json.loads(response.text)  # 将JSON字符串转换为Python的字典对象
18        return {'city_name': jsonobj.get("cityInfo").get('city'),  # 城市名称
19                'date_list': jsonpath.jsonpath(jsonobj, '$..forecast[*].ymd'),  # 预报日期列表
20                'high_list': jsonpath.jsonpath(jsonobj, '$..forecast[*].high'),  # 每日最高温度列表
21                'low_list': jsonpath.jsonpath(jsonobj, '$..forecast[*].low')  # 每日最低温度列表
22                }
23
```

图 3-41　JsonPath 解析 JSON 数据示例代码（1）

```python
24
25    def data_visual(data):
26        """
27        可视化函数，根据传递过来的天气预报信息，用pyecharts进行可视化呈现
28        :param data: 某个城市的天气预报信息，需包含城市名称、预报日期列表、每日最高温度列表、每日最低温度列表
29        :return: 无
30        """
31        if data:
32            title = f"{data.get('city_name')} 15天气温趋势预报"
33            high_temp = [re.search('\d+', x).group() for x in data.get('high_list')]
34            low_temp = [re.search('\d+', x).group() for x in data.get('low_list')]
35            # 调用pyecharts的相关方法进行可视化
36            c = (
37                Line()
38                .add_xaxis(data.get('date_list'))  # X轴，日期
39                .add_yaxis("最高温度", high_temp)  # Y轴，日最高温度
40                .add_yaxis("最低温度", low_temp)  # Y轴，日最低温度
41                .set_global_opts(title_opts=opts.TitleOpts(title=title),  # 标题
42                                 tooltip_opts=opts.TooltipOpts(trigger="axis")  # 竖线提示信息
43                                 )
44            )
45            c.render(path=title + '.html')  # 生成HTML文件
46
47
48    if __name__ == "__main__":
49        url = "http://t.weather.sojson.com/api/weather/city/101280101"  # 广州天气
50        info = parse_json_info(url)
51        data_visual(info)
```

图 3-42　JsonPath 解析 JSON 数据示例代码（2）

（2）可视化函数执行后，会在当前目录下生成一个名为"XXX 15 天气温趋势预报.html"

的文件，在 PyCharm 中打开该文件，单击右上角的某个浏览器图标，即可通过对应浏览器打开文件，查看可视化的结果，如图 3-43 和图 3-44 所示。

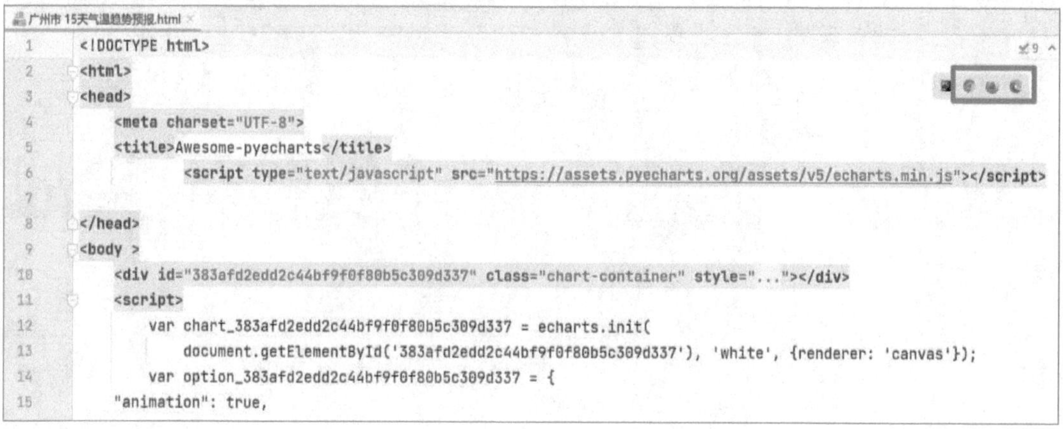

图 3-43　通过可视化函数生成的 HTML 文件

图 3-44　天气预报信息可视化结果

↓　任务拓展

请编写爬虫程序，基于 JsonPath 库对百度翻译返回的响应结果进行数据解析。

项目 4

并发技术实战

【学习目标】

【知识目标】

- 了解并发原理；
- 了解 Python 中实现并发的不同方式；
- 掌握基于多进程技术的并发程序设计；
- 掌握基于多线程技术的并发程序设计；
- 掌握基于协程技术的并发程序设计。

【技能目标】

- 能基于多进程技术实现对网页数据的并发获取及解析；
- 能基于多线程技术实现对网页数据的并发获取及解析；
- 能基于协程技术实现对网页数据的获取及解析。

任务 4.1 基于进程的并发爬虫

扫一扫，看微课

任务介绍

在前面的爬虫程序中，都是基于单线程的模式进行网络请求及数据解析的。在这种模式下，爬取网页中的数据时，由于网络等原因，可能造成某个网页的响应速度慢甚至请求失败等，因此程序的运行将会被阻塞直至抛出超时错误等异常，后续的数据解析就只能等待或程序意外终止。针对此类情况，可以考虑使用并发技术来改善程序的执行效率。本任务简单介绍 Python 的并发原理，并练习基于多进程的并发程序设计。

4.1.1　并发原理

多任务处理是指用户在同一时间内可以同时运行多个应用程序，每个应用程序被称作一个任务，例如，用户可以在使用浏览器上网冲浪的同时使用音乐播放器播放音乐，可能还有下载程序正在下载文件，这些便是多任务运行的表现。现代的主流操作系统，如Windows、Linux 等均为支持多任务的操作系统。多任务操作系统使用某种任务调度策略允许两个或更多任务并发共享一个处理器时，事实上处理器在某一时刻只会给一件任务提供服务，因为任务调度机制保证不同任务之间的切换速度十分迅速，所以从表面上来看所有的任务是在同时运行的。

多任务处理延伸出两个概念：并发和并行。从宏观角度来讲，两者都能够同时处理多个任务，但是两者又有区别。并行是指两个或者多个任务在同一时刻发生，而并发是指两个或者多个任务在同一时间间隔内发生。比如在某个时间段内，有若干个程序都处于已启动运行到运行完毕之间的状态，某个时刻只能有一个程序运行，这种现象就是并发。这里面"同时""并发"只是一种宏观上的感受，实际上从微观层面看只是进程/线程的轮换执行，由于切换的时间非常短，所以产生了一起执行的感觉。

4.1.2　进程（Process）

程序是一个没有生命的实体，它包含许多由程序设计语言编写但未被执行的指令，这些指令经过编译和执行才能完成指定动作。程序被操作系统加载执行后成了一个活动的实体，这个实体就是进程。换言之，操作系统调度并执行程序，这个"执行中的程序"就称为进程。进程是有特定功能的程序在一个数据集上一次动态执行的过程，它是系统进行资源分配的基本单位，是操作系统结构的基础。在早期面向进程设计的计算机结构中，进程是程序的基本执行实体；在当代面向线程设计的计算机结构中，进程是线程的容器。

进程是一个实体。每一个进程都有它自己的地址空间，一般情况下，进程占据的内存空间由控制块、程序段和数据段 3 个部分组成，各部分的功能介绍如下。

- 控制块（Process Control Block，PCB）：是操作系统管理控制进程运行所用的信息集合，操作系统为每个进程都维护了一个 PCB，用来保存与该进程有关的各种状态信息。PCB 是描述进程的数据结构，是进程在计算机中的唯一标识（含有标识信息），计算机通过查看 PCB 来感知进程的存在。
- 程序段：用于存放程序执行代码的一块内存区域。
- 数据段：存储变量和进程执行期间产生的中间数据及最终数据的一块内存区域。

程序被操作系统加载时进程便被创建出来，进程是具有动态性的，从被创建到最后终止的整个过程叫作进程的生命周期。在进程的生命周期内，随着外界条件的变化，进程的状态会发生变化，在五态模型中，进程有新建状态、就绪状态、运行状态、阻塞状态和终止状态 5 种状态，各状态之间的切换如图 4-1 所示。

- 新建状态：进程在创建时需要申请一个空白控制块，向其中填写控制和管理进程的信息，完成资源分配。如果创建工作无法完成，比如资源无法满足，就无法被调度运行，此时进程所处状态即称为新建状态。
- 就绪状态：进程已经准备好，已经分配到所需资源，具备运行条件，只要分配到处理器资源就能够立即运行。
- 运行状态：进程处于就绪状态被调度后，进程占用处理器资源进入运行状态。
- 阻塞状态：正在运行的进程由于某些事件（I/O 请求、申请缓存区失败等）而暂时无法运行，进程受到阻塞。在满足请求时，进程会立即进入就绪状态，等待系统调用。
- 终止状态：进程运行结束，或出现错误，或被系统终止，即进入终止状态。

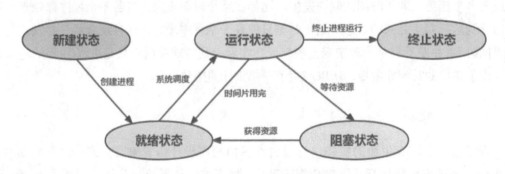

图 4-1　进程各状态之间切换示意图

4.1.3　Python 的多进程并发编程

Python 提供了一个标准模块 multiprocessing 用于实现多进程的并发编程，该模块同时提供了本地和远程并发操作，通过使用子进程而非线程的处理方式有效地绕过了全局解释器锁（Global Interpreter Lock，即 GIL。它是计算机程序设计语言解释器用于同步线程的一种机制，它使得任何时刻都只有一个线程在执行，即便是在多核处理器上）。因此，multiprocessing 模块允许程序员充分利用给定机器上的多个处理器。

multiprocessing 模块提供了一个 Process 类来创建进程对象，当进程对象创建后，通过调用 start()方法来启动进程。Process 类构造方法的语法格式如下：

```
1.  Process(group=None, target=None, name=None, args=(), kwargs={}, *, daemon=None)
```

上述方法中常用参数的含义如下。

- group：必须为 None，它仅用于兼容 threading.Thread。
- target：由 run()方法调用的可调用对象，表示子进程的功能函数，用于为子进程分派任务。
- name：表示当前进程的名称。若没有指定，则默认为 Process-N，N 为从 1 开始递增的整数。
- args：以元组形式传递给 target 指定函数的位置参数。
- kwargs：以字典形式传递给 target 指定函数的关键字参数。
- daemon：表示是否将进程设为守护进程（在后台运行的一类特殊进程，用于执行特定的系统任务）。如果为默认值（None），则表示从父进程中继承该标志位。

Process 对象的常用方法及功能、属性及含义如表 4-1 和表 4-2 所示。

表 4-1　Process 对象的常用方法及功能

方法	功能
start()	启动子进程，等待 CPU 调度
is_alive()	判断进程实例是否还有效
join(timeout=None)	在 timeout 秒内，等待子进程结束；若 timeout 为默认值 None，则表示一直等待
terminate()	结束当前进程，进程的后代进程将不会被终止
kill()	同 terminate()
run()	在父进程中直接运行 target 参数引用的可执行对象，不会启动子进程
close()	关闭 Process 对象，释放所有资源

表 4-2　Process 对象的属性及含义

属性	含义
name	进程的名字，由实例化参数 name 指定
pid	进程的 pid
daemon	是否是一个 daemon 进程，若不设置，则默认值为 False

1. 通过 Process 类创建多进程

可以直接通过 Process 类实例化 Process 对象来创建多进程。其优点是简单，只要定义好进程启动后需要执行任务的函数，然后将函数名传递给 Process 类构造方法的 target 参数即可。但这种方式不方便访问 Process 对象的属性，也不能给 Process 类增加属性及方法。示例代码及运行结果如图 4-2 所示。

2. 通过 Process 的子类创建多进程

当需要执行的任务较复杂时，直接通过 Process 类实例化 Process 对象来创建多进程的灵活性不够，此时可采用基于 Process 的子类创建多进程，通过从 Process 类中继承，获得 Process 类的能力；也可以根据任务的实际情况，在子类中添加新的属性和方法，以方便复杂任务的处理。在创建 Process 子类时，需要根据实际情况重写 Process 类的 run()方法，以实现业务逻辑的处理。示例代码及运行结果如图 4-3 所示。

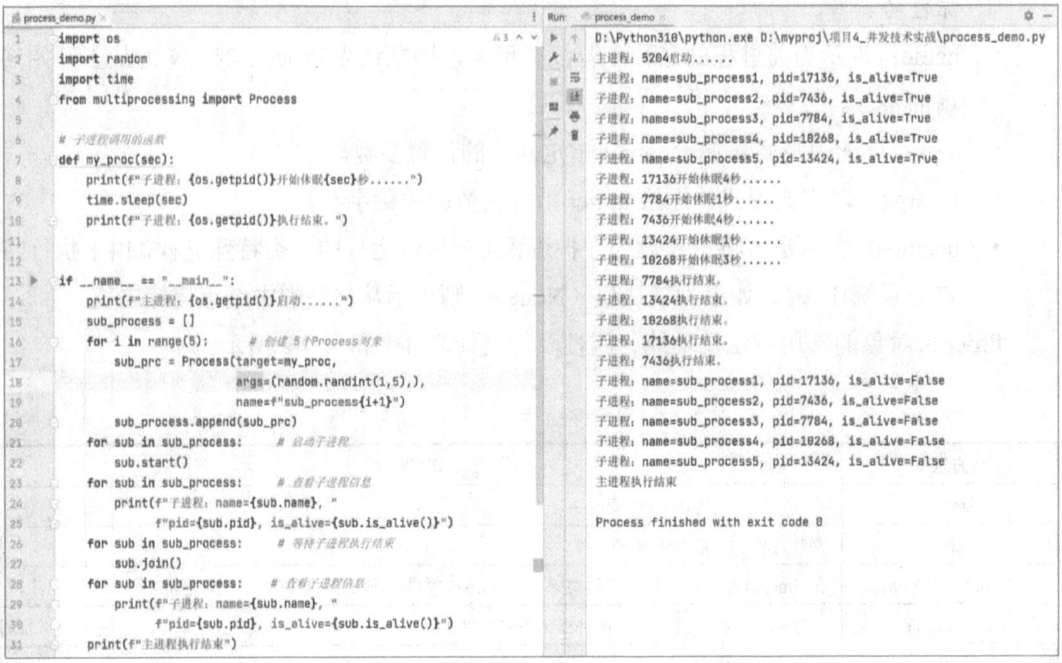

图 4-2　通过 Process 类创建多进程示例代码及运行结果

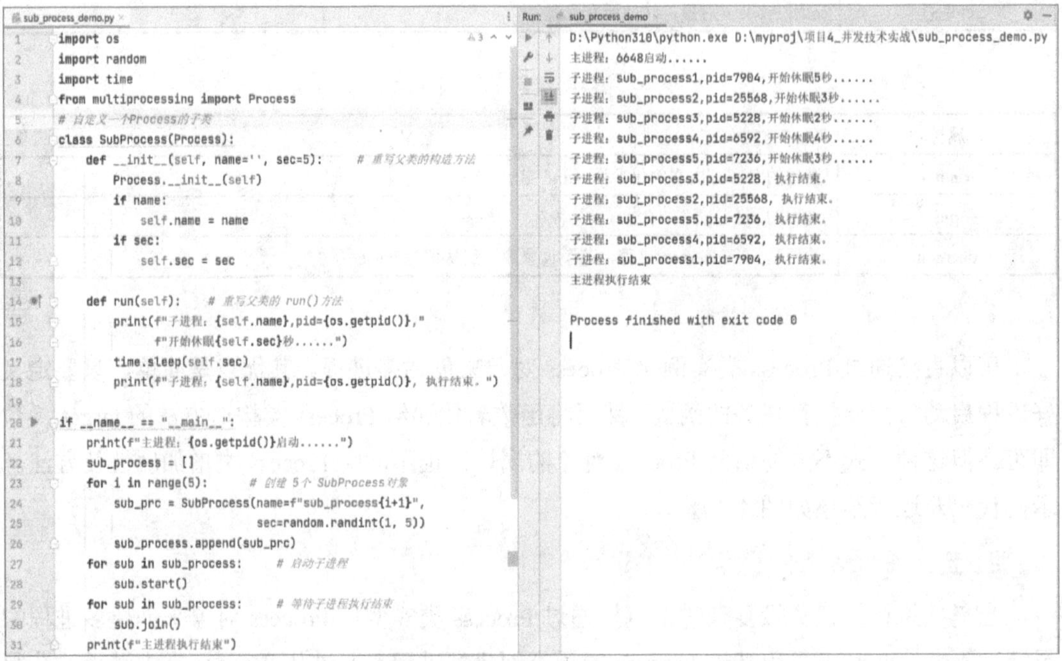

图 4-3　通过 Process 类的子类创建多进程示例代码及运行结果

3. 通过 Pool 类创建多进程

如果创建的进程数量不多，则可以直接使用 Process 类创建多个子进程。但如果需要创建大量进程时，手动地一个一个创建进程的方式显然是不可取的，不仅低效烦琐，而且工作量巨大。另外，进程的创建、运行、销毁均会增加任务的额外开销，降低多进程任务的执行效率。此时，可以使用 multiprocessing 模块中提供的 Pool（进程池）类，批量创建并管理子进程。Pool 类构造方法的语法格式如下：

```
1.  Pool(processes=None, initializer=None, initargs=(), maxtasksperchild=None,
    context=None)
```

Pool 类构造方法中常用参数的含义如下。

- processes：指定进程池中并行执行的子进程数量。若 processes 参数设为 None，则会使用 os.cpu_count()返回的 CPU 核心数。
- initializer：若不为 None，则每个工作进程将会在启动时调用 initializer(*initargs)。
- initargs：传递给 initializer 的参数。
- maxtasksperchild：一个工作进程在它退出或被一个新的工作进程代替之前能完成的任务数量，以释放闲置资源。
- context：用于设定工作进程启动时的上下文。

Pool 对象的常用方法及功能如表 4-3 所示。

表 4-3　Pool 对象的常用方法及功能

方法	功能
apply(func,args,kwds)	以阻塞方式调用 func()函数，args、kwds 分别是以元组和字典方式传递给 func()函数的参数
apply_async(func,args,kwds,callback=None,error_callback=None)	以非阻塞方式调用 func()函数，args、kwds 分别是以元组和字典方式传递给 func()函数的参数；callback、error_callback 分别是回调函数及错误回调函数
map(func,iterable,chunksize=None)	以阻塞方式将 func()函数应用到 iterable 可迭代对象的每个元素上，可迭代对象按 chunksize 分为多个任务提交给子进程处理
map_async(func,iterable,chunksize=None,callback=None,error_callback=None)	以非阻塞方式将 func()函数应用到 iterable 可迭代对象的每个元素上，可迭代对象按 chunksize 分为多个任务提交给子进程处理；callback、error_callback 分别是回调函数及错误回调函数
close()	关闭 Pool 对象，不再接收新任务
terminate()	不管任务是否完成，立即终止 Pool 对象
join()	在 close()方法后使用，阻塞主进程，直到子进程全部结束

使用 Pool 类创建多进程时，以阻塞方式来调用 func()函数的效率低，因此常用的是以非阻塞方式来创建多进程。示例代码及运行结果如图 4-4 所示。

图 4-4　通过 Pool 类创建多进程示例代码及运行结果

4．进程间的通信

进程拥有自己独立的用户空间（代码+数据），一般情况下，无法与其他进程共享。但是，在某些情况下进程之间需要进行通信，例如，当所有的子进程的任务执行完成后，通知处于阻塞状态的主进程继续向下执行。multiprocessing 模块中提供了 Queue（队列）类和 Pipe（管道）类来实现进程间的通信。

- Queue 类：该类用于创建和管理存储共享资源的先入先出队列。示例代码如图 4-5 所示。

图 4-5　基于 Queue 类的进程间的通信示例代码

- Pipe 类：由操作系统内核提供的高效的进程间的通信方式，从通信效率上来说，Pipe 类比 Queue 类要更加高效。示例代码如图 4-6 所示。

```
process_pipe_demo.py
import os
from multiprocessing import Process, Pipe

# 定义一个生产者的任务函数
def producer_task(pipe):
    for i in range(3):
        msg = f"hello, 这是来自进程{os.getpid()}的消息。"
        pipe.send(msg)
        print(f"进程：{os.getpid()}发送了消息：{msg}")
        rec = pipe.recv()
        print(f"进程：{os.getpid()}接收到了消息：{rec}")

# 定义一个消费者的任务函数
def consumer_task(pipe):
    for i in range(3):
        rec = pipe.recv()
        print(f"进程：{os.getpid()}接收到了消息：{rec}")
        msg = f"你好，这里是{os.getpid()}"
        pipe.send(msg)
        print(f"进程：{os.getpid()}发送了消息：{msg}")

if __name__ == "__main__":
    print(f"主进程：{os.getpid()}启动......")
    p, p2 = Pipe()  # Pipe会返回两个connection连接对象，默认为双工状态，可发送和接收
    producer = Process(target=producer_task, args=(p,))
    consumer = Process(target=consumer_task, args=(p2,))
    producer.start()
    consumer.start()
    producer.join()
    consumer.join()
    print(f"主进程执行结束")
```

图 4-6　基于 Pipe 类的进程间的通信示例代码

任务实施

在了解了基于多进程的并发原理后，下面以项目 3 中的示例豆瓣电影 Top 250 排行榜爬取为例来练习基于进程的并发爬虫的实现。示例代码及运行结果如图 4-7～图 4-13 所示。

（1）通过 import 导入本示例所使用的相关包，然后在第 10 行，通过 urllib3 中的 disable_warning()方法，设置用 requests 库的相关方法请求 HTTPS 页面时，不显示相关的警告信息，如图 4-7 所示。

```
douban_top250_multiprocessing_demo.py
1   import json
2   import os
3   import re
4   import time
5   import random
6   from multiprocessing import Process
7
8   import requests
9   import urllib3
10  urllib3.disable_warnings()      # 设置requests请求HTTPS页面时，不显示警告信息
11
12
```

图 4-7　基于进程的并发爬虫示例代码（1）

（2）douban_top250_extract()、extract_info()方法与项目 3 中的示例实现相同，不同之处在于第 33 行代码处将提取出来的电影信息返回，以便后续将其保存到一个 JSON 文件中，如图 4-8 所示。类似地，图 4-9 中随机选择请求头信息的 choice_head()方法及图 4-10 中的随机选择代理 IP 的 choice_proxy()方法也与项目 3 中的示例实现相同。

```
douban_top250_multiprocessing_demo.py
13  # 利用正则表达式提取信息
14  def douban_top250_extract(htm):
15      re_film = re.compile(r'<li>(.*)</li>', re.S)  # 影片信息块, re.S 让换行符包含在匹配字符中
16      re_title = re.compile(r'<span class="title">(.*)</span>')  # 影片名
17      re_rating = re.compile(r'<span class="rating_num" property="v:average">(.*)</span>')  # 影片评分
18      re_judge = re.compile(r'<span>(\d*)人评价</span>')  # 评价人数
19      rf_info = re.compile(r'<p class="">(.*?)</p>', re.S)  # 影片导演信息等
20      results = []
21      film_list = re_film.findall(htm)  # 先提取出全部的<li>标签及其子标签
22      for info in film_list:  # 循环处理每一部影片, 利用正则表达式提取相关信息
23          film = {
24              '影片名': extract_info(re.search(re_title, info).group()),
25              '影片评分': extract_info(re.search(re_rating, info).group()),
26              '评价人数': extract_info(re.search(re_judge, info).group()),
27          }
28          f_info = extract_info(re.search(rf_info, info).group())
29          # 影片的导演等信息组合在一起, 提取出来后要将一些无效的空格、换行等字符去掉
30          film['影片信息'] = f_info.replace(" ", "").replace("...<br>\n", "").replace(" ", "")
31          results.append(film)
32      print(results)
33      return results
34
35
36  # 利用正则表达式提取的信息包含标签, 需进一步提取所需的文本
37  def extract_info(txt):
38      start = txt.find('>')
39      end = txt.rfind('<')
40      return txt[start + 1:end].strip()
41
42
```

图 4-8　基于进程的并发爬虫示例代码（2）

（3）为了将提取到的信息保存到 JSON 文件中，第 44～47 行代码定义了 save_to_file()方法，在该方法中利用 with 语句安全打开相应的文件，然后利用 JSON 模块的 dump()方法将信息保存到文件中，如图 4-9 所示。

```
douban_top250_multiprocessing_demo.py
43  # 将提取的信息保存到文件中
44  def save_to_file(infos, idx):
45      with open(f'./db_top250/db_top250_{idx}.json', 'w', encoding='utf-8') as f:
46          # 通过json.dump()方法将信息保存到JSON文件中, 如果有非ASCII字符, 需设置ensure_ascii参数为False
47          json.dump(infos, fp=f, ensure_ascii=False)
48
49
50  # 随机选择一个浏览器的头信息
51  def choice_head():
52      headers = [
53          {'User-Agent': ('Mozilla/5.0 (Windows NT 6.1; Win64; x64) '
54                          'AppleWebKit/537.36 (KHTML, like Gecko) Chrome/70.0.3521.2 Safari/537.36')},
55          {'User-Agent': ('Mozilla/5.0 (Windows NT 10.0; WOW64) '
56                          'AppleWebKit/537.36 (KHTML, like Gecko) Chrome/86.0.4240.198 Safari/537.36')},
57          {'User-Agent': ('Mozilla/5.0 (Windows NT 10.0; Win64; x64) '
58                          'AppleWebKit/537.36 (KHTML, like Gecko) Chrome/107.0.0.0 Safari/537.36 Edg/107.0.1418.56')}
59      ]
60      return random.choice(headers)
61
62
```

图 4-9　基于进程的并发爬虫示例代码（3）

（4）第 83～90 行代码定义了一个子进程的执行函数 crawl_task()，首先通过随机得到的请求头信息及代理 IP 构建 requests 对象，通过 requests 对象的 get()方法请求页面并将请求结果封装到一个 response 对象后返回。获取 response 对象后，在第 89～90 行代码处，分别调用了信息提取及数据保存到本地文件的相关函数，如图 4-10 所示。

douban_top250_multiprocessing_demo.py

```
63  # 随机选择一个代理IP   注：下面是网上提供的一些免费代理IP，可能会失效，需注意更新
64  def choice_proxy():
65      proxies_list = [
66          {"http": "123.101.231.118:9999"},
67          {"http": "175.44.108.135:9999"},
68          {"http": "117.91.250.105:9999"},
69          {"http": "49.85.163.162:3000"},
70          {"http": "122.143.83.179:4278"},
71          {"http": "175.21.98.87:4268"},
72          {"http": "36.7.249.122:4278"},
73          {"http": "27.220.48.142:4278"},
74          {"http": "114.99.196.85:4226"},
75          {"http": "123.169.117.113:9999"},
76          {"http": "115.221.246.205:9999"},
77          {"http": "120.83.99.50:9999"}
78      ]
79      return random.choice(proxies_list)
80
81
82  # 定义子进程执行的任务
83  def crawl_task(url, page):
84      head = choice_head()            # 随机选择一个请求头
85      proxy = choice_proxy()          # 随机选择代理IP
86      # 通过Requests对象的get()方法获取响应
87      response = requests.get(url, headers=head, proxies=proxy, timeout=5, verify=False)
88      print(f"进程{os.getpid()}正在爬取第{page}页数据......")
89      result = douban_top250_extract(response.text)   # 解析信息
90      save_to_file(result, page)      # 保存信息
91
92
```

图 4-10　基于进程的并发爬虫示例代码（4）

（5）第 94～106 行代码通过一个 for 循环给每一个待爬取的 URL 地址创建了一个子进程，并通过进程对象的 start()方法启动进程，用 join()方法等待子进程的运行结束，如图 4-11 所示。

douban_top250_multiprocessing_demo.py

```
93  if __name__ == "__main__":
94      start = time.perf_counter()     # 记录开始运行时间
95      procs = []
96      for i in range(10):     # 为每个待爬取页面创建一个子进程
97          target_url = f"https://movie.douban.com/top250?start={i * 25}&filter="
98          sub_prc = Process(target=crawl_task, args=(target_url, i+1))
99          procs.append(sub_prc)
100     for sub in procs:
101         sub.start()     # 启动子进程
102     for sub in procs:
103         sub.join()      # 等待子进程执行结束
104
105     end = time.perf_counter()       # 记录运行结束时间
106     print(f"多进程并发爬虫爬取数据，总共耗时：{end - start}秒")
```

图 4-11　基于进程的并发爬虫示例代码（5）

（6）程序运行的结果如图 4-12 和图 4-13 所示。从运行结果看，采用多进程的并发爬虫爬取的速度（1 秒左右）要比未采用多进程的并发爬虫爬取的速度（5 秒左右）快很多。

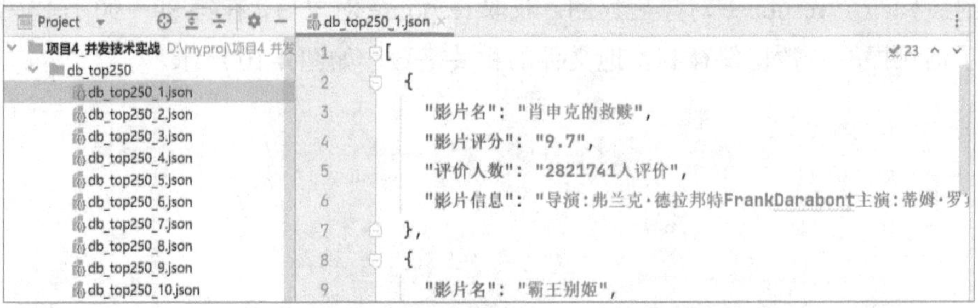

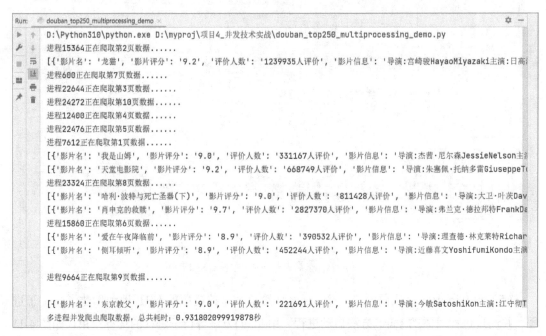

图 4-12　基于进程的并发爬虫示例运行结果（1）

图 4-13　基于进程的并发爬虫示例运行结果（2）

↓ **任务拓展**

请尝试使用 Pool 类实现豆瓣电影 Top 250 排行榜的并行爬取。

任务 4.2　基于 queue 模块的多线程爬虫

扫一扫，看微课

↓ **任务介绍**

在并发编程中，采用多进程方式的实现可以充分发挥多处理器的优点，实现真正的并行编程。但进程占用的内存空间大，消耗计算资源多，对于一些 I/O 密集型的任务并不是最优的选择。线程是系统进行运算调度的最小单位，它包含在进程之中，共享进程的公共资源。基于多线程技术也可以高效地实现并发编程。本任务简单介绍线程的相关知识，并练习 Python 中基于多线程的并发程序设计。

↓　**知识准备**

4.2.1　线程（Thread）

线程不能独立存在，必须包含在某个进程中，是进程的实际运行单位。一个线程是指进程中一个单一顺序的控制流，一个进程中可以并发多个线程，每个线程并行执行不同的任务。线程由线程 ID、当前指令指针（PC）、寄存器集合和堆栈组成，它不能独立拥有系统资源，同一进程中的多个线程将共享该进程中的全部系统资源，如虚拟地址空间、数据、文件等，因此线程间的数据通信要比进程间的数据通信更容易、高效。同一进程内的每个线程都有自己的堆栈和寄存器等，在线程切换时，只需保存和恢复自己的堆栈和寄存器，无须涉及进程的内存空间，因此线程的创建、调度和销毁工作比进程要高效，需要的计算资源也比进程要少得多。

线程一般可以分为以下几种类型。

- 主线程：程序启动时，操作系统会创建一个进程，与此同时会立即运行一个线程，该线程通常被称为主线程。主线程的作用主要有两个，一个是产生其他子线程，另一个是最后执行各种关闭操作，例如，文件的关闭。
- 子线程：程序中创建的除主线程外的其他线程。
- 守护线程：守护线程是在后台为其他线程提供服务的线程，它独立于程序，不会因程序的终止而结束。当进程中只剩下守护线程时，进程直接退出。
- 前台线程：相对于守护线程的其他线程称为前台线程。

线程与进程相似，也具有 5 个状态，分别是新建状态、就绪状态、运行状态、阻塞状态和终止状态，各状态之间的转换也与进程类似。

4.2.2　Python 的多线程并发编程

Python 提供了一个标准模块 threading 用于实现多线程并发编程。threading 模块中提供了一个 Thread 类用来创建线程对象。Thread 类构造方法的语法格式如下：

```
1.  Thread(group=None, target=None, name=None, args=(), kwargs={}, *, daemon=None)
```

上述方法中，除 name 表示线程的名称，默认由"Thread- N"形式组成，其中 N 为十进制数外，其他参数与创建 Process 对象时用到的参数一致。

Thread 对象的常用方法及功能、属性及含义如表 4-4 和表 4-5 所示。

表 4-4　Thread 对象的常用方法及功能

方法	功能
start()	启动子线程，等待 CPU 调度
is_alive()	判断进程实例是否还有效
join(timeout=None)	在 timeout 秒内，等待子线程结束；若 timeout 为默认值 None，则表示一直等待
getName()	获取线程的名字
run()	直接运行 target 参数引用的可执行对象

表 4-5　Thread 对象的属性及含义

属性	含义
name	线程的名字，由实例化参数 name 指定
ident	线程标识符
daemon	是否是一个 daemon 线程，若不设置，则默认值为 False

与进程类似，线程的创建方式也分为直接使用 Thread 类创建多线程和通过 Thread 子类创建多线程两种，需要注意的是，Thread 类创建的线程默认是前台线程，该线程的特点是主线程会等待其运行结束后终止程序。

1. 使用 Thread 类创建多线程

可以直接通过 Thread 类实例化 Thread 对象来创建多线程，只要定义好线程启动后需要执行任务的函数，然后将函数名传递给 Thread 类构造方法的 target 参数即可。示例代码如图 4-14 所示。

```python
import os
import random
import time
from threading import Thread, get_ident


# 线程调用的函数
def my_proc(sec):
    print(f"线程：{get_ident()}开始休眠{sec}秒……")
    time.sleep(sec)
    print(f"线程：{get_ident()}执行结束。")


if __name__ == "__main__":
    print(f"主进程：{os.getpid()}启动……")
    threads = []
    for i in range(5):  # 创建 5 个Thread对象
        t = Thread(target=my_proc, args=(random.randint(1, 5),),
                   name=f"thread_{i + 1}")
        threads.append(t)
    for sub in threads:  # 启动线程
        sub.start()
```

图 4-14　通过 Thread 类创建多线程示例代码

```
23      for sub in threads:  # 查看线程信息
24          print(f"线程: name={sub.name}, "
25                f"id={sub.ident}, is_alive={sub.is_alive()}")
26      for sub in threads:  # 等待线程执行结果
27          sub.join()
28      for sub in threads:  # 查看线程信息
29          print(f"线程: name={sub.name}, "
30                f"id={sub.ident}, is_alive={sub.is_alive()}")
31      print(f"主进程执行结束")
```

图 4-14   通过 Thread 类创建多线程示例代码（续）

2. 通过 Thread 的子类创建多线程

创建多线程的另一种方式是基于 Thread 的子类创建多线程，通过从 Thread 类中继承，获得 Thread 类的能力，然后根据任务的实际情况，在子类中重写__init__()方法，增加新的属性，重写 Thread 类的 run()方法，还可以根据需要增加新的方法，以方便复杂任务的处理。示例代码如图 4-15 所示。

```
sub_thread_demo.py
1    import os, time, random
2    from threading import Thread
3
4
5    # 自定义一个Thread的子类
6    class SubThread(Thread):
7        def __init__(self, name='', sec=5):  # 重写父类的构造方法
8            Thread.__init__(self)
9            if name:
10               self.name = name
11           if sec:
12               self.sec = sec
13
14       def run(self):  # 重写父类的 run()方法
15           print(f"子线程: {self.name}, 开始休眠{self.sec}秒......")
16           time.sleep(self.sec)
17           print(f"子线程: {self.name}, 执行结束。")
18
19
20   if __name__ == "__main__":
21       print(f"主进程: {os.getpid()}启动......")
22       sub_Thread = []
23       for i in range(5):  # 创建 5 个 SubThread 对象
24           sub_prc = SubThread(name=f"thread_{i + 1}",
25                       sec=random.randint(1, 5))
26           sub_Thread.append(sub_prc)
27       for sub in sub_Thread:  # 启动子线程
28           sub.start()
29       for sub in sub_Thread:  # 等待子线程执行结束
30           sub.join()
31       print(f"主进程: {os.getpid()}执行结束")
```

图 4-15   通过 Thread 类的子类创建多线程示例代码

3. 线程同步

与进程相比，同一进程的线程之间可以共享进程的全局数据，因此线程之间可以方便地进行相互通信，但由此也带来了新的问题，即如果多个线程访问同一共享数据，则可能引发竞争问题。例如，线程 1 和线程 2 先后执行修改共享数据 count 的操作，在两个线程

均读取了 count 的原始值后，线程 2 修改了 count 的值并保存成功，此后线程 1 再将它的修改结果保存，那么线程 2 的处理结果会被覆盖，从而导致线程 2 的修改结果无效，如图 4-16 所示。

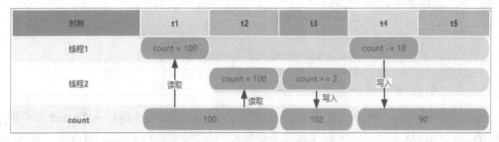

图 4-16　多线程访问的竞争问题

　　这种多个线程同时访问共享数据造成的混乱情况，称为多线程数据竞争。为了解决多线程数据竞争问题，需要引入线程同步机制，以保证多个线程可以有序地访问共享数据。Python 的 threading 模块提供了多种线程同步机制：Lock、RLock、Semaphore、Condition、Event 等。其基本原理均为给共享数据"加锁"，访问共享数据均执行"check-then-act"，先检查是否满足访问共享数据的条件，若满足则访问，若不满足则等待。基于 Condition 的多线程同步示例代码如图 4-17 所示。

```python
import random
from threading import Thread, Condition, get_ident
g_num = 0                    # 全局资源

def producer(con):           # 定义生产者
    global g_num
    with con:
        num = random.randint(1, 10)      # 随机产生（1~10）个资源
        g_num += num
        print(f"生产者 {get_ident()} 生产了 {num} 个资源")
        con.notify_all()     # 通知所有消费者消费资源

def consumer(con):           # 定义消费者
    global g_num
    with con:
        print(f"消费者 {get_ident()} 正在等待资源......")
        con.wait()
        if g_num > 0:
            g_num -= 1       # 消费者每次消费 1 个资源
            print(f"消费者 {get_ident()} 消费了一个资源")
        else:
            print(f"消费者 {get_ident()} 没有可供消费的资源，退出......")

if __name__ == "__main__":
    con = Condition()
    consumers = [Thread(target=consumer, args=(con,))for i in range(5)]
    prod = Thread(target=producer, args=(con,))
    [c.start() for c in consumers]       # 启动消费者
    prod.start()             # 启动生产者
    [c.join() for c in consumers]        # 等待消费者完成消费
    print(f"g_num中还有 {g_num} 个资源，主进程退出")
```

图 4-17　基于 Condition 的多线程同步示例代码

任务实施

在了解了多线程的并发原理后，下面以豆瓣电影 Top 250 排行榜爬取为例来练习基于线程的并发爬虫的实现。示例代码及运行结果如图 4-18～图 4-21 所示。

（1）第 1～7 行代码通过 import 语句导入了相关的 Python 模块：第 3 行代码导入了 threading 模块，以便通过其中的 Thread 类创建多线程；第 4 行代码导入了 queue 模块中的 Queue，以便利用队列实现线程间的通信；第 7 行代码将任务 4.1 中"任务实施"的实现 douban_top250_multiprocessing_demo 模块导入，以便复用其中定义的相关函数，如图 4-18 所示。

```
1   import json
2   import time
3   from threading import Thread, get_ident
4   from queue import Queue, Empty
5   import requests
6
7   import douban_top250_multiprocessing_demo as top250
8
9
```

图 4-18 基于线程的并发爬虫示例代码（1）

（2）分别定义两个子线程任务：第 11～21 行代码定义了存储子线程的保存文件任务，在任务中指定从队列中读取数据，当队列为空时，允许最多等待 0.3 秒（注意此为经验值，随任务的复杂程度及计算机性能的不同做相应调整），每个子线程最多通过循环从队列中读取 3 条数据，当读取到数据后，将数据保存到指定的文件中。第 25～32 行代码定义了爬虫子线程执行的数据爬取与解析任务，当爬取并解析完数据后，将结果通过 Queue 的 put()方法添加到队列中，如图 4-19 所示。

```
10   # 定义存储子线程执行的文件保存任务
11   def save_task(que):
12       for i in range(3):
13           try:
14               msg = que.get(timeout=0.3)   # 从队列中读取数据，最多等待0.3秒
15               idx = msg.get("page")
16               infos = msg.get("result")
17               with open(f'./db_top250/db_top250_thread_{idx}.json', 'w', encoding='utf-8') as f:
18                   # 通过json.dump()方法将信息保存到JSON文件中，如果有非ASCII字符，需设置ensure_ascii参数为False
19                   json.dump(infos, fp=f, ensure_ascii=False)
20           except Empty:
21               continue
22
23
24   # 定义爬虫子线程执行的任务
25   def crawl_task(url, page, que):
26       head = top250.choice_head()           # 随机选择一个请求头
27       proxy = top250.choice_proxy()         # 随机选择代理IP
28       # 通过requests的get()方法获取响应
29       response = requests.get(url, headers=head, proxies=proxy, timeout=5, verify=False)
30       print(f"线程 {get_ident()} 正在爬取第{page}页数据......")
31       result = top250.douban_top250_extract(response.text)   # 解析信息
32       que.put({'result': result, 'page': page})   # 将提取的信息写入队列中
33
34
```

图 4-19 基于线程的并发爬虫示例代码（2）

（3）第 36～50 行代码执行数据爬取及保存，最后记录整个多线程并发爬虫的运行总时间，如图 4-20 所示。

```
douban_top250_threading_demo.py ×
35  ▶  if __name__ == "__main__":
36          start = time.perf_counter()          # 记录开始运行时间
37          q = Queue()  # 实例化一个Queue队列对象
38          crawl_threads = []
39          for i in range(10):                   # 为每个待爬取页面创建一个子线程
40              target_url = f"https://movie.douban.com/top250?start={i * 25}&filter="
41              crawl = Thread(target=crawl_task, args=(target_url, i+1, q))
42              crawl_threads.append(crawl)
43          save_threads = [Thread(target=save_task, args=(q,)) for i in range(5)]
44          [sub.start() for sub in crawl_threads]    # 启动爬虫子线程
45          [sv.start() for sv in save_threads]       # 启动存储子线程
46          [sub.join() for sub in crawl_threads]     # 等待爬虫子线程结束
47          [sv.join() for sv in save_threads]        # 等待存储子线程结束
48
49          end = time.perf_counter()             # 记录运行结束时间
50          print(f"多线程并发爬虫爬取数据，总共耗时：{end - start}秒")
```

图 4-20 基于线程的并发爬虫示例代码（3）

（4）一次运行的结果如图 4-21 所示。从结果可见，多线程并发的运行时间约为 0.68 秒，比单进程及多进程并发的执行要更快一些。

图 4-21 基于线程的并发爬虫示例运行结果

↓ **任务拓展**

请尝试使用多线程并发爬虫来实现任务 3.4 中"任务实施"示例的中国天气网文字版国内城市天气预报页面数据的并行爬取。

任务 4.3　基于协程的并发爬虫

↓　任务介绍

　　协程（coroutine）是用户态执行的轻量级编程模型，由单一线程内部发出控制信号进行调度，而非受到操作系统管理，因此协程没有切换开销和同步锁机制，具有极高的执行效率。本任务简单介绍协程的概念，并练习基于一个 Python 的第三方库 gevent 的协程并发程序设计。

↓　知识准备

　　协程是一种用户态的轻量级线程，很多时候协程被称为"轻量级线程""微线程""纤程"（fiber）等。协程拥有自己的寄存器上下文和栈，它的调度完全由用户控制。协程调度切换时，将寄存器上下文和栈保存到其他地方，切换回来时直接恢复先前保存的寄存器上下文和栈，基本没有内核切换的开销，可以不加锁地访问全局变量，所以上下文的切换非常快。Python 是提供原生协程支持的语言之一。

　　基于进程、线程、协程的不同特点，它们的运行机制及应用场景会有所区别。

- 一个线程可以拥有多个协程，一个进程也可以单独拥有多个协程，这样 Python 中即能使用多核 CPU。
- 线程和进程都是同步机制，而协程则是异步机制。
- 协程能保留上一次调用时的状态，每次重入时，就相当于进入上一次调用的状态。
- 单进程下协程和多线程区别不大，相较之下，协程更省资源、效率更高、更安全。
- 由于协程的切换不像多线程调度那样耗费资源，所以不用严格限制协程的数量。

　　总之，通常情况下 I/O 密集型任务一般使用多线程或协程，CPU 密集型任务一般使用多进程，强调非阻塞异步并发的一般都使用协程，当然有时候也需要多线程、进程池结合，或者其他组合方式。

↓　任务实施

　　gevent 是一个基于协程的 Python 第三方库，它的底层采用 Python 并发框架 greenlet，在同一线程内完成子例程的切换与恢复，实现多个任务的并发，并减少任务调度的成本和任务同步消耗。可以通过以下命令安装 gevent：

```
1.  pip install gevent
```

　　gevent 库的常用方法如下。

- gevent.spawn()：创建并启动协程。
- gevent.joinall()：等待所有协程执行完毕。

接下来以豆瓣电影 Top 250 排行榜爬取为例来练习基于协程的并发爬虫的实现（开始代码编写前请确认 gevent 库已经安装好了）。示例代码及运行结果如图 4-22 和图 4-23 所示。

（1）第 1～6 行代码通过 import 语句导入了相关的 Python 模块。第 3 行代码导入了 gevent 库，以便通过其中的 spawn()方法创建协程。第 6 行代码将任务 4.1 中"任务实施"的实现 douban_top250_multiprocessing_demo 模块导入，以便复用其中定义的相关函数。第 9～18 行代码定义了协程的任务函数，将给定的 URL 地址通过 requests 对象的 get()方法获取响应，然后进行数据解析并将结果保存到文件中。第 28 行代码通过 gevent 的 joinall() 方法将所有协程任务添加到任务列表并执行，如图 4-22 所示。

```python
import json
import time
import gevent
import requests

import douban_top250_multiprocessing_demo as top250

# 定义协程执行的任务
def crawl_task(url, page):
    head = top250.choice_head()          # 随机选择一个请求头
    proxy = top250.choice_proxy()        # 随机选择代理IP
    # 通过Requests对象的get()方法获取响应
    response = requests.get(url, headers=head, proxies=proxy, timeout=5, verify=False)
    print(f"协程任务正在爬取第{page}页数据......")
    result = top250.douban_top250_extract(response.text)   # 解析信息
    with open(f'./db_top250/db_top250_gevent_{page}.json', 'w', encoding='utf-8') as f:
        # 通过json.dump()方法将信息保存到JSON文件中，如果有非ASCII字符，需设置ensure_ascii参数为False
        json.dump(result, fp=f, ensure_ascii=False)


if __name__ == "__main__":
    start = time.perf_counter()          # 记录开始运行时间
    list_qu = []
    for i in range(10):                  # 为每个待爬取页面创建一个协程
        target_url = f"https://movie.douban.com/top250?start={i * 25}&filter="
        crawl = gevent.spawn(crawl_task, target_url, i+1)
        list_qu.append(crawl)
    gevent.joinall(list_qu)              # 将所有的协程任务添加到任务队列中执行

    end = time.perf_counter()            # 记录运行结束时间
    print(f"多协程并发爬虫爬取数据，总共耗时：{end - start}秒")
```

图 4-22　基于协程的并发爬虫示例代码

（2）一次运行的结果如图 4-23 所示。

```
Run:     douban_top250_gevent_demo
    D:\Python310\python.exe D:\myproj\项目4_并发技术实战\douban_top250_gevent_demo.py
    协程任务正在爬取第1页数据......
    [{'影片名': '肖申克的救赎', '影片评分': '9.7', '评价人数': '2819547人评价', '影片信息': '导演:弗兰克·德拉邦特FrankDarabont主演:蒂姆·罗宾
    协程任务正在爬取第2页数据......
    [{'影片名': '龙猫', '影片评分': '9.2', '评价人数': '1236257人评价', '影片信息': '导演:宫崎骏HayaoMiyazaki主演:日高法子NorikoHidaka/坂本
    协程任务正在爬取第3页数据......
    [{'影片名': '天堂电影院', '影片评分': '9.2', '评价人数': '667054人评价', '影片信息': '导演:朱塞佩·托纳多雷GiuseppeTornatore主演:菲利普·罗
    协程任务正在爬取第4页数据......
    [{'影片名': '哈利·波特与死亡圣器(下)', '影片评分': '9.0', '评价人数': '808452人评价', '影片信息': '导演:大卫·叶茨DavidYates主演:丹尼尔·雷
    协程任务正在爬取第5页数据......
    [{'影片名': '一一', '影片评分': '9.1', '评价人数': '378998人评价', '影片信息': '导演:杨德昌EdwardYang主演:吴念真/李凯莉KellyLee/金燕玲ET
    协程任务正在爬取第6页数据......
    [{'影片名': '侧耳倾听', '影片评分': '8.9', '评价人数': '458303人评价', '影片信息': '导演:近藤喜文YoshifumiKondo主演:本名阳子YoukoHonna/
    协程任务正在爬取第7页数据......
    [{'影片名': '喜宴', '影片评分': '9.0', '评价人数': '351191人评价', '影片信息': '导演:李安AngLee主演:赵文瑄WinstonChao/归亚蕾Ya-leiKuei
    协程任务正在爬取第8页数据......
    [{'影片名': '爱在午夜降临前', '影片评分': '8.9', '评价人数': '388721人评价', '影片信息': '导演:理查德·林克莱特RichardLinklater主演:伊桑·
    协程任务正在爬取第9页数据......
    [{'影片名': '东京教父', '影片评分': '9.0', '评价人数': '220229人评价', '影片信息': '导演:今敏SatoshiKon主演:江守彻ToruEmori/梅垣义明Yos
    协程任务正在爬取第10页数据......
    [{'影片名': '末路狂花', '影片评分': '8.9', '评价人数': '242619人评价', '影片信息': '导演:雷德利·斯科特RidleyScott主演:吉娜·戴维斯GeenaDa
    多协程并发爬虫爬取数据,总共耗时: 3.7694760999875143秒
```

图 4-23　基于协程的并发爬虫示例运行结果

↓　任务拓展

请思考将多协程并发爬虫中的爬取和存储分开，用不同的协程来完成，通过 Queue 来实现协程间的通信。

任务 4.4　历史天气并发爬取

扫一扫，看微课

↓　任务介绍

Python 中可以通过多线程、多进程、协程技术来实现并发编程。那么在 Python 的爬虫开发中，要如何根据任务的特点来选择对应的并发技术呢？本任务将对比 3 种并发技术的特点及适用场景，然后练习以多线程并发的方式爬取历史天气信息的相关内容。

↓　知识准备

如何根据任务的特点来选择对应的并发技术？要回答这个问题，首先要了解有关 CPU 密集型计算和 I/O 密集型计算的特点；其次要清楚多线程、多进程和协程技术的区别。

1. CPU 密集型与 I/O 密集型的特点

CPU 密集型（CPU-bound）也叫计算密集型，此类任务主要消耗 CPU 资源。I/O 操作在很短时间内就可以完成，其耗时对任务的完成影响不大，任务所需的资源主要集中在 CPU 的大量计算和处理上，特点是 CPU 占用率高。例如，压缩和解压缩运算、加/解密操作、正则表达式搜索等类型的任务。

I/O 密集型（I/O bound），通常涉及网络、磁盘 I/O 任务的都是 I/O 密集型任务，这类任务的特点是 CPU 消耗很少，由于 I/O 读写的速度远远低于 CPU 和内存的速度，任务运行时大部分的状况是 CPU 在等 I/O（硬盘/内存）读写操作的完成，CPU 占用率较低。对于 I/O 密集型任务，在一定的任务总量下，任务越多，CPU 效率越高。例如，文件处理、网络爬虫、读写数据库程序等。

2. 多线程、多进程和协程的对比

在系统中，一个主进程中可以启动多个子进程，一个进程可以启动多个线程，一个线程中可以启动多个协程。进程是操作系统进行资源分配和调度的基本单位，多个线程只能共用进程的资源。多进程、多线程、协程 3 种技术中只有多进程能够同时利用多核 CPU 进行并行计算。

多进程并发技术的优点是可以利用多核 CPU 进行并行计算，是真正的并发；缺点是占用的资源最多，可以启动的数目比线程要少。多进程并发技术适用于 CPU 密集型计算。

多线程并发技术的优点表现在，与多进程相比，多线程更加轻量级，占用资源较少；缺点表现在，与多进程并发技术相比，多线程并发技术只能并发执行，不能利用多核 CPU（由于 GIL 的限制）；与协程技术相比，多线程并发技术线程的启动数量有限，占用内存资源，有线程切换开销。多线程并发技术适用于 I/O 密集型计算，同时运行的任务数目要求不多。

协程技术的优点是内存开销最小，启动协程数目最多；缺点是支持的库有限制，代码实现复杂。协程技术适用于 I/O 密集型计算，需要 I/O 多任务运行，同时有现成库支持的场景。

那么，在 Python 爬虫的开发中，多进程、多线程和协程应该如何选择呢？

一般来说，多进程适用于 CPU 密集型的代码，例如，各种循环处理、大量的密集并行计算等。多线程适用于 I/O 密集型的代码，例如，文件处理、网络交互等。协程无须通过操作系统调度，没有进程、线程之间的切换和创建等开销，适用于大量不需要 CPU 的操作，例如，网络 I/O 等。实际上，爬虫程序运行的瓶颈就在于网络 I/O，原因是网络 I/O 的速度无法赶上 CPU 的处理速度。结合多进程、多线程和协程的特点和用途，通常情况下优先采用多线程或协程技术来实现爬虫程序。

↓ 任务实施

本案例将基于多线程并发的方式对天气后报网进行历史天气信息的爬取，爬取某个地区（如广东）多年历史天气信息并进行存储，网页请求采用 reqeusts 库，数据解析采用 Beautiful Soup 库，编程前要先确认相关的库已经安装好。具体步骤如下。

1. 页面分析

（1）进入国内城市的历史天气预报查询页面，URL 地址如图 4-24 所示，在该页面中，

以年为单位将该年每个月的历史天气信息链接封装在一个<ul></ul>无序列表中。切换多个城市的历史天气预报页面后观察相应的 URL 地址，会发现除最后部分的 HTML 文件名会随城市变化而变化外，前面的路径部分均相同，而 HTML 文件名是以城市名称的拼音命名的，因此可以根据此规律先将待爬取的城市历史天气的 URL 地址构造出来，并封装到一个列表中。

图 4-24　天气后报网的城市历史天气预报查询页面

（2）单击某个月份的历史天气链接的 URL 地址，进入具体的天气信息页面，如图 4-25 所示。从图中可以看到这个月份的链接 URL 地址中包含了要提取的历史天气数据。

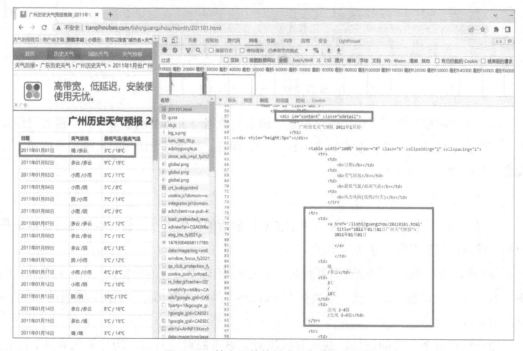

图 4-25　某个月份的历史天气信息页面

（3）在打开的 DevTools 中切换到"网络"选项页面，先清空页面信息后再刷新页面重新加载数据，查看网络请求头信息及返回内容等，如图 4-26 和图 4-27 所示。

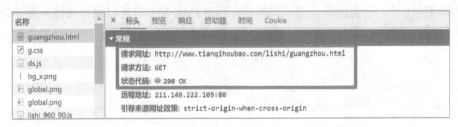

图 4-26　查看网络请求头信息

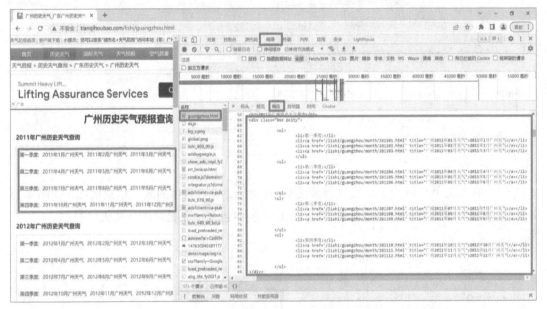

图 4-27　通过 DevTools 定位相关元素（1）

（4）从"响应"选项页面信息可以发现请求的数据与页面展示数据一致，说明已经找到了数据的请求接口，请求方式如图 4-26 所示。同理，某个月份的历史天气信息的接口查找方法与此相同。

2．数据定位

确定了数据的接口信息后，接下来需要对待解析的数据进行定位。本任务的目标是获取部分城市的历史天气，分两步实现。

（1）在城市历史天气预报查询页面获得过去 12 年每个月份的历史天气页面的链接，如图 4-27 所示。全部链接地址在一个具有"box pcity"类样式的\<div\>\</div\>标签内的\<a\>\</a\>标签的 href 属性中。

（2）根据每个月份的链接，获取并解析对应城市的对应月份的历史天气数据。通过

DevTools 定位相关元素，可知每天的天气数据包含在一个 id 为"content"的<div></div>标签内的表格（table）中，从第二个<tr></tr>开始，每个<tr></tr>中都包含该月份的某一天的天气信息，如图 4-28 所示。

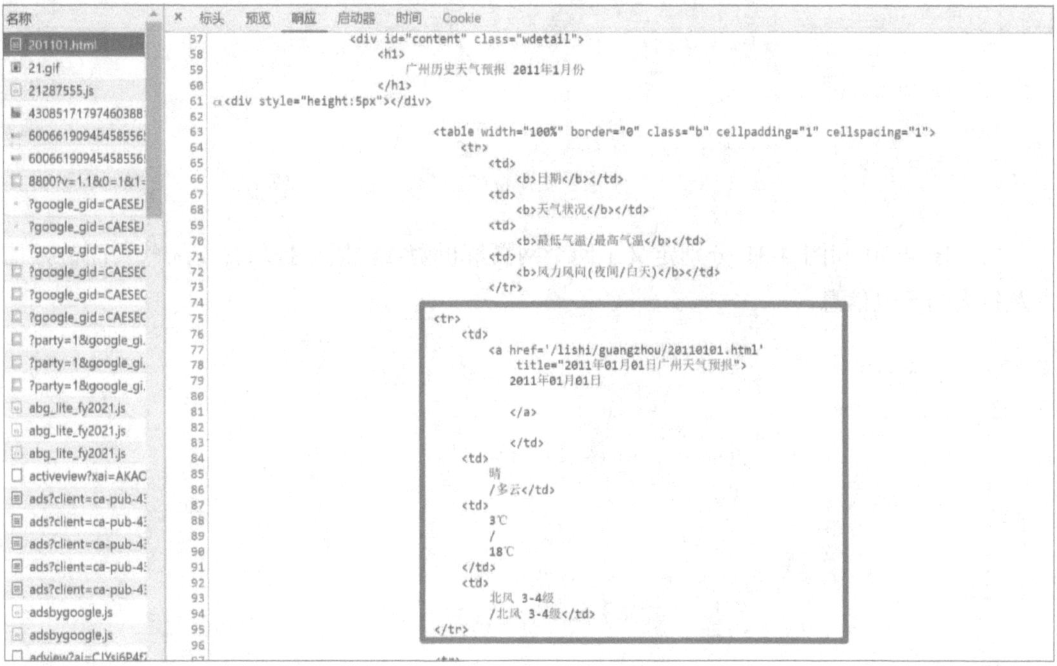

图 4-28　通过 DevTools 定位相关元素（2）

3. 代码实现

明确了接口信息及页面结构后，即可开始爬虫代码的编写，相关代码及运行结果如图 4-29～图 4-34 所示。

（1）第 1～8 行代码导入了相应的 Python 包，为了构造正确的 URL 地址，在第 10 行代码中声明了一个 base_url，用于后续与从页面中提取的链接地址拼接成完整的 URL 地址。第 14～23 行代码声明了随机选择一个浏览器的头信息函数，如图 4-29 所示。

weather_history_threading_demo.py

```
1  import json
2  import re
3  import time
4  import random
5  from threading import Thread, get_ident
6  from queue import Queue, Empty
7  import requests
8  from bs4 import BeautifulSoup
9
10 base_url = "http://www.tianqihoubao.com"
11
12
```

图 4-29　历史天气预报数据爬取与解析示例（1）

```
13      # 随机选择一个浏览器的头信息
14      def choice_head():
15          headers = [
16              {'User-Agent': ('Mozilla/5.0 (Windows NT 6.1; Win64; x64) '
17                               'AppleWebKit/537.36 (KHTML, like Gecko) Chrome/70.0.3521.2 Safari/537.36')},
18              {'User-Agent': ('Mozilla/5.0 (Windows NT 10.0; WOW64) '
19                               'AppleWebKit/537.36 (KHTML, like Gecko) Chrome/86.0.4240.198 Safari/537.36')},
20              {'User-Agent': ('Mozilla/5.0 (Windows NT 10.0; Win64; x64) '
21                               'AppleWebKit/537.36 (KHTML, like Gecko) Chrome/107.0.0.0 Safari/537.36 Edg/107.0.1418.56')}
22          ]
23          return random.choice(headers)
24
25
```

图 4-29　历史天气预报数据爬取与解析示例（1）（续）

（2）图 4-30 和图 4-31 分别定义了两个网页解析函数，用来提取月份天气页面链接信息及每天的天气信息。

```
        weather_history_threading_demo.py
26      # 城市历史天气预报查询页面中的月份天气页面链接提取函数
27      def url_extract(htm):
28          soup = BeautifulSoup(htm, 'lxml')
29          links = soup.find_all('a', href=re.compile('/month/'))
30          all_urls = []
31          for link in links:
32              url = link.get("href")
33              if url.find('/lishi/') < 0:
34                  all_urls.append(base_url+'/lishi/' + url)
35              else:
36                  all_urls.append(base_url + url)
37          return all_urls
38
39
```

图 4-30　历史天气预报数据爬取与解析示例（2）

```
        weather_history_threading_demo.py
40      # 月份天气页面中每天的天气预报信息爬取函数
41      def info_extract(htm):
42          infos = []
43          soup = BeautifulSoup(htm, 'lxml')
44          trs = soup.find_all('tr')
45          for tr in trs[1:]:
46              city_info = {}
47              try:
48                  tds = tr.find_all("td")                         # 取出所有的 <td>元素
49                  temp = tds[0].find('a').get("href").split('/')
50                  city_info['date'] = temp[-1].split('.html')[0]  # 获取日期
51                  city_info['city'] = temp[-2]                    # 获取城市名称
52                  city_info['status'] = "".join(tds[1].text.split())  # 获取天气状况
53                  city_info['temp'] = "".join(tds[2].text.split())    # 获取最低/最高温度
54                  city_info['wind'] = "".join(tds[3].text.split())    # 获取风力状况(夜间/白天)
55                  infos.append(city_info)
56              except Exception as e:
57                  continue
58          print(infos)
59          return infos
60
61
```

图 4-31　历史天气预报数据爬取与解析示例（3）

（3）图 4-32 中定义了爬虫线程的任务函数，在函数中循环从队列中获取待爬取的页面 URL 链接，若获取时超过了最大等待时长（本例中设置为 60 秒），则终止循环，结束线程。第 71～76 行代码根据 URL 地址的特征来区分是提取月份天气页面链接信息还是每天的天气信息，并将提取到的结果分别添加到相应的队列中。

weather_history_threading_demo.py

```
62  # 爬虫子线程执行的任务
63  def crawl_task(sc, target):
64      while True:
65          try:
66              head = choice_head()             # 随机选择一个请求头
67              url = sc.get(timeout=60)         # 如果等待60秒还取不到值，则结束线程
68              # 通过Requests对象的get()方法获取响应
69              response = requests.get(url, headers=head, verify=False)
70              print(f"线程 {get_ident()} 正在爬取：{url} ......")
71              if url.find('/month/') > 0:
72                  result = info_extract(response.text)    # 解析每日天气信息
73                  [target.put(u) for u in result]         # 将提取的每日天气信息写入队列中
74              else:
75                  result = url_extract(response.text)     # 解析月份天气页面链接信息
76                  [sc.put(u) for u in result]             # 将提取的链接信息写入队列中
77          except:
78              print(f"线程 {get_ident()} 结束 ......")
79              break
80
81
```

图 4-32　历史天气预报数据爬取与解析示例（4）

（4）第 97～106 行代码先实例化了两个 Queue 对象，分别用来存放爬虫获取到的页面链接和天气信息，然后通过 Thread 类创建 10 个子线程，启动各子线程进行数据爬取及解析任务，如图 4-33 所示。

weather_history_threading_demo.py

```
82  # 文件保存函数
83  def save_infos(que, city):
84      try:
85          infos = list(que.queue)
86          print(infos)
87          with open(f'./weather/history_weather_{city}.json', 'w+', encoding='utf-8') as f:
88              # 通过json.dump()方法将信息保存到JSON文件中，如果有非ASCII字符，需设置ensure_ascii参数为False
89              json.dump(infos, fp=f, ensure_ascii=False)
90      except Empty:
91          print("queue empty")
92
93
94  if __name__ == "__main__":
95      start = time.perf_counter()     # 记录开始运行时间
96      # 待爬取的城市列表
97      citys = ['guangzhou', 'shenzhen', 'shaoguan', 'meizhou', 'gdqingyuan']
98      for city in citys:
99          url_queue = Queue()  # 实例化一个Queue队列对象，用于存储提取的链接
100         url_queue.put(base_url+'/lishi/'+city+'.html')  # 将种子链接添加到队列中
101         data_queue = Queue()     # 实例化一个Queue队列对象,用于存储提取的数据
102         # 创建 10 个爬虫子线程
103         crawl_threads = [Thread(target=crawl_task, args=(url_queue, data_queue)) for i in range(10)]
104         [sub.start() for sub in crawl_threads]  # 启动爬虫子线程
105         [sub.join() for sub in crawl_threads]   # 等待爬虫子线程结束
106         save_infos(data_queue, city)            # 将天气信息保存到文件中
107
108     end = time.perf_counter()       # 记录运行结束时间
109     print(f"多线程并发爬虫爬取数据，总共耗时：{end - start}秒")
```

图 4-33　历史天气预报数据爬取与解析示例（5）

（5）程序运行结果如图 4-34 所示。

图 4-34　历史天气预报数据爬取与解析示例运行结果

任务拓展

请尝试使用进程池或协程方式来实现历史天气预报数据的并行爬取。

项目 5
动态内容采集实战

【学习目标】

【知识目标】

- 了解动态网页的技术原理；
- 了解 Selenium 工具的安装及使用；
- 掌握动态网页的自动爬取方法；
- 掌握基于工具的网站模拟登录方法；
- 掌握常见的网页验证方法的模拟处理。

【技能目标】

- 能基于 Selenium 实现对动态网页数据的并发获取及解析；
- 能处理网站的模拟登录；
- 能基于相关工具实现对网页验证的处理。

任务 5.1　动态网页基础

扫一扫，看微课

任务介绍

　　动态网页技术当前在网站建设中应用非常普遍。与静态网页不同的是，动态网页中呈现的内容是与时间、后台数据库中的内容、用户的交互操作等密切相关的，内容的变化表现为"动态"。动态网页中广泛使用 JavaScript、AJAX 等技术来实现各种页面内容的动态加载与更新。本任务简单介绍动态网页的基础，然后通过一个利用 JavaScript 实现鼠标右键单击事件的实例来练习 JavaScript 的相关操作。

↓ **知识准备**

动态网页，是指在服务器端运行的使用程序语言设计的交互式网页，它会根据某种条件的变化，返回不同的网页内容，是相对于静态网页的一种网页编程技术。对于静态网页来说，当编写好 HTML 代码后，页面的呈现效果就确定了，除非重新修改页面代码，否则页面的内容和显示效果基本不会发生变化；而对于动态网页，页面的呈现内容及效果是可变的，当用户访问动态网页时，服务器端接收前端页面提交的请求执行相应处理，并根据处理结果动态生成页面内容。例如，在当当网图书页面，用户在搜索框中输入不同的关键字，页面中展示的书籍列表信息会发生变化。

相对于静态网页，动态网页具有如下特点。

- 交互性：网页会根据用户的要求和选择而动态改变和显示内容等。
- 自动更新：无须改变页面代码，便会自动生成新的页面内容，可以大大减少工作量。如在论坛中成功发布信息后，就可以在页面中看到新发布的帖子列表。
- 随机性：当不同的时间、不同的人访问同一网址时会产生不同的页面效果。如普通用户和管理员登录论坛时所看到的页面内容是不同的。

动态网页上使用的技术主要包括 JavaScript、jQuery、AJAX、DHTML 等，下面对这几种技术进行简单介绍。

1. JavaScript

JavaScript 是网络上最常用的、支持者最多的客户端脚本语言，它可以收集用户的跟踪数据，不需要重载页面直接提交表单，在页面嵌入多媒体文件，甚至运行网页游戏等。可以通过查看网页源代码的<script></script>标签，了解该页面是否使用了 JavaScript，例如：

```
1.  <script type="text/javascript" src="//cpro.baidustatic.com/cpro/ui/c.js">
2.  </script>
```

2. JQuery

JQuery 是一个十分常见的优秀的 JavaScript 库，也是一个快速、简洁的 JavaScript 框架，它封装了 JavaScript 常用的功能代码，提供一种简便的 JavaScript 设计模式，优化 HTML 文档操作、事件处理等。一个网站使用 jQuery 的特征，就是源代码里包含了 jQuery 入口，例如：

```
1.  <script type="text/javascript" src=" https://www-stream.2345cdn.net/s/js/
jquery-1.8.3.min.js">
2.  </script>
```

如果一个网站使用了 jQuery，那么采集这个网站数据的时候要注意：JQuery 可以动态地创建 HTML 内容，只有在 JavaScript 代码执行之后才会显示，如果用传统的方法采集页面内容，就只能获得 JavaScript 代码执行之前页面上的内容。

3．AJAX

用户与网站服务器通信是通过从浏览器向服务器端发送 HTTP 请求以获取新页面，如果提交表单之后，或者从服务器获取信息之后，网站的页面不需要重新刷新，那么当前访问的网站大概就在使用 AJAX 技术。

AJAX（Asynchronous JavaScript and XML，异步 JavaScript 和 XML），网站不需要使用单独的页面请求就可以和网络服务器进行交互（收发信息）。AJAX 其实并不是一门语言，而是用来完成网络任务（可以认为它与网络数据采集差不多）的一系列技术。

4．DHTML

与 AJAX 相似，DHTML（Dynamic HTML）也是一系列用于解决网络问题的技术集合。DHTML 是用客户端语言改变页面的 HTML 元素（HTML、CSS，或者二者都被改变），比如页面上的按钮只在用户移动鼠标之后才出现，背景色可能每次单击都会改变，或者用一个 AJAX 请求触发页面加载一段新内容。网页是否属于 DHTML，关键要看有没有用 JavaScript 控制 HTML 和 CSS 元素。

那些使用了 AJAX 或 DHTML 技术改变或加载内容的页面，可能有一些采集手段，但是用 Python 解决这个问题只有以下两种途径。

- 直接从 JavaScript 代码里采集内容（费时费力）。
- 用 Python 的第三方库运行 JavaScript，直接采集在浏览器里看到的页面（比较符合）。

任务实施

前端页面的组成是爬虫课程的基础，只有掌握了页面的基础组成，如 HTML、CSS 技术以及 JavaScript 内容，才能更好地理解网页的结构及页面内容的呈现原理，为爬虫的深入学习打好基础。鼠标右键单击事件主要利用了 JavaScript 自身的一些方法来实现，本案例通过鼠标右键单击事件熟悉 JavaScript 的使用方法。具体步骤如下。

1．创建项目

在 PyCharm 中（也可以是其他的文本编辑器或集成开发环境，如 VS Code）新建一个 HTML 文件，并为文件命名，本例文件名为"js 鼠标右键事件.html"。PyCharm 创建的 HTML 文件已经自动添加了 HTML 页面的基本框架内容，如<html></html>标签、<head></head>标签、<body></body>标签等。

2．样式定义

第 6～29 行代码通过<style></style>定义了相关的 CSS 样式，用于对页面元素进行相关的显示设置及基础美化操作，如第 13 行代码将页面中 id 为'uls'的元素设置为不显示，如图 5-1 所示。

```
js鼠标右键事件.html
1   <!DOCTYPE html>
2   <html lang="en">
3   <head>
4       <meta charset="UTF-8">
5       <title>js鼠标右键事件</title>
6       <style>
7       /*定义盒子模型margin与padding均为0px*/
8       *{margin:0px;padding:0px;list-style:none;}
9       #uls{      /*定义url标签属性*/
10          width:130px;
11          height:auto;
12          border:solid 1px #333;
13          display:none;
14          position:absolute;
15      }
16      #uls a{      /*定义a链接属性*/
17          /*文本修饰值为默认*/
18          text-decoration:none;
19          line-height:30px;
20          text-align:center;
21          /*定义为块级元素*/
22          display:block;
23      }
24      #uls li{
25          width:130px;
26          height:30px;
27          border:solid 1px #eee;
28      }
29      </style>
30  </head>
```

图 5-1　通过 JavaScript 实现鼠标右键单击事件示例代码（1）

3. 右键菜单设计

第 32～38 行代码定义了一个无序列表<ul></ul>，列表中包含了 5 个列表项<li></li>，前 3 个<li></li>中的<a></a>标签分别为其 href 属性设置了 3 个不同的页面，如图 5-2 所示。

```
js鼠标右键事件.html
31  <body>
32      <ul id='uls'>
33          <li><a href=" https://mil.news.sina.com.cn/ ">军事</a></li>
34          <li><a href=" https://tech.sina.com.cn/ ">科技</a></li>
35          <li><a href=" https://finance.sina.com.cn/ ">财经</a></li>
36          <li><a href="">生活</a></li>
37          <li><a href="">体育</a></li>
38      </ul>
39      <script>
40          var uls = document.getElementById('uls');
41          var lis = document.getElementsByTagName('li');
42          window.oncontextmenu = function(e){
43              var x = e.clientX;
44              var y = e.clientY;
45              uls.style.left = x+'px';
46              uls.style.top = y+'px';
47              uls.style.display = 'block';
48              return false;
49          }
```

图 5-2　通过 JavaScript 实现鼠标右键单击事件示例代码（2）

4. JavaScript 编写

第 39～68 行代码通过<script></script>标签定义了一段 JavaScript 脚本,其中第 40 行和第 41 行代码定义了两个变量 uls 和 lis,并通过 JavaScript 的元素获取方法获取相应的标签对象。第 40～49 行代码确定了当前光标在屏幕上的位置坐标。第 50～65 行代码定义了当单击鼠标右键后、光标箭头放在列表上所做的动作以及光标箭头移出后列表所发生的变化,如图 5-3 所示。

```
50          for (var i = 0; i < lis.length; i++) {
51              lis[i].onmouseover = function(){
52                  this.style.background='#ddd';
53                  var as = this.children;
54                  for (var i = 0; i < as.length; i++) {
55                      as[i].style.color = 'red';
56                  }
57              }
58              lis[i].onmouseout = function(){
59                  this.style.background=null;
60                  var as = this.children;
61                  for (var i = 0; i < as.length; i++) {
62                      as[i].style.color = '';
63                  }
64              }
65          }
66          window.onclick = function(){
67              uls.style.display = 'none';
68          }
69      </script>
70  </body>
71  </html>
```

图 5-3　通过 JavaScript 实现鼠标右键单击事件示例代码(3)

5. 运行页面,查看效果

(1)在编辑区的页面中单击鼠标右键,在弹出的快捷菜单中选择某个浏览器打开当前 HTML 文件,如图 5-4 所示。

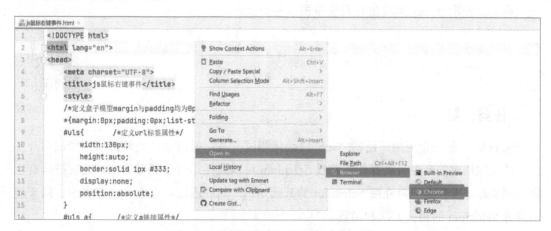

图 5-4　选择浏览器打开当前 HTML 文件

（2）用浏览器打开 HTML 文件，会运行"js 鼠标右键事件"代码，浏览器页面中会显示当前打开页面的内容，可以看到页面中只有一个 HTML 的空框架，页面中没有任务内容显示，如图 5-5 所示。

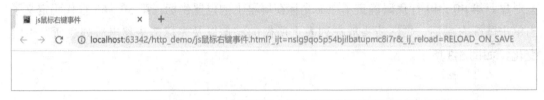

图 5-5　通过 JavaScript 实现鼠标右键单击事件示例运行结果（1）

（3）在页面中单击鼠标右键，会看到页面中有弹出式菜单显示，单击前 3 个菜单项中的某个菜单项，可以发现页面将跳转到由该菜单项下<a></a>标签中的 href 属性指定的页面，如图 5-6 所示。

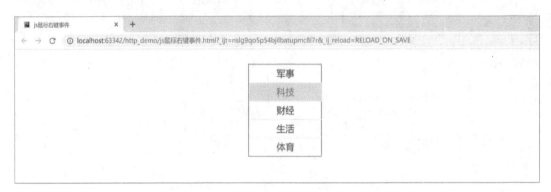

图 5-6　通过 JavaScript 实现鼠标右键单击事件示例运行结果（2）

↓　任务拓展

请尝试使用 JQuey 实现鼠标右键单击事件的处理。

任务 5.2　Selenium 的安装配置

扫一扫，看微课

↓　任务介绍

Selenium 是一个应用广泛的 Web 自动化测试工具，最初是为网站自动化测试而开发的，可以按指定的命令自动操作，并且 Selenium 可以直接运行在浏览器上，它支持所有主流的浏览器。本任务简单介绍 Selenium 的基础知识，然后通过对百度官网首页的访问来展示部分 Selenium 的相关方法和函数。

知识准备

Selenium 官网首页如图 5-7 所示。Selenium 可以根据用户的指令让浏览器自动加载页面，获取需要的数据，甚至页面截屏，或者判断网站上某些动作是否发生，模拟用户对页面元素的操作等，如在 Input 输入框中输入内容，单击页面上的超链接、按钮等进行页面切换，执行 JavaScript 代码等。

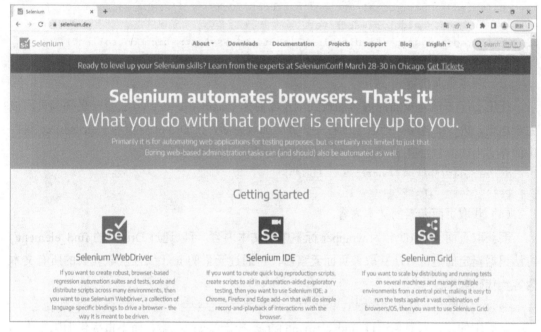

图 5-7　Selenium 官网首页

Selenium 可以采用多种方法安装，例如，在 Windows 终端中输入 pip install selenium 命令，按 Enter 键确认，即可安装。要利用 Selenium 进行网站自动化测试、动态网页爬取等，还需要下载某个浏览器（如 Chrome、Edge）对应的驱动程序。例如，如果 Selenium 要结合 Chrome 浏览器来执行相关任务，那么用户需要先查看所用的 Chrome 浏览器版本，然后到对应的下载地址中下载相应版本号的 ChromeDriver。更多浏览器的相关使用可以查阅相关文档说明。

任务实施

Selenium 库里定义了一个 WebDriver 的 API。WebDriver 类似于可以加载网站的浏览器，但是它也可以像 Beautiful Soup 或者其他 Selector 对象一样用来查找页面元素，与页面中的元素进行交互（发送文本、单击等），以及执行其他动作来运行网络爬虫。下面以访问百度网页为例，介绍 Selenium 的一些基本操作。

（1）导入 WebDriver。

```
1.  from selenium import webdriver
```

（2）创建浏览器对象。

Selenium 支持多种主流浏览器，如 Chrome、Edge、Firefox 等的自动化操作。下面以创建 Chrome 浏览器对象为例进行讲解，代码如下：

```
1.  serv = Service(r"D:\chromedriver106\chromedriver.exe")
2.  option = webdriver.ChromeOptions()
3.  option.add_experimental_option('excludeSwitches', ['enable-automation'])
4.  # 隐藏window.navigator.webdriver
5.  option.add_argument("--disable-blink-features=AutomationControlled")
6.  driver = webdriver.Chrome(service=serv, options=option)
```

（3）获取页面内容。

使用 get()方法将页面的内容加载到浏览器对象 Driver 中，get()方法会一直等到页面被完全加载，然后才继续执行后续的程序。页面加载完后，在 Driver 对象的 page_source 属性中保存了当前的 HTML 源码，例如，加载百度首页的代码如下：

```
1.  driver.get("http://www.baidu.com/")
2.  print(driver.page_source)
```

（4）获取页面元素的文本内容。

要获取页面上的 ID 名为 wrapper 标签中的文本内容，可以通过 Driver 的 find_element()方法根据指定的定位方法获取该页面元素后，再通过元素的 text 属性获取元素的所有文本内容，代码如下：

```
1.  data = driver.find_element (By.ID, "wrapper").text
```

新版本的浏览器对象通过 find_element()方法来定位页面元素，而不再提供旧版本中的 find_element_by_id()、find_element_by_name()等方法，通过 By 类中的常量来指定查找元素所采用的方式，如 By.ID 表示按元素的 ID 属性来查找，By.CLASS_NAME 表示按类名来查找等。

（5）获取页面标题。

通过浏览器对象的 title 属性可以获取当前页面的标题信息，代码如下：

```
1.   print(driver.title)
```

（6）生成页面快照。

浏览器对象可以生成当前页面的页面快照，并通过 save_screenshot()方法将页面快照保存为图片，代码如下：

```
1.  driver.save_screenshot("baidu.png")
```

（7）向输入框中添加内容。

通过 find_element(By.ID, "kw")方法定位百度搜索输入框，再通过 send_keys()方法向输入框中添加字符串，然后将页面快照保存，代码如下：

```
1.  driver.find_element(By.ID, "kw").send_keys(u"长城")
2.  driver.save_screenshot("baidu.png")
```

（8）模拟单击按钮操作。

通过 find_element(By.ID, "su")定位百度搜索按钮，然后通过 click()方法模拟单击页面上的按钮操作，代码如下：

```
1.  driver.find_element(By.ID, "su").click()
2.  driver.save_screenshot("changcheng.png")
```

（9）调用键盘按键操作。

首先引入 Keys 模块，代码如下：

```
1.  from selenium.webdriver.common.keys import Keys
```

模拟 Ctrl＋A 键全选输入框内容，代码如下：

```
1.  driver.find_element(By.ID, "kw").send_keys(Keys.CONTROL, 'a')
```

模拟 Ctrl＋X 键剪切输入框内容，代码如下：

```
1.  driver.find_element(By.ID, "kw").send_keys(Keys.CONTROL, 'x')
```

模拟 Enter 键确认，代码如下：

```
1.  driver.find_element(By.ID, "kw").send_keys(Keys.RETURN)
```

删除输入框内容，使用 clear()方法，代码如下：

```
1.  driver.find_element_by_id("kw").clear()
```

（10）获取当前页面 Cookie。

使用 get_cookies()方法获取当前页面 Cookie，代码如下：

```
1.  print(driver.get_cookies())
```

（11）获取当前页面 URL。

使用 current_url 属性获取当前页面 URL，代码如下：

```
1.  print(driver.current_url)
```

（12）关闭当前页面。

使用 close()方法关闭当前页面，如果只有一个页面，则关闭浏览器，代码如下：

```
1.  driver.close()
```

（13）关闭浏览器。

当浏览器使用完毕时，应使用 quit()方法关闭浏览器，代码如下：

```
1.  driver.quit()
```

任务拓展

请查阅 Selenium 的官方文档，练习查找元素方法、模拟鼠标操作方法、键盘按键操作方法、事件链处理方法等的使用。

任务 5.3　基于 Selenium 的动态网页爬取

扫一扫，看微课

↓　任务介绍

　　在动态网页爬取中，经常有翻页、表单填写或单击某个按钮向服务器发送请求等需求，Selenium 提供了多种与 Web 元素交互的相关方法，如 click()方法，可以实现对页面元素的模拟单击操作。本任务通过在百度网页中进行信息查找及翻页模拟来学习基于 Selenium 的动态网页爬取。

↓　知识准备

　　Selenium 提供了与 Web 元素交互的相关方法，它们是用于操作表单的高级指令集。在 Selenium 4 中，有以下 5 种基本命令用于元素的操作。

　　1．单击（click）

　　单击命令适用于任何元素。元素单击命令在元素中央位置执行，如果元素中央由于某些原因被遮挡，Selenium 将返回一个元素单击中断错误。

　　2．发送键（send_keys）

　　元素发送键命令仅适用于文本字段和内容可编辑元素。通常这些元素是表单（form）中具有 type='text'属性的 input 元素，或具有'content-editable'属性的元素。如果某个元素是不可编辑的，则会返回"invalid element state"的错误。

　　3．清除（clear）

　　元素的清除命令与 send_keys 类似，也是仅适用于文本字段和内容可编辑元素。该命令会重置元素的内容。

　　4．提交（submit）

　　在 Selenium 4 中，不再通过单独的端点以及脚本执行的方法实现提交，因此，官方建议不要使用此方法，而是通过单击相应的表单提交按钮实现提交。

　　5．选择（select）

　　用于与<select></select>元素交互，选择方法的行为可能会有所不同，具体取决于正在使用的<select></select>元素的类型（单选、多选类型）。

↓　任务实施

　　下面通过在百度搜索页面中输入查找关键字进行查找及翻页模拟来学习 Selenium 中的

Web 元素交互的相关知识。

（1）第 1～8 行代码导入相关的模块。第 10 行代码通过传入 chromedriver.exe 的文件路径构建一个 Selenium 的 Service 对象。第 11～13 行代码利用新创建的 Service 对象实例化一个浏览器对象，然后请求百度搜索的主页，并设置要搜索的关键词。第 15～17 行代码先通过 find_element()方法获取搜索输入框对象，用 clear()方法清空之前可能存在的内容，再通过 send_keys()方法分别填入新的搜索内容和回车键（Keys.RETURN），以便发送搜索请求。第 18～30 行代码对搜索结果爬取前 10 页，并对每一页生成一张截屏图片。在查询时，为了避免页面还没加载完就开始下一步工作，从而造成页面信息获取不完整，在第 20～22 行代码中通过 WebDriverWait 类的 until()方法显示等待，直至页面中的指定元素满足特定状态为止（本示例中已经为<em></em>元素填充了文本）。示例代码如图 5-8 所示。

```
selenium_click.py
1    from selenium import webdriver
2    import time
3
4    from selenium.webdriver.chrome.service import Service
5    from selenium.webdriver.common.keys import Keys
6    from selenium.webdriver.common.by import By
7    from selenium.webdriver.support.ui import WebDriverWait
8    from selenium.webdriver.support import expected_conditions as EC
9
10   s = Service(r"D:\chromedriver106\chromedriver.exe")
11   driver = webdriver.Chrome(service=s)
12   driver.get('https://www.baidu.com')
13   in_keys = "爬虫"
14
15   driver.find_element(By.ID, "kw").clear()               # 清空搜索框中的内容
16   driver.find_element(By.ID, "kw").send_keys(in_keys)    # 填入新的搜索内容
17   driver.find_element(By.ID, "kw").send_keys(Keys.RETURN) # 输入回车键，发送搜索请求
18   try:
19       for i in range(10):
20           element = WebDriverWait(driver, 10).until( # 等待搜索结果呈现完成
21               EC.text_to_be_present_in_element((By.TAG_NAME, "em"), in_keys)
22           )
23           driver.save_screenshot(f"./screenshot/search_{in_keys}_{i+1}.png")
24           next_tag = driver.find_element(By.XPATH, "//a[@class='n'][last()]")
25           next_tag.click() # 切换到下一页
26           time.sleep(2)
27   except Exception as e:
28       print(e)
29   finally:
30       driver.quit()
```

图 5-8　Selenium 元素交互示例代码

（2）运行代码，将会在本地磁盘保存 10 张页面截图，图 5-9 所示为其中的一张截图。

图 5-9　动态网页爬取示例代码运行结果截图

任务拓展

请修改图 5-8 中的代码，解析前 10 页的查询结果，提取并保存查询结果。

任务 5.4　基于 Selenium 的模拟登录

扫一扫，看微课

任务介绍

在爬虫任务中，会遇到某些网站的大量信息，必须登录后才能获取。因此，能否在爬虫任务中实现自动登录功能，将关系到爬虫任务的成功与否。本任务中将了解网页登录的一般流程，然后以模拟登录 12306 网站为例来学习 Selenium 模拟登录的方法。

知识准备

网页登录是很多网站的要求，只有成功登录网站，才能访问该网站中的资源。通常的网页登录流程为：输入用户名、密码→发送登录请求（单击"登录"按钮或输入密码后按 Enter 键）→验证（防止机器人模拟登录）→验证成功→账号、密码检验→登录成功（或密码、账号有误，登录失败），如图 5-10 所示。

图 5-10　12306 网站用户登录流程界面截图

任务实施

下面以 12306 网站的模拟登录为例来练习 Selenium 相关方法的使用。具体步骤如下。

1. 页面分析

首先分析 12306 登录页面的页面结构，明确要通过 Selenium 操作的元素在页面中的结构及属性，以便规划 find_element() 查找元素时的方法。图 5-11 所示为查看验证页面中的滑块验证面板中相关元素的定位，类似地，定位好账号输入面板中的用户名输入框、密码输入框、登录按钮的位置，明确各组件可能用到的属性值。

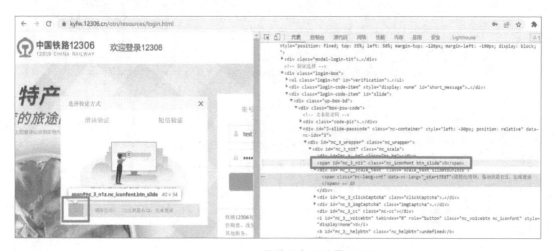

图 5-11　12306 网站用户登录界面分析

2. 代码实现

明确了页面的结构及登录流程后，便可以开始进行代码编写了。

（1）第 1～8 行代码导入了本示例中用到的 Python 类库；第 12～55 行代码为实现模拟登录的方法 login_12306()，方法中定义了两个参数，分别用于接收传给函数的用户名和密码。示例代码如图 5-12 和图 5-13 所示。

```
🐍 selenium_12306.py ×
1    import time
2    from selenium import webdriver
3    from selenium.webdriver import ActionChains
4    from selenium.webdriver.chrome.service import Service
5    from selenium.webdriver.common.keys import Keys
6    from selenium.webdriver.common.by import By
7    from selenium.webdriver.support.ui import WebDriverWait
8    from selenium.webdriver.support import expected_conditions as EC
9
10
11   # 12306模拟登录
12   def login_12306(u_name, u_pass):
13       # 构建Service对象, 指定driver的路径
14       s = Service(r"D:\chromedriver106\chromedriver.exe")
15       options = webdriver.ChromeOptions()  # 配置浏览器参数
16       options.add_experimental_option('excludeSwitches', ['enable-automation'])
17       driver = webdriver.Chrome(service=s, options=options)
18       driver.get('https://kyfw.12306.cn/otn/resources/login.html')  # 打开12306登录页
19       # 通过脚本设置webdriver参数为undefined, 以避免浏览器检测到selenium
20       script = 'Object.defineProperty(navigator, "webdriver", {get:()=>undefined,});'
21       driver.execute_script(script)  # 执行脚本
22       driver.maximize_window()  # 最大化浏览器窗口
23       driver.find_element(By.ID, "J-userName").clear()  # 获取用户名输入框
24       driver.find_element(By.ID, "J-userName").send_keys(u_name)  # 填入用户名
25       time.sleep(2)
26       driver.find_element(By.ID, "J-password").clear()  # 获取密码输入框
27       driver.find_element(By.ID, "J-password").send_keys(u_pass)  # 填入密码
28       driver.save_screenshot(f"./screenshot/12306_{u_name}_input.png")  # 截图
29       time.sleep(2)
30       driver.find_element(By.ID, "J-login").send_keys(Keys.RETURN)  # 模拟点击登录按钮
31
```

图 5-12   12306 网站模拟登录示例代码（1）

```
🐍 selenium_12306.py ×
32       try:
33           # 等待验证窗口框弹出
34           element = WebDriverWait(driver, 10).until(
35               EC.element_to_be_clickable((By.XPATH, "//div[@class='login-box']//li[@type='1']"))
36           )
37           # 点击切换到"滑块验证"界面
38           driver.find_element(By.XPATH, "//div[@class='login-box']//li[@type='1']").click()
39           time.sleep(1)
40           driver.save_screenshot(f"./screenshot/12306_{u_name}_verify.png")
41           nc_span = driver.find_element(By.CLASS_NAME, "btn_slide")  # 获取滑块对象
42           nc_div = driver.find_element(By.CLASS_NAME, "nc_scale")  # 获取滑动条对象
43           end = nc_div.size.get('width') - nc_span.size.get('width')  # 计算滑动的距离
44           action = ActionChains(driver)  # 实例化ActionChains
45           action.click_and_hold(nc_span)  # 点击滑块并保持
46           for i in range(1, end + 1):
47               action.move_by_offset(i, 0)  # 拖动滑块
48           action.perform()
49           time.sleep(2)
50       except Exception as e:
51           print(e)
52       finally:
53           driver.save_screenshot(f"./screenshot/12306_{u_name}_after_verify.png")
54           time.sleep(2)
55           driver.quit()
56
57
58   if __name__ == "__main__":
59       u_name = u_pass = "test123456"
60       login_12306(u_name, u_pass)
```

图 5-13   12306 网站模拟登录示例代码（2）

（2）运行脚本，在第 23～26 行代码处分别实现输入用户名和密码操作，第 27 行代码将当前的操作截图保存，如图 5-14 所示；第 34～38 行代码实现将验证方式切换到滑块验证模式，如图 5-15 所示；第 41～48 行代码实现模拟滑块拖动，完成验证，如图 5-16 所示。

（3）需要说明的是，Selenium 运行时，默认情况下浏览器能通过 WebDriver 属性检测到 Selenium 的存在，此时 12306 网站的反爬机制会检测到模拟滑块拖动的操作，因此会返回一个错误提示信息，如图 5-17 所示。此时，需要通过第 16 行及第 20 行和第 21 行代码配置浏览器的相关参数，以隐藏 Selenium 的信息，避免被反爬机制检测到。

图 5-14　12306 网站模拟登录示例运行结果（1）——输入用户名和密码

图 5-15　12306 网站模拟登录示例运行结果（2）——切换到滑块验证面板

图 5-16　12306 网站模拟登录示例运行结果（3）——登录失败

哎呀，出错了，点击刷新再来一次(error:buS31)

图 5-17　12306 网站模拟登录示例验证失败

↓ 任务拓展

请参考前面内容中滑块验证的代码实现原理，自行拓展实现拼图类验证模块的处理。

任务 5.5　验证码的识别处理

扫一扫，看微课

↓ 任务介绍

在任务 5.4 中，可以看到 12306 网站在用户登录时采用了滑块验证的方式来检测是否是机器人自动登录。在不同的网站，类似的验证方式很常见，验证模块的存在会增加爬虫程序获取数据的难度。本任务将简单介绍各种验证码的特点和当前的一些验证码自动识别方法，然后通过一个示例来练习图形验证的识别方法。

↓ 知识准备

5.5.1　验证码基础

验证码是将一串随机产生的数字或符号生成一幅图片，图片里加上一些干扰像素，由用户肉眼识别其中的验证码信息，输入表单提交网站验证，验证成功后才能使用某项功能的检测操作。很多网站会采取各种各样的措施来反爬虫，验证码就是其中一种，例如，当检测到访问频率过高时会弹出验证码让访问者输入，以便确认访问网站的不是机器人。另外，验证码作为一种区分用户是计算机还是人的全自动程序，能够有效阻止自动脚本反复提交垃圾数据，比如刷票、论坛灌水、恶意破解密码等，因此验证码是很多网站通行的方式。

随着爬虫技术的发展，验证码的花样也越来越多，从最开始简单的几个数字或字母构成的图形验证码，发展到需要单击倒立文字、字母、与文字相符合的图片的点触型验证码，再到需要滑动到合适位置的校验滑动验证码，以及计算题验证码等。

1.　图片验证码

图片验证码是指将一串随机产生的数字或符号生成一幅图片，图片里加上一些干扰像素（如画数条直线或数个圆点），由用户肉眼识别其中的验证码信息，输入表单提交网站验证，验证成功后才能使用网站的某项功能。当前的图片验证码不断升级，辨识度降低，出现了扭曲文字、杂点背景等干扰对图片中文字的识别。其中，应对扭曲文字干扰的方法是对文字纹路矢量化，然后计算它们的基线还原文字扭曲；应对杂点背景的主要方法是通过颜色过滤杂点，这些方法都包含在 OCR（Optical Character Recognition，光学字符识别）技术中。

2.　手机短信验证码

手机短信验证码是指通过发送验证码到手机上进行用户验证。大型网站尤其是购物网站都提供了手机短信验证码的功能，可以保证购物的安全性以及验证用户的正确性。

3.　语音验证码

语音验证码常作为图片验证码的补充，提供给有视觉障碍的人士使用。此类验证码的识别方法与图片验证码类似，语音识别技术就是对付它的法宝。当然，不少语音验证码使用了背景噪音等干扰，如何应对这种干扰又是另外一个课题了。

4.　智力测试答题验证码

智力测试答题验证码采用另一种设计思路，通过服务器随机抽取一个简单的常识性智力测试题给最终用户，让用户进行作答。例如，12306 网站中出现的选择几个类似物品图片、简单的文字、数字混合的四则运算等。

5.5.2　Pytesseract 简介

Pytesseract 是一款用于 OCR 的 Python 工具，即从图片中"识别"和"读取"其中嵌入的文字。Pytesseract 是对 Tesseract-OCR 的一层封装，同时也可以单独作为对 Tesseract 引擎的调用脚本，支持使用 PIL 库（Python Imaging Library）读取各种类型图片文件，包括 jpeg、png、gif、bmp、tiff 等格式。作为脚本使用时，Pytesseract 将打印识别出的文字，而不是将其写入文件。

在 Pytesseract 库中，提供了以下函数将图像转换成字符串，语法格式如下：

1. image_to_string(image, lang=None, boxes=False, config=None)

上述函数用于在指定的图像上运行 Tesseract，首先将图像写入磁盘，然后在图像上运行 Tesseract 命令进行识别读取，最后删除临时文件。其中，image 表示图像；lang 表示语言，默认使用英文；如果 boxes 设为 True，那么"batch.nochop makebox"会被添加到 tesseract 调用中；如果设置了 config，那么配置会添加到命令中，例如，config ="- psm 6"。

安装 Pytesseract 要满足以下条件：

- Python 的版本必须是 Python 2.5+或 Python 3.x。
- 安装 Python 的图像处理库 PIL（或 Pillow）。
- 安装 Google 的 OCR 识别引擎 Tesseract-OCR，下载地址如图 5-18 所示。

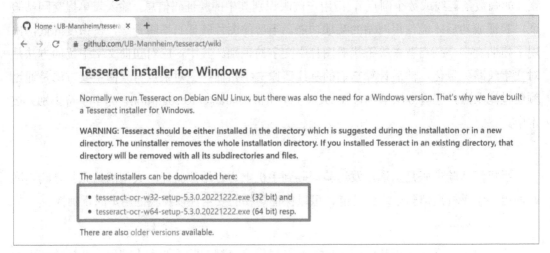

图 5-18　Tesseract-OCR 下载地址

5.5.3　PIL 简介

图像处理是一门应用非常广的技术，拥有丰富第三方扩展库的 Python 语言当然不会错过这个功能。其中，PIL 是 Python 最常用的图像处理库，它不仅提供了广泛的文件格式支持，而且具有强大的图片处理功能。

PIL 库中一个非常重要的类是 Image 类，该类定义在与它同名的模块中。创建 Image 类对象的方法有很多种，包括从文件中读取得到，或者对其他图像经过处理得到，或者创建全新的。下面对 PIL 库的一些常用函数和方法进行简单介绍。

（1）new()函数。

1. Image.new(mode, size, color=0)

new()函数用于创建一个新图像。其中，mode 表示模式，size 表示大小。当创建单通道图像时，color 是单个值；当创建多通道图像时，color 是一个元组；若省略 color 参数，图像被填充为全黑；若 color 参数的值为 None，则图像不被初始化。

（2）open()函数。

```
1.  open(fp, mode="r")
```

open()函数可以打开并识别给定的图像文件。其中，fp 表示字符串形式的文件名称，mode 参数只能设置为"r"，也可以省略。如果载入文件失败，则会抛出一个 IOError 异常，否则返回一个 Image 类对象。

实际上，上述函数会被延迟操作，实际的图像数据并不会马上从文件中读取，而是等到需要处理这些数据时才被读取，此时可以调用 load()函数进行强制加载。创建图像对象后，可以通过 Image 类提供的方法处理这些图像。

（3）save()方法。

```
1.  save(self, fp, format=None, **params)
```

save()方法将以特定的图片格式保存图片。大多数情况下，可以省略图片的格式，此时该方法会根据文件的扩展名来选择相应的图片格式。

（4）point()方法。

```
1.  point(self, lut, mode=None)
```

point()方法可以对图像的像素值进行变换，在大多数场合中，可以使用函数（带一个参数）作为参数传递给 point()方法，图像的每个像素都会使用这个函数进行变换。

↓ **任务实施**

了解了验证码及 Python 中与 OCR 相关的库后，下面通过图 5-19 中的 20 张验证码图片来练习基于 Pytesseract 及其他开源的 OCR 库进行验证码识别的操作方法。

图 5-19　用于验证码识别的图片

图 5-19 中的验证码图片可以分为两组，前 10 张图片的背景简单，没有点、线等干扰像素，后 10 张图片相对复杂，干扰像素很多，还有一条横向的曲线贯穿，增大了文字识别的难度。

（1）分别编写代码，采用 Pytesseract 库和另一个开源的 ddddocr 库进行识别处理，如图 5-20 所示。

```
verify_code_extr.py
1    import pytesseract
2    from PIL import Image
3    import ddddocr
4
5    corrects_1 = ['79NK', 'W549', '720p', 'BHZN', 'TTXd', '9527', '8YH9', 'KLDS', 'SQYT', '8140']
6    corrects_2 = ['PRB1', 'V9ZB', 'RUZL', 'JOE7', 'SVSZ', 'COUS', 'TU5K', '3HGU', 'I9UA', 'WQFA']
7    pytes_results = []
8    ddocr_results = []
9    ocr = ddddocr.DdddOcr(show_ad=False)
10
11   for i in range(1, 21):
12       img_name = 'code_images/' + str(i) + '.jpg'   # 验证码图片名称
13       image = Image.open(img_name)   # 加载图片
14       pytes_results.append(pytesseract.image_to_string(image).strip())   # pytesseract从图片中识别验证码
15       ddocr_results.append(ocr.classification(image))   # ddddocr从图片中识别验证码
16
17   # 输出识别结果
18   print(f'第1~10张图片的正确结果是: {corrects_1}')
19   print(f'pytesseract的识别结果是: {pytes_results[:10]}')
20   print(f'    ddddocr的识别结果是: {ddocr_results[:10]}\n')
21
22   print(f'第11~20张图片的正确结果是: {corrects_2}')
23   print(f' pytesseract的识别结果是: {pytes_results[10:]}')
24   print(f'     ddddocr的识别结果是: {ddocr_results[10:]}')
```

图 5-20　验证码识别代码

第 1~3 行代码导入了程序所需的 3 个模块，第 5 行和第 6 行代码记录了 20 张图片的正确验证码文字，第 7 行和第 8 行代码分别定义了两个列表用于存放两个不同库对每张图片的识别结果，4 个列表中的验证码文字都是按图片序号排列的。第 11~15 行代码通过循环对每张图片进行识别：第 12 行和第 13 行代码利用 PIL 库提供的 Image 类的 open()方法加载图片；第 14 行代码调用 Pytesseract 的 image_to_string()方法提取验证码，并将识别结果添加到 pytes_results 列表中；第 15 行代码调用 ddddocr 库中 Ddddocr 类的 classification()方法提取验证码，并将识别结果添加到 ddocr_results 列表中。第 18~24 行代码分别输入前 10 张图片和后 10 张图片的正确验证码文字和两个库的识别结果。

（2）运行代码，识别结果如图 5-21 所示。

```
Run:   verify_code_extr (1)
  D:\Python310\python.exe "D:\myproj\项目5 动态内容采集实战\verify_code_extr.py"
  第1~10张图片的正确结果是: ['79NK', 'W549', '720p', 'BHZN', 'TTXd', '9527', '8YH9', 'KLDS', 'SQYT', '8140']
  pytesseract的识别结果是: ['70NK', 'W549', '720p', 'BHZN', 'TTXd', '9527', '8YH9', 'KLDS', 'SQY¥m', '8140']
      ddddocr的识别结果是: ['79nk', 'W549', '720p', 'bhzn', 'ttxd', '9527', '8yh9', 'KLds', 'sqyt', '8140']

  第11~20张图片的正确结果是: ['PRB1', 'V9ZB', 'RUZL', 'JOE7', 'SVSZ', 'COUS', 'TU5K', '3HGU', 'I9UA', 'WQFA']
  pytesseract的识别结果是: ['', '', '', '', '', '', '', '', '', '']
      ddddocr的识别结果是: ['prb', 'v9zb', 'rUz', 'toem', 'svsz', 'c0u8', 'Tu5k', '3hgu', 'r9ua', 'qfa']
```

图 5-21　验证码识别结果

从图 5-21 可见，采用默认设置的 Pytesseract 库对于背景简单，无点、线噪声的验证码识别率较高，正确率为 80%，但是对后 10 张稍复杂的验证码则无一能识别出来。而 ddddocr

库的识别率相对好一些，对于后 10 张稍复杂的验证码识别率为 50%。由此可见这两个库如果要应用于爬虫的自动识别验证码时还需要进一步有针对性地构建专门模型，这里不做深入讨论，感兴趣的读者可以自行拓展。

任务拓展

请讨论提高验证码识别率的可能途径或方法有哪些？

任务 5.6　基于 Selenium 的招聘职位获取

扫一扫，看微课

任务介绍

本任务结合前面相关章节的知识，基于 Selenium 和 Beautiful Soup 实现对腾讯社会招聘职位的爬取与解析：首先基于 Selenium 进行动态网页的爬取，然后利用 Beautiful Soup 对响应内容进行数据解析，最后将解析出来的职位信息保存到文件中。

知识准备

在利用 Selenium 进行动态网页爬取时，由于网站反爬虫技术的发展，可能会将 Selenium 等自动化工具识别出来，进行相应的反爬虫处理。因此在使用 Selenium 时，需要通过相关的配置识别，尽可能进行隐藏，或伪装成正常的用户访问行为。

1. 隐藏 WebDriver 属性

当采用默认配置创建浏览器对象时，浏览器通过 WebDriver 属性能识别出当前的页面请求是由自动化工具发起的，对于 Chrome 浏览器，在页面顶部会弹出一个提示信息，如图 5-22 所示。

图 5-22　浏览器识别出 Selenium 的请求

这种情况下，可以通过 ChromeOptions 配置启动参数解决，语法格式如下：

```
1.  serv = Service(r"D:\chromedriver106\chromedriver.exe")
2.  option = webdriver.ChromeOptions()
3.  # 隐藏window.navigator.webdriver
```

```
4.  option.add_argument("--disable-blink-features=AutomationControlled")
5.  webdriver.Chrome(service=serv, options=option)
```

2. 页面元素不能单击

通常在爬取下一页时,会先查看页面有没有类似于"下一页"的按钮,如果有,则应用 Selenium 的 find_element()方法找到该元素,然后使用 click()方法模拟单击按钮事件,实现页面的跳转。但是,有些网站会将可单击元素的单击事件禁用,这样上述方法就不起作用了。此时可以从网页中抽取 JavaScript 代码或者自定义一段 JavaScript 脚本,然后利用 Selenium 的 execute_script()方法执行定义的脚本,绕过原网站的限制。或者通过观察页面 URL 链接地址的规律,手动构造新 URL 地址后通过浏览器对象请求新地址。

任务实施

接下来基于 Selenium 和 Beautiful Soup 实现对腾讯社会招聘职位的爬取与解析,具体步骤如下。

1. 接口分析

(1)打开浏览器,在地址栏中输入"社会招聘|腾讯招聘"页面的网址,按 Enter 键确认,进入腾讯社会招聘页面,如图 5-23 所示。

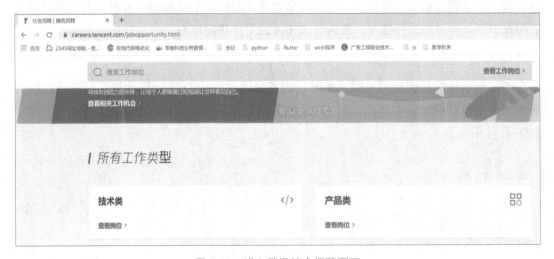

图 5-23 进入腾讯社会招聘页面

(2)单击"技术类"板块,进入技术类岗位页面,如图 5-24 所示。可以发现浏览器地址栏中的地址为:https://careers.tencent.com/search.html?pcid=40001。

(3)在页面上单击鼠标右键,在弹出的快捷菜单中选择"检查"选项,打开 DevTools 页面,查看"下一页"元素及页面链接地址,如图 5-25 所示。

图 5-24　进入腾讯社会招聘技术类岗位页面

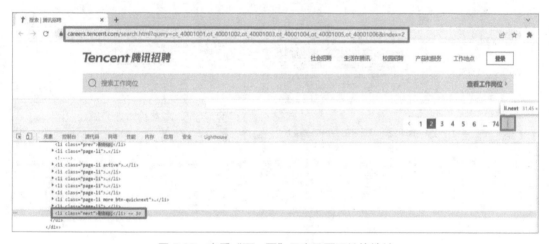

图 5-25　查看"下一页"元素及页面链接地址

（4）可以通过 Selenium 模拟单击"下一页"实现翻页。但后续实验时会发现，这个元素被设置为不可单击状态，因此编写代码时我们换了另一种思路，通过观察"下一页"的 URL 地址特征，直接构造新的 URL 地址后发送连接请求。

提示：

此处的示例是为了练习 Selenium 的运用。对于腾讯社会招聘的数据，查看图 5-26 中的响应会发现，服务端返回的是 JSON 数据及请求 URL 地址、状态码以及请求类型，因此基于图 5-26 的请求链接直接爬取 JSON 数据会更便捷。

2．页面分析

由于此处没有直接使用服务器返回的 JSON 数据，因此需要从 Selenium 请求获取的页面响应中解析信息。Selenium 请求获取的页面响应保存在浏览器对象的 page_source 中，只需将此数据传递给 Beautiful Soup，即可便捷地解析出相关数据。需要解析的数据在页面 DOM 树中的结构如图 5-27 所示。

图 5-26　查看直接返回的 JSON 响应数据

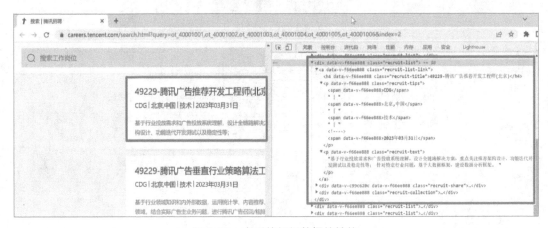

图 5-27　查看待解析数据的结构

3. 代码实现

明确了接口信息和页面结构，接下来编写代码，实现数据提取的目标。具体代码如图 5-28～图 5-30 所示。

（1）首先导入本示例中所需的相关模块，然后在第 11～19 行代码中定义了一个实例化浏览器对象的方法，通过规避检测的相关 options 配置后，将实例化的浏览器对象返回给调用者，如图 5-28 所示。

（2）第 23～35 行代码定义了一个解析信息的方法 pasre_infos()，在该方法中接收浏览器对象获取的页面响应后提取出职位信息并将其封装到一个列表中返回，如图 5-29 所示。

（3）第 39～62 行代码定义了一个加载指定页面的方法 load_page()，该方法根据传递的初始 URL 地址及要爬取的页面总数实现循环爬取，最后将爬取结果保存到一个文件中，如图 5-30 所示。

（4）运行代码，输出结果如图 5-31 所示。

```python
import time
from bs4 import BeautifulSoup
from selenium import webdriver
from selenium.webdriver.chrome.service import Service
from selenium.webdriver.common.by import By
from selenium.webdriver.support.ui import WebDriverWait
from selenium.webdriver.support import expected_conditions as EC


# 实例化浏览器对象
def init_driver():
    serv = Service(r"D:\chromedriver106\chromedriver.exe")
    # 实现规避检测
    option = webdriver.ChromeOptions()
    option.add_experimental_option('excludeSwitches', ['enable-automation'])
    # 隐藏window.navigator.webdriver
    option.add_argument("--disable-blink-features=AutomationControlled")
    # 实例化并返回一个浏览器对象
    return webdriver.Chrome(service=serv, options=option)
```

图 5-28　腾讯社会招聘职位爬取实现代码（1）

```python
# 页面数据解析函数
def parse_infos(doc):
    items = []
    soup = BeautifulSoup(doc, 'lxml')  # 构建BeautifulSoup对象
    div_list = soup.select("div.recruit-list")  # 通过select方法，用CSS选择器查找div元素
    for div in div_list:
        item = {
            '职位名称': div.find("h4", {"class": "recruit-title"}).string,
            '职位要求': div.find("p", {"class": "recruit-text"}).string,
            '关键词': "".join(div.find("p", {"class": "recruit-tips"}).text.split()),
        }
        items.append(item)
    print(len(items), items)
    return items
```

图 5-29　腾讯社会招聘职位爬取实现代码（2）

```python
# 加载指定页面
def load_page(url, nums):
    recruit_list = []          # 存储获取到的职位信息的列表
    driver = init_driver()
    driver.get(url)
    for i in range(1, nums+1):  # 爬取指定数量的页面
        WebDriverWait(driver, 10).until(  # 等待搜索结果呈现完成
            EC.element_to_be_clickable((By.CLASS_NAME, "next"))
        )
        recruits = parse_infos(driver.page_source)  # 解析页面
        recruit_list.extend(recruits)       # 添加到职位列表中
        time.sleep(3)
        # 构建下一页链接
        next_url = ("https://careers.tencent.com/search.html?query=ot_40001001,"
                    f"ot_40001002,ot_40001003,ot_40001004,ot_40001005,ot_40001006&index={i+1}")
        driver.get(next_url)  # 打开下一个页面
    # 爬取完全部页面后，将数据保存到一个文本文件中
    with open('tencent_2023.txt', "wb") as f:
        f.write(str(recruit_list).encode())


if __name__ == '__main__':
    start_url = 'https://careers.tencent.com/search.html?pcid=40001'  # 指定初始页面地址
    pages = 10  # 设定要爬取的总页数
    load_page(start_url, pages)
```

图 5-30　腾讯社会招聘职位爬取实现代码（3）

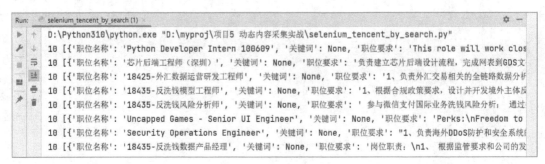

图 5-31　腾讯社会招聘职位爬取运行结果

任务拓展

请尝试利用 Selenium 实现对全国历史天气预报数据的爬取（注意链接的去重，以避免对同一页面的重复爬取）。

项目6

爬虫数据存储实战

【学习目标】

【知识目标】

- 了解 MongoDB 数据库的技术原理；
- 了解 Redis 数据库的技术原理；
- 掌握 MongoDB 数据库的常用命令；
- 掌握 Redis 数据库的常用命令；
- 掌握 pymongo 模块的使用；
- 掌握 redis 库的使用。

【技能目标】

- 能熟练运用 MongoDB 数据库相关命令进行数据的增删改查等操作；
- 能熟练运用 Redis 数据库相关命令进行数据的增删改查等操作；
- 能熟练运用 pymongo 模块操作 MongoDB 数据库；
- 能熟练运用 redis 库操作 Redis 数据库。

任务 6.1 MongoDB 基础

任务介绍

扫一扫，看微课

爬虫在爬取到数据之后可以将数据保存下来供其他工作人员使用。如果数据量不大，可以保存到文件中，但如果数据量很大，保存到文件中就非常困难，不仅向文件中写入数据非常慢，而且存储数据后的文件也非常大。

为了解决以上问题，可以将爬取到的数据存入数据库中。因为当前 JSON 数据格式的流行，大家一般都会选择 JSON 作为数据的传输格式。MongoDB 数据库存储方式非常适合 JSON 数据存储，因此获得了爬虫程序员的青睐。本任务介绍 MongoDB 数据库的安装与调试。

知识准备

MongoDB 是为快速开发互联网 Web 应用而设计的数据库系统，它是一个文档型数据库，由 C++编写，功能丰富，支持复杂的数据类型，支持数据建立索引，性能高，容易使用，方便部署。其主要特点如下。

- 面向集合存储，方便存储对象类型的数据。
- 支持语言丰富，如 Python、Java、C++等语言。
- 支持完全索引。
- 文件存储格式为 JSON。

MongoDB 由数据库、集合、文档对象组成。传统的关系型数据库，以 MySQL 为例，一般由数据库、表、记录 3 个层次组成，MongoDB 与 MySQL 的区别如表 6-1 所示。

表 6-1　MongoDB 与 MySQL 的区别

MySQL	MongoDB	描述
database	database	数据库
table	collection	数据库表 / 集合
row	document	数据库行 / 文档
column	field	数据字段列 / 域
index	index	索引

任务实施

6.1.1　MongoDB 的安装

下面以 Windows 系统为例，演示如何在本地计算机上下载、安装 MongoDB 数据库。具体步骤如下。

（1）进入 MongoDB 官网，下载免费版的 MongoDB 安装文件，如图 6-1 所示。

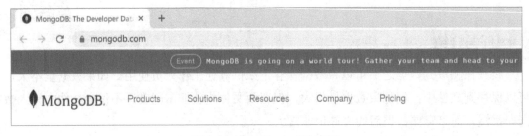

图 6-1　进入 MongoDB 官网

（2）进入 MongoDB 官网后，依次单击导航栏中的"Products"链接和"Community Server"链接，如图 6-2 所示；然后单击右侧窗口中的"msi"链接，在展开的列表中选择"zip"选项，如图 6-3 所示；单击"Download"按钮，下载 MongoDB 数据库。

图 6-2 单击"Community Server"链接

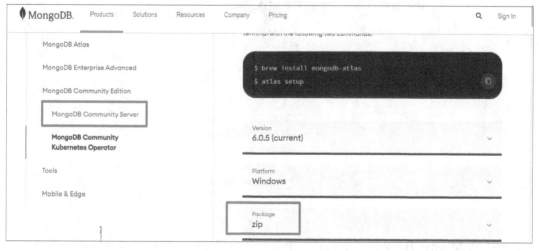

图 6-3 选择"zip"选项

（3）如果下载安装的是 MongoDB 6 版本，则需要另外安装 MongoDB Shell 来打开客户端，如图 6-4 所示。MongoDB 5 版本则不需要，本书使用的是 MongoDB 5 版本。

（4）下载完成后，可以在下载文件夹中查看压缩文件，如图 6-5 所示，具体版本号取决于下载时的选择。

（5）将压缩文件解压缩到合适的文件夹中（如 D:\MongoDB5）。为了方便后面代码录入，将子文件夹 mongodb-win32-x86_64-windows-5.0.5 中的所有内容移到 MongoDB5 目录下，并将子文件夹 mongodb-win32-x86_64-windows-5.0.5 删除，如图 6-6 所示。

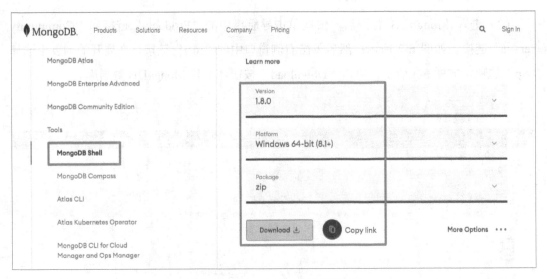

图 6-4　MongoDB Shell 下载界面

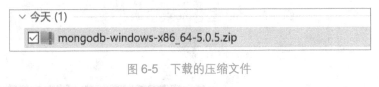

图 6-5　下载的压缩文件

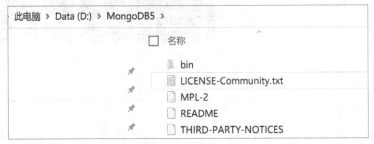

图 6-6　解压缩文件后的目录结构

（6）在 MongoDB5 文件夹下创建一个新的文件夹 data，然后在 data 文件夹下再创建两个新的文件夹 db（用于保存数据库文件）和 logs（用于保存日志文件信息），如图 6-7 所示。

图 6-7　创建文件夹 db 和 logs

（7）进入 MongoDB5 下面的 bin 子目录，如图 6-8 所示。

图 6-8　MongoDB5 下面的 bin 子目录

（8）在地址栏中输入 cmd 命令，按 Enter 键确认，将打开一个命令行窗口，输入 MongoDB 服务的启动命令（mongod --dbpath D:\MongoDB5\data\db --logpath D:\MongoDB5\data\logs\mongodb.log --logappend），按 Enter 键确认，启动服务，如图 6-9 所示。

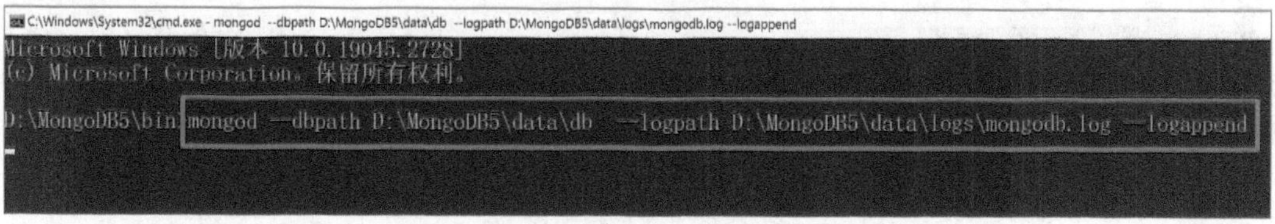

图 6-9　启动 MongoDB 服务

> **提示：**
>
> 服务正常启动后，命令行窗口没有内容输出，只能看到光标在不停地闪烁。此时，请确保在没有关闭该命令行窗口的前提下进行后面步骤的操作！

（9）重新进入 MongoDB5 下面的 bin 目录，在地址栏中输入 cmd 命令，按 Enter 键确认，打开另一个命令行窗口。在新打开的命令行窗口中输入 mongo 命令，按 Enter 键确认，启动 MongoDB 客户端，如图 6-10 所示。

图 6-10　启动 MongoDB 客户端

（10）在 MongoDB 客户端命令行窗口中输入 show dbs 命令，按 Enter 键确认，命令行窗口中将显示如下输出，如图 6-11 所示。此时说明 MongoDB 已经配置完成并能正常启动，可以进入下一步学习了。

```
> show dbs
admin    0.000GB
config   0.000GB
local    0.000GB
>
```

图 6-11　查看命令行窗口中的输出

6.1.2　MongoDB 的基本操作

MongoDB 安装成功后，为了能正常使用 MongoDB 数据库，需要对相关的命令有一定了解。下面练习 MongoDB 的基本操作命令的使用。

1．数据库操作

（1）新建数据库。使用 use 命令创建一个名为 db_001 的数据库，命令及结果如图 6-12 所示。

```
C:\Windows\System32\cmd.exe - mongo                          —   □   ×
> use db_001
switched to db db_001
>
```

图 6-12　创建数据库

（2）数据库创建完成后，可以通过 db.createCollection("集合名称")命令创建 MongoDB 的集合（注意 MongoDB 的数据库会等到真正写入内容时才创建出来）。如在数据库中创建一个名为 tb_student 的集合，命令及结果如图 6-13 所示。

```
C:\Windows\System32\cmd.exe - mongo                          —   □   ×
> use db_001
switched to db db_001
> db.createCollection("tb_student")
{ "ok" : 1 }
```

图 6-13　创建集合

（3）查看数据库。使用 show dbs 命令查看所有数据库，或用 db 命令查看当前数据库，命令及结果如图 6-14 所示。

```
C:\Windows\System32\cmd.exe - mongo                          —   □   ×
> show dbs
admin    0.000GB
config   0.000GB
db_001   0.000GB
local    0.000GB
> db
db_001
```

图 6-14　查看当前数据库

（4）删除数据库。通过 db.dropDatabase()命令删除当前数据库，命令及结果如图 6-15 所示。

图 6-15　删除当前数据库

更多关于 MongoDB 数据库的操作方法可以查阅相关的官方文档。

2．集合操作

因为前面的操作中已经把 db_001 数据库删除了，因此，在进行本部分的集合操作前，需要再次使用 use 命令重新创建数据库 db_001。

（1）显式创建集合。通过 db.createCollection('集合名称', {"选项"})命令，可显式创建一个集合。图 6-13 所示的命令即显式创建一个名为 tb_student 的集合。

（2）隐式创建集合。可以通过向集合中添加文档的方式隐式创建集合。如隐式创建一个名为 tb_course 的集合，并使用 show tables（或 show collections）命令查看已创建的集合，命令及结果如图 6-16 所示。

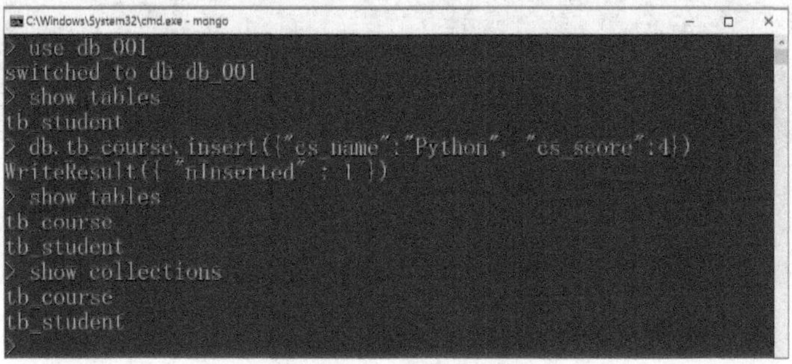

图 6-16　隐式创建集合

（3）删除集合。使用 db.集合名.drop()方法可以删除集合，命令及结果如图 6-17 所示。

图 6-17　删除集合

3. 文档操作

MongoDB 中的数据以文档形式存储在集合中，文档中数据字段以键-值对的方式存储，类似 Python 中的字典数据结构。下面分别通过示例练习文档的 CRUD（增查改删）操作。

（1）添加文档。可以通过 insertOne()、insertMany()、insert()、save()等方法向集合中添加文档，其中 insertOne()用于向集合中添加一个文档，insertMany()可以一次性向集合中添加多条文档。insert()、save()方法也可以实现 insertOne()的功能，区别是 insert()方法添加文档时，如果集合中已存在该文档，则会抛出 duplicate key error 的异常。而 save()方法中，如果文档不存在则添加，如果集合中已有该文档，则更新对应的文档。当向集合中添加文档时，如果没有指定"_id"字段，MongoDB 会自动添加一个"_id"的主键字段。操作示例如图 6-18 所示。

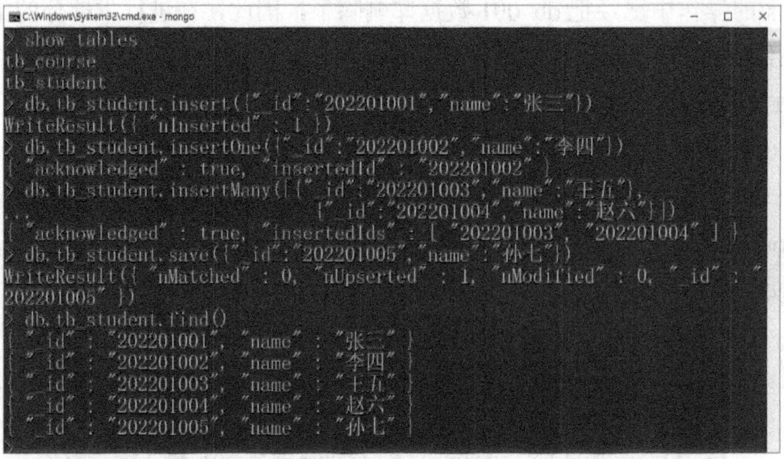

图 6-18　添加文档操作

（2）更新文档。可以通过 updateOne()、updateMany()、update()、replaceOne()等方法更新集合中的文档，其中 updateOne()、replaceOne()用于更新集合中的指定文档，updateMany()可以一次更新集合中的多条文档。操作示例如图 6-19 所示。

（3）查询文档。查询文档通过 find()方法实现，find()方法的语法格式如下：

```
db.collection.find(query, projection, options)
```

上述语法中 query 参数设置查询过滤条件；projection 为可选参数，用于指定查询返回的字段；options 为可选参数，用于指定相关的查询选项，如查询的最大等待时间、限定返回的文档数量等。操作示例如图 6-20 所示。

（4）删除文档。可以通过 deleteOne()、deleteMany()、remove()等方法实现删除文档的操作。操作示例如图 6-21 所示。

174

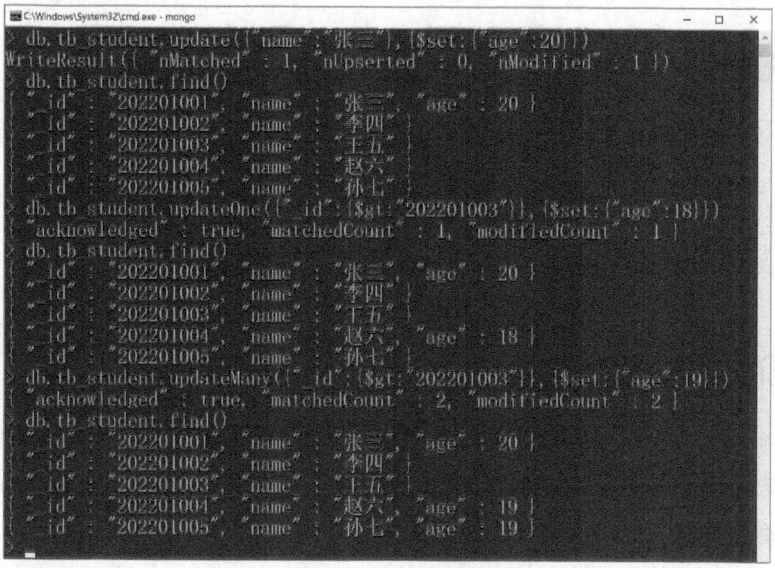

图 6-19　更新文档操作

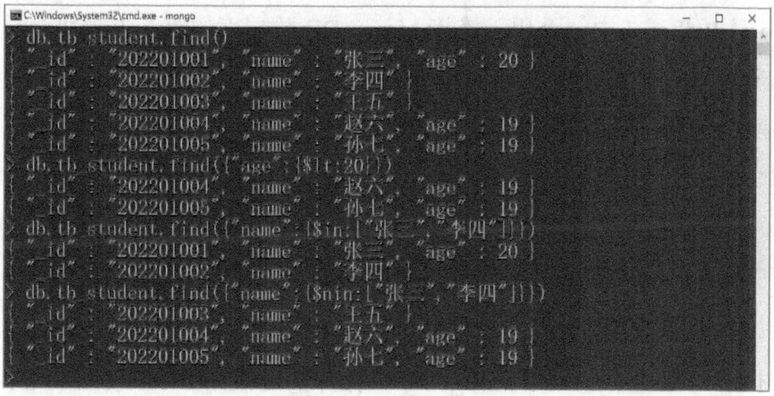

图 6-20　查询文档操作

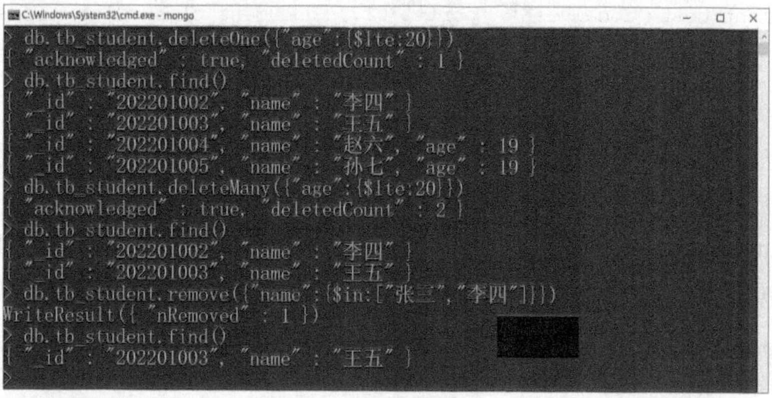

图 6-21　删除文档操作

↓ 任务拓展

请尝试下载安装最新版本的 MongoDB，并查阅官方文档了解 MongoDB 相关命令的使用方法。

任务 6.2　基于 pymongo 的爬虫数据存储

扫一扫，看微课

↓ 任务介绍

在 Python 中，要使用 MongoDB 存储数据，需要相关的第三方库，pymongo 是一个广受欢迎的模块，提供了便捷访问 MongoDB 的功能。本任务学习如何使用 pymongo 提供的功能，实现将爬虫爬取的数据保存到数据库的操作方法。

↓ 知识准备

pymongo 是 Python 3 中一个用于连接 MongoDB 数据库的第三方模块，要在 Python 程序中使用 MongoDB，需要先在 Python 环境中安装 pymongo。使用 pip 在命令行窗口安装 pymongo 的语法格式如下：

```
1.  pip install pymongo
```

pymongo 模块中提供了 4 个对象与 MongoDB 数据库进行交互，分别是 MongoClient 对象、data_base 对象、collection 对象和 Cursor 对象。

1. MongoClient 对象

MongoClient 对象用于建立与 MongoDB 数据库的连接，它可以使用以下构造方法进行创建：

```
1.  MongoClient(host='localhost', port=27017, document_class=dict, tz_aware=False,
connect=True, **kwargs)
```

上述方法中常用参数的含义如下。

- host：表示主机地址，默认为 localhost。
- port：表示连接的端口号，默认为 27017。
- document_class：表示数据库执行查询操作后返回文档的类型，默认为 dict。

建立连接到 MongoDB 数据库，可以不传入任何参数，表示建立连接到默认主机地址和端口的 MongoDB 数据库。也可以显式地指定主机地址和端口号。示例如下：

```
1.  client = MongoClient()
2.  或:
3.  client = MongoClient('localhost', 27017)
```

2. data_base 对象

data_base 对象表示一个数据库,可以通过 MongoClient 对象进行获取。通过上文创建的 MongoClient 对象 client 获取数据库,示例如下:

```
1.  data_base = client.db_name
```

此外,还可以采用访问字典值的形式获取数据库,示例如下:

```
1.  data_base = client['db_name']
```

提示:

采用以上两种方法获取数据库时,若指定的数据库 db_name 已经存在,则直接访问 db_name 数据库,否则创建一个数据库 db_name。

3. collection 对象

collection 对象包含一组文档,代表 MongoDB 数据库中的集合,类似关系数据库中的表,但它没有固定的结构。pymongo 模块中使用字典来表示 MongoDB 数据库的文档,每个文档中都有一个 _id 属性,用于保证文档的唯一性,当它们插入到集合中时未提供 _id,会被 MongoDB 自动设置独特的 _id 值。创建 collection 对象的方式与创建数据库的方式类似,例如,通过 data_base 创建集合 test_collection,代码如下:

```
1.  collection = db.test_collection
```

也可以采用访问字典值的形式创建 collection 对象,代码如下:

```
1.  collection = db['test-collection']
```

collection 对象具备一系列操作文档的方法,这些方法及功能如表 6-2 所示。

表 6-2   collection 对象常用方法及功能

方法	功能
insert_one()	向集合中插入一条文档
insert_many()	向集合中插入多条文档
find_one()	查询集合中的一条文档,若找到,则返回单个文档,否则返回 None
find()	查询集合中的多条文档,若找到匹配项,则返回一个 Cursor 对象
update_one()	更新集合中的一条文档
update_many()	更新集合中的多条文档
delete_one()	从集合中删除一条文档
delete_many()	从集合中删除多条文档
count_documents(filter)	根据匹配条件 filter 统计集合中的文档数量。若传入空字典,则返回所有文档的数量;若传入带有键-值对的字典,则返回符合条件的文档数量

4. Cursor 对象

Cursor 对象是通过 collection 对象调用 find()方法返回的查询对象,该对象中包含多条匹配的文档,可结合 for 循环遍历取出每条文档。

⬇ **任务实施**

使用 pymongo 模块访问 MongoDB 数据库可分为以下几步。

- 创建一个 MongoClient 对象，与 MongoDB 数据库建立连接。
- 使用上一步的连接创建一个表示数据库的 data_base 对象。
- 使用上一步的数据库创建一个表示集合的 collection 对象。
- 调用 collection 对象的方法，对集合执行增、删、改、查等操作。

下面以任务 4.1 中"任务实施"的多进程并发爬取豆瓣电影 Top 250 排行榜信息的示例为基础，练习基于 pymongo 的爬虫数据存储到 MongoDB 数据库中的方法，示例代码如图 6-22～图 6-26 所示。

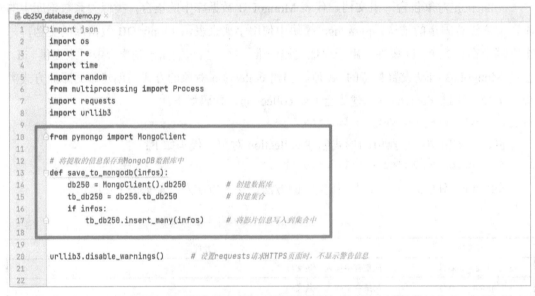

图 6-22　基于 pymongo 的爬虫数据存储示例代码（1）

（1）第 10 行代码从 pymongo 库导入 MongoClient，用来处理与 MongoDB 服务端的连接，以及与 MongoDB 数据库相关的创建数据库操作。第 13～17 行代码定义了一个将数据保存到 MongoDB 数据库的方法，在该方法中第 14 行代码通过 MongoClient 的实例对象创建一个名为 db250 的数据库，第 15 行代码通过刚创建的数据库实例对象 db250 创建一个集合对象 tb_db250，接下来当函数被调用时，将传递过来的数据通过集合对象的 insert_many() 方法写入到集合中，如图 6-22 所示。

（2）图 6-23～图 6-26 的代码，除在第 93 行代码处将原来调用 save_to_file() 方法爬取的数据保存至 JSON 文件中修改为调用 save_to_mongodb() 方法将数据存储到 MongoDB 数据库外，其他部分均与任务 4.1 中"任务实施"的多进程并发爬取豆瓣电影 Top 250 排行榜信息的示例代码一致，此处不再重复介绍。

```python
 23    # 利用正则表达式提取信息
 24    def douban_top250_extract(htm):
 25        re_film = re.compile(r'<li>(.*?)</li>', re.S)  # 影片信息块，re.S 让换行符包含在匹配字符中
 26        re_title = re.compile(r'<span class="title">(.*)</span>')  # 影片名
 27        re_rating = re.compile(r'<span class="rating_num" property="v:average">(.*)</span>')  # 影片评分
 28        re_judge = re.compile(r'<span>(\d*)人评价</span>')  # 评价人数
 29        rf_info = re.compile(r'<p class="">(.*?)</p>', re.S)  # 影片导演信息等
 30        results = []
 31        film_list = re_film.findall(htm)  # 先提取出全部的<li>标签及其子标签
 32        for info in film_list:  # 循环处理每一部影片，利用正则表达式提取相关信息
 33            film = {
 34                '影片名': extract_info(re.search(re_title, info).group()),
 35                '影片评分': extract_info(re.search(re_rating, info).group()),
 36                '评价人数': extract_info(re.search(re_judge, info).group()),
 37            }
 38            f_info = extract_info(re.search(rf_info, info).group())
 39            # 影片的导演等信息混合在一起，提取出来后要将一些无效的空格、换行等字符去掉
 40            film['影片信息'] = f_info.replace(" ", "").replace("...<br>\n", "").replace(" ", "")
 41            results.append(film)
 42        print(results)
 43        return results
 44
 45
 46    # 利用正则表达式提取的信息包含标签，需进一步提取所需的文本
 47    def extract_info(txt):
 48        start = txt.find('>')
 49        end = txt.rfind('<')
 50        return txt[start + 1:end].strip()
 51
 52
```

图 6-23　基于 pymongo 的爬虫数据存储示例代码（2）

```python
 53    # 随机选择一个浏览器的头信息
 54    def choice_head():
 55        headers = [
 56            {'User-Agent': ('Mozilla/5.0 (Windows NT 6.1; Win64; x64) '
 57                            'AppleWebKit/537.36 (KHTML, like Gecko) Chrome/70.0.3521.2 Safari/537.36')},
 58            {'User-Agent': ('Mozilla/5.0 (Windows NT 10.0; WOW64) '
 59                            'AppleWebKit/537.36 (KHTML, like Gecko) Chrome/86.0.4240.198 Safari/537.36')},
 60            {'User-Agent': ('Mozilla/5.0 (Windows NT 10.0; Win64; x64) '
 61                            'AppleWebKit/537.36 (KHTML, like Gecko) Chrome/107.0.0.0 Safari/537.36 Edg/107.0.1418.56')}
 62        ]
 63        return random.choice(headers)
 64
 65
```

图 6-24　基于 pymongo 的爬虫数据存储示例代码（3）

```python
 66    # 随机选择一个代理IP　注：下面是网上提供的一些免费代理IP，可能会失效，需注意更新
 67    def choice_proxy():
 68        proxies_list = [
 69            {"http": "123.101.231.118:9999"},
 70            {"http": "175.44.108.135:9999"},
 71            {"http": "117.91.250.105:9999"},
 72            {"http": "49.85.163.162:3000"},
 73            {"http": "122.143.83.179:4278"},
 74            {"http": "175.21.98.87:4268"},
 75            {"http": "36.7.249.122:4278"},
 76            {"http": "27.220.48.142:4278"},
```

图 6-25　基于 pymongo 的爬虫数据存储示例代码（4）

```python
        {"http": "27.220.48.142:4278"},
        {"http": "114.99.196.85:4226"},
        {"http": "123.169.117.113:9999"},
        {"http": "115.221.246.205:9999"},
        {"http": "120.83.99.50:9999"}
    ]
    return random.choice(proxies_list)


# 定义子进程执行的任务
def crawl_task(url, page):
    head = choice_head()            # 随机选择一个请求头
    proxy = choice_proxy()          # 随机选择代理IP
    # 通过requests的get()方法获取响应
    response = requests.get(url, headers=head, proxies=proxy, timeout=5, verify=False)
    print(f"进程{os.getpid()}正在爬取第{page}页数据......")
    result = douban_top250_extract(response.text)   # 解析信息
    save_to_mongodb(result)  # 保存信息
```

图 6-25　基于 pymongo 的爬虫数据存储示例代码（4）（续）

db250_database_demo.py

```python

if __name__ == "__main__":
    start = time.perf_counter()     # 记录开始运行时间
    procs = []
    for i in range(10):         # 为每个待爬取页面创建一个子进程
        target_url = f"https://movie.douban.com/top250?start={i * 25}&filter="
        sub_prc = Process(target=crawl_task, args=(target_url, i+1))
        procs.append(sub_prc)
    for sub in procs:
        sub.start()       # 启动子进程
    for sub in procs:
        sub.join()        # 等待子进程执行结束

    end = time.perf_counter()       # 记录运行结束时间
    print(f"多进程并发爬虫爬取数据，总共耗时：{end - start}秒")

```

图 6-26　基于 pymongo 的爬虫数据存储示例代码（5）

（3）爬虫运行完毕后，进入 MongoDB 的客户端，输入图 6-27 中的相关命令，发现 MongoDB 中增加了一个名为 db250 的数据库，该数据库中有一个名为 tb_db250 的集合，其中已经写入 250 条电影数据。至此，已经实现了将数据保存到 MongoDB 数据库的目标。

```
C:\Windows\System32\cmd.exe - mongo
> use db250
switched to db db250
> show tables
tb_db250
> db.tb_db250.find().count()
250
> db.tb_db250.find()
{ "_id" : ObjectId("642674e8205f16300625c6b1"), "影片名" : "肖申克的救赎", "影片评分" : "9.7", "评价人数" : "2821747人评价", "影片信息" : "导演:弗兰克·德拉邦特FrankDarabont主演:蒂姆·罗宾斯TimRobbins/1994/美国/犯罪剧情" }
{ "_id" : ObjectId("642674e8205f16300625c6b2"), "影片名" : "霸王别姬", "影片评分" : "9.6", "评价人数" : "2087148人评价", "影片信息" : "导演:陈凯歌KaigeChen主演:张国荣LeslieCheung/张丰毅FengyiZha1993/中国大陆中国香港/剧情爱情同性" }
```

图 6-27　查看 pymongo 保存的爬虫数据

↓　任务拓展

请尝试编写相关代码，将任务 4.4 "任务实施" 中爬取的历史天气信息保存到 MongoDB
数据库中。

任务 6.3　Redis 数据库基础

扫一扫，看微课

↓　任务介绍

随着业务的增长和产品的完善，急速增长的数据给传统的数据库带来了很大的压力，
而随着大家对产品服务质量要求的提高，传统的数据查询方式已无法满足需求。为此需要
寻找另外一种模式来提高数据查询效率。NoSQL 内存数据库是最近兴起的新型数据库，它
的特点就是把数据放在内存中操作，数据处理速度相对于在磁盘中操作提高了好几个量级。
因此，把经常访问的数据转移到内存数据库中，不仅能缓解传统数据库的访问压力，而且
可以极大地提高数据的访问速度，提升用户体验。本任务练习 Redis 内存型数据库的安装
与相关操作命令的使用。

↓　知识准备

Redis 是一个开源的内存型数据库，作为先进的 Key-Value 持久化产品，键-值数据库
的典型代表，Redis 是使用 ANSI C 语言编写的、支持网络交互的、可基于内存的可持久化
键-值存储数据库。Redis 通常被称为数据结构服务器，它的值可以是字符串（String）、哈
希（Hash）、列表（List）、集合（Sets）和有序集合（Sorted Sets）等类型。可以在这些类型
上面做一些原子操作，如字符串追加，增加 Hash 里面的值，添加元素到列表，计算集合的
交集、并集和差集，或者查找有序集合中排名最高的成员等。Redis 数据库主要应用于缓存、
构建队列系统、排行榜、实时反垃圾系统、过期数据自动处理等高并发场景中。

Redis 是一个内存型数据库，但不仅限于此，Redis 也可以把数据持久化到磁盘中，或
者把数据操作指令追加为一个日志文件，把它用于持久化。也可以用 Redis 便捷地搭建
Master-Slave 架构用于数据复制。Redis 可以用大部分程序语言来操作，如 C、C++、C#、
Java、Node.js、PHP、Ruby 等。Redis 是用 ANSI C 编写的，可以运行在多数 POSIX 系统
中，如 Linux、*BSD、OS X 和 Solaris 等。

连接 Redis 数据库，需要提前在本地计算机上下载、安装 Redis 数据库。虽然 Redis 官
方并不支持 Windows 版本，但是官网上还是提供了在 Windows 系统安装 Redis 的方法，也
可以从 GitHub 的下载地址中下载 Windows 版本的安装包。下面以 Windows 系统为例，演
示如何在本地计算机上下载和安装 Redis。

↓ **任务实施**

6.3.1 Redis 的安装

1. 下载 Windows 版本安装包

进入 Redis Windows 版本的下载页面下载 Redis 安装包，如图 6-28 所示。

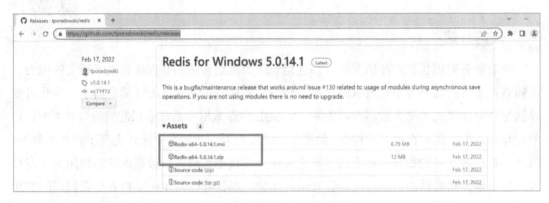

图 6-28　下载 Redis 安装包

2. 解压缩并安装

新建一个文件夹用于存放 Redis 安装包解压缩后的文件，本例新建文件夹 redis5，然后将下载好的安装包解压缩到新建的 redis5 文件夹中，如图 6-29 所示。将该路径配置到 Windows 系统的环境变量中，以便通过命令行方式操作 Redis。

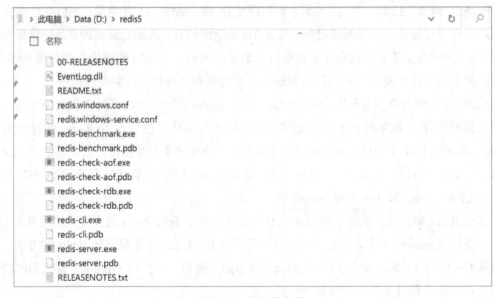

图 6-29　解压缩文件

Redis 的几个重要文件和工具说明如下。

- redis.windows.conf、redis.windows-service.conf：Redis 的配置文件，Redis 绑定地址以及默认端口配置都能在这两个文件中找到。
- redis-cli：Redis 命令行工具，可以启动 Redis 命令行，执行 Redis 命令。
- redis-server：Redis 服务，用于启动 Redis 服务。

3. 验证与连接 Redis

（1）验证。配置好环境变量以后，打开命令行窗口，输入命令 redis-cli-v，按 Enter 键确认，如果能看到 redis-cli 的版本信息，说明环境变量配置正确，如图 6-30 所示。

图 6-30　查看 redis-cli 的版本信息

（2）启动 Redis 服务。在命令行窗口输入命令 redis-server，按 Enter 键确认，启动 Redis 服务，如果能看到图 6-31 所示的信息，说明 Redis 启动成功，启动成功后不能关闭该命令行窗口，否则 Redis 服务也会被关闭。

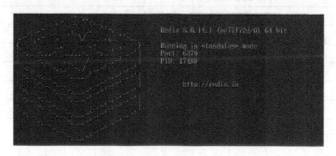

图 6-31　启动 Redis 服务

（3）连接 Redis。在 Redis 服务启动成功且没有关闭的情况下，打开一个新的命令行窗口，输入命令 redis-cli，按 Enter 键确认，结果如图 6-32 所示，说明 Redis 连接成功。

图 6-32　连接 Redis

（4）部署 Redis 为 Windows 服务。打开一个命令行窗口，切换到 Redis 的安装目录下，然后在命令行窗口中输入命令 redis-server --service-install redis.windows.conf，按 Enter 键确认，如图 6-33 所示，完成部署。

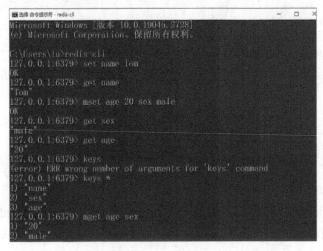

图 6-33　部署 Redis 为 Windows 服务

6.3.2　Redis 的操作命令

Redis 安装成功后，为了能正常使用 Redis 数据库，需要对相关的命令有一定了解，表 6-3 中列出了 Redis 常用的键操作命令。

表 6-3　Redis 常用的键操作命令

命令	说明
SET	为指定的键设置值
MSET	为多个键设置值
KEYS	查找符合给定模式的键
GET	获取指定键的值
MGET	获取多个键的对应值
DUMP	序列化指定的键，并返回被序列化的值
EXISTS	检查指定的键是否存在
TYPE	查看指定键的类型
RENAME	修改指定键的名称
EXPIRE	设置指定键的生存时间（秒）
TTL	查看指定键的剩余生存时间（秒）
PERSIST	移除键的生存时间设置
DEL	删除指定的键

键操作命令的使用示例如图 6-34 所示。

图 6-34　键操作命令的使用示例

Redis 中的字符串、列表、集合等数据结构的操作命令如表 6-4～表 6-8 所示。

表 6-4 Redis 常用的字符串操作命令

命令	说明
SET	为指定的字符串键设置值
MSET	为多个字符串键设置值
GET	获取指定键的值
MGET	获取多个键的对应值
GETSET	获取指定键的旧值，并设置新值
STRLEN	获取字符串值的字节长度
GETRANGE	获取字符串键指定索引范围的值内容
SETRANGE	为字符串键指定索引范围的设置值
APPEND	追加新内容到值的末尾

表 6-5 Redis 常用的列表操作命令

命令	说明
RPUSH	将一个或多个元素推入到列表的右端
LPUSH	将一个或多个元素推入到列表的左端
LRANGE	获取列表指定范围内的元素
LINDEX	获取列表指定索引位置的元素
RPOP	弹出列表最右端的元素
LPOP	弹出列表最左端的元素
LLEN	获取指定列表的长度
LREM	移除列表中的指定元素

表 6-6 Redis 常用的集合操作命令

命令	说明
SADD	将一个或多个元素添加到集合中
SCARD	获取集合中的元素数量
SMEMEBERS	获取集合中的所有元素
SISMEMBER	检查指定元素是否存在于集合中
SREM	移除集合中的一个或多个已存在的元素
SMOVE	将元素从一个集合移到另一个集合

表 6-7 Redis 常用的有序集合操作命令

命令	说明
ZADD	为有序集合添加一个或多个键-值对
ZCARD	获取有序集合中元素的数量
ZCOUNT	统计有序集合中指定分值范围内的元素个数
ZRANGE	获取有序集合中指定索引范围内的元素

续表

命令	说明
ZSCORE	获取有序集合中指定元素的值
ZREM	移除有序集合中的指定元素

表 6-8　Redis 常用的 Hash 散列操作命令

命令	说明
HSET	为散列中的指定键设置值
HMSET	为散列中的多个键设置值
HGET	获取散列中指定键的值
HMGET	获取散列中多个键的值
HGETALL	获取散列中的所有键-值对
HKEYS	获取散列中的所有键
HAVLS	获取散列中所有键的值
HDEL	删除散列中的指定键及其对应的值

↓ 任务拓展

请尝试在命令行中使用字符串、列表、集合等操作命令对 Redis 数据库进行相关类型
数据的增删改查操作。

任务 6.4　基于 redis 库的爬虫数据存储

↓ 任务介绍

扫一扫，看微课

在 Python 中，要使用 Redis 数据库存储数据，需要相关的第三方库 redis，它提供了便
捷访问 Redis 数据库的功能。本任务学习使用 redis 库提供的功能，实现将爬虫获取的数据
保存到 Redis 数据库的操作方法。

↓ 知识准备

redis 库是官方推荐的操作 Redis 数据库的 Python 第三方库，若要在 Python 程序中使
用 Redis 数据库，需要先在 Python 环境中安装 redis。可以使用 pip 工具在命令行窗口中安
装 redis，具体命令如下：

```
pip install redis
```

当命令行窗口中输出图 6-35 所示的信息时，说明 redis 库安装成功，即可在 Python 中
使用 Redis 数据库进行相关操作了。

redis 库中提供了 StrictRedis 类和 Redis 类来实现 Redis 命令，其中，StrictRedis 类中实
现了大多数官方 Redis 命令；Redis 类是 StrictRedis 的子类，用于兼容旧版本的 redis-py。

官方推荐使用 StrictRedis 对象进行开发。

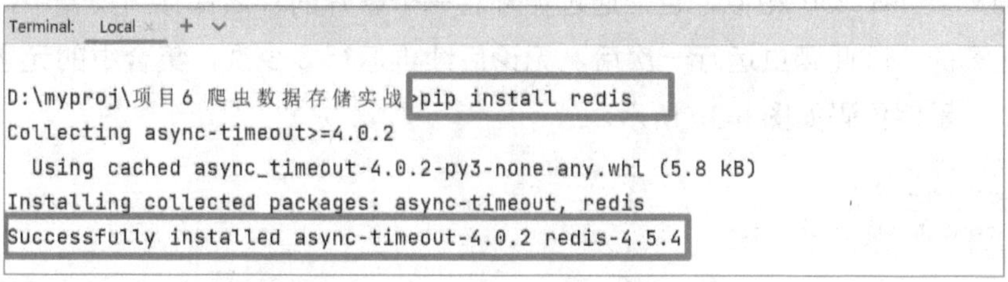

图 6-35 安装 redis 库

StrictRedis 对象用于建立与 Redis 数据库的连接，并按照不同类型提供了不同方法，进行交互操作。具体构造方法语法格式如下：

```
StrictRedis(host='localhost', port=6379, db=0, password=None,
socket_timeout=None, socket_connect_timeout=None, socket_keepalive=None,
socket_keepalive_options=None,connection_pool=None, unix_socket_path=None,
encoding='utf-8',...)
```

上述构造方法中常用参数的含义如下。

- host：表示待连接的 Redis 数据库所在主机的 IP 地址，默认设置为 localhost。
- port：表示 Redis 数据库程序的端口，默认为 6379。
- db：表示数据库索引，默认为 0，数据库的名称为 db0。
- encoding：表示采用的编码格式，默认使用的是 utf-8。

Redis 数据库中的数据都是键-值对，其中键为字符串类型，不能重复；值可以为字符串、哈希、列表、集合和有序集合 5 种类型，针对每种类型，官方均提供了相应的命令。StrictRedis 对象中提供了与 Redis 数据库操作命令同名的方法。

↓ **任务实施**

redis 库的基本使用流程主要包括以下两个步骤。

- 创建一个 StrictRedis 对象，与 Redis 数据库建立连接。
- 调用 StrictRedis 对象的方法，对数据库执行增删改查等操作。

下面在任务 6.2 中"任务实施"示例代码的基础上，添加访问 Redis 数据库的相关代码，练习使用 redis 操作 Redis 数据库，具体操作如下。

（1）本例只是将数据保存方式由原来的保存到 MongoDB 数据库中改为保存到 Redis 数据库中，页面的爬取、数据的解析无须修改，因此，只是在原来代码的基础上添加一个 save_to_redis()函数，在其中定义将数据写入 Redis 数据库的相关代码：将爬取的信息保存到 3 个数据结构中，第一个是列表 json_250，用来保存每页提取的 25 个影片信息，先将列表通过 json.dump()方法转换为 JSON 格式的字符串，然后再将字符串保存到列表中，爬虫运行一次后，列表中会增加 10 个元素；第二个是列表 list_250，通过循环将每个影片的片名保存到列表中，因此爬虫运行一次后，list_250 中会增加 250 个元素；第三个是集合 set_250，与列表 list_250 相似，也是通过循环将每个影片的片名保存到集合中，集合中是没有重复元素的，因此爬虫运行一次后，无论后续再运行多少次，集合中的元素数量始终只有 250 个。示例代码如图 6-36 所示。

```python
# db250_database_demo.py
from redis import StrictRedis

# 将提取的信息保存到Redis数据库中
def save_to_redis(infos):
    sr = StrictRedis()
    if infos:
        # 将整个列表转换为JSON格式字符串，然后添加到Redis的列表中
        sr.rpush("json_250", json.dumps(infos, ensure_ascii=False))
        for i in infos:
            # 逐个取出影片名，添加到列表和集合中
            sr.lpush("list_250", i.get('影片名'))  # 列表中的元素可重复
            sr.sadd("set_250", i.get('影片名'))    # 集合中的元素不重复，可用于去重
```

图 6-36　添加写入 Redis 数据库的代码

（2）将原来的调用 save_to_mongodb()保存数据的代码修改为调用 save_to_redis()保存数据，如图 6-37 中的第 107 行和 108 行代码所示。

```python
# db250_database_demo.py
99   # 定义子进程执行的任务
100  def crawl_task(url, page):
101      head = choice_head()            # 随机选择一个请求头
102      proxy = choice_proxy()          # 随机选择代理IP
103      # 通过requests的get()方法获取响应
104      response = requests.get(url, headers=head, proxies=proxy, timeout=5, verify=False)
105      print(f"进程{os.getpid()}正在爬取第{page}页数据......")
106      result = douban_top250_extract(response.text)   # 解析信息
107      # save_to_mongodb(result)  # 保存信息
108      save_to_redis(result)
109
```

图 6-37　修改代码将数据保存到 Redis 数据库

（3）代码修改完成后运行一次爬虫，然后打开 Redis 的命令行窗口，通过 redis 的相关命令查看 3 个数据结构中包含的元素，此时会发现 set_250、list_250 中分别都有 250 个元素，而 json_250 中有 10 个元素，如图 6-38 所示。

```
C:\Users\lu>redis-cli --raw
127.0.0.1:6379> llen json_250
10
127.0.0.1:6379> llen list_250
250
127.0.0.1:6379> scard set_250
250
127.0.0.1:6379>
```

图 6-38　在 Redis 的命令行窗口查看数据信息

提示：

再运行一次爬虫，重新查看 3 个数据结构中的元素个数。

任务拓展

请自行确定爬取目标后，编写相关代码，将爬虫爬取的数据保存到 Redis、MongoDB 数据库中。

项目 7

Scrapy 爬虫框架实战

扫一扫，看微课

【学习目标】

【知识目标】

- 了解 Scrapy 的技术原理；
- 了解 Scrapy 爬虫框架的安装及使用；
- 掌握 Scrapy 的相关命令；
- 掌握 Scrapy 中间件的自定义方法；
- 掌握基于 Item Pipeline 的后期数据处理；
- 掌握 Scrapy 爬虫项目的开发。

【技能目标】

- 能正确安装及配置 Scrapy 爬虫框架；
- 能根据需要自定义 Scrapy 的中间件；
- 能根据需要利用 Item Pipeline 进行数据处理；
- 能基于 Scrapy 进行爬虫项目开发。

任务 7.1　Scrapy 爬虫框架基础

任务介绍

本任务简单介绍 Scrapy 爬虫框架的相关知识，包括 Scrapy 爬虫框架的安装、架构、组件、常用命令、Scrapy Shell 等，然后以当当网的访问为例练习 Scrapy Shell 的使用。

↓ 知识准备

7.1.1　Scrapy 爬虫框架简介

Scrapy 是完全使用 Python 实现的一个开源爬虫框架，其官网首页如图 7-1 所示。

Scrapy 是为了高效地爬取网站数据、提取结构性数据而编写的应用框架，用途非常广泛，可用于爬虫开发、数据挖掘、自动化测试等领域。

Scrapy 使用了 Twisted 异步网络框架来处理网络通信，该框架可以加快网络数据的下载速度，并且包含了各种中间件接口，可以灵活地完成各种需求。

图 7-1　Scrapy 官网首页

Scrapy 功能强大，支持自定义数据项结构（Item）和数据管道（Item Pipeline）；支持在 Spider 中定义要爬取的网页域范围（Domain），以及相应的数据爬取规则（Rule）；支持基于 XPath 的网页数据解析等。Scrapy 还提供了 Shell 程序，可以在其中方便地调试爬虫项目和查看爬虫运行结果。

要使用 Scrapy 爬虫框架进行爬虫项目的开发，需要先安装 Scrapy 爬虫框架，安装方法有多种，如通过在 PyCharm 中打开一个终端（Terminal），并运行以下命令：

```
pip install scrapy
```

下面进行 Scrapy 爬虫框架的安装，如图 7-2 所示。

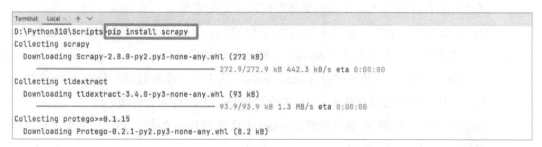

图 7-2　安装 Scrapy 爬虫框架

Scrapy 爬虫框架需要依赖很多相关的第三方库，执行 pip 命令后，会自动下载并安装所有的依赖库。安装完成后，会显示安装成功（Successfully…）提示，如图 7-3 所示。

```
Terminal:  Local ×   + ∨                                                                    ⚙ —
Successfully installed Automat-22.10.0 PyDispatcher-2.0.7 Twisted-22.10.0 attrs-22.2.0 constantly-15.1.0 crypto
graphy-40.0.1 cssselect-1.2.0 hyperlink-21.0.0 incremental-22.10.0 itemadapter-0.7.0 itemloaders-1.0.6 jmespath
-1.0.1 packaging-23.0 parsel-1.7.0 protego-0.2.1 pyOpenSSL-23.1.1 pyasn1-0.4.8 pyasn1-modules-0.2.8 queuelib-1.
6.2 requests-file-1.5.1 scrapy-2.8.0 service-identity-21.1.0 six-1.16.0 tldextract-3.4.0 twisted-iocpsupport-1.
0.2 typing-extensions-4.5.0 w3lib-2.1.1
```

图 7-3　Scrapy 安装成功提示

Scrapy 爬虫框架的架构示意图如图 7-4 所示。

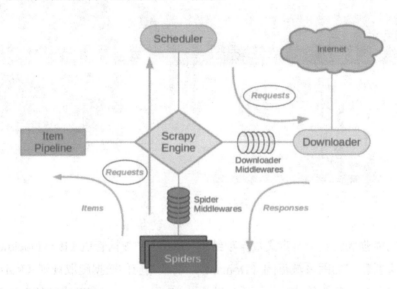

图 7-4　Scrapy 爬虫框架的架构示意图

Scrapy 爬虫框架主要包含以下组件。

- Scrapy Engine（引擎）：负责 Spiders、Item Pipeline、Downloader、Scheduler 之间的通信，包括信号和数据的传递等。
- Scheduler（调度器）：负责接收引擎发送过来的 Requests（请求），并按照一定的方式进行整理排列和入队，当引擎需要时，交还给引擎。
- Downloader（下载器）：负责下载引擎发送的所有请求，并将其获取的 Responses（响应）交给引擎，由引擎交给 Spiders（爬虫）来处理。
- Spiders（爬虫）：负责处理所有 Responses，从中分析提取数据，获取 Item 字段需要的数据，并将需要跟进的 URL 提交给引擎，再次进入调度器。
- Item Pipeline（管道）：负责处理 Spiders 中获取的 Item 数据，并进行后期处理（详细分析、过滤、存储等）。

192

- Downloader Middlewares（下载中间件）：一个可以自定义扩展下载功能的组件。
- Spider Middlewares（爬虫中间件）：是可以自定义扩展引擎和爬虫之间的中间通信功能的组件。

Scrapy 的这些组件通力合作，共同完成项目的爬取任务。架构图中的箭头是数据的流动方向，首先从初始 URL 开始，Scheduler 会将其交给 Downloader 进行下载，下载之后会交给 Spiders 进行分析，Spiders 分析出来的结果有两种：一种是需要进一步抓取的链接，如之前案例中分析的"下一页"的链接，它们会被传回 Scheduler；另一种是需要保存的数据，它们会被传送到 Item Pipeline，对数据进行后期处理。另外，在数据流动的管道里还可以安装各种中间件，进行必要的处理。

Scrapy 的运作流程由引擎控制，其过程如下。

- 引擎向 Spiders 请求第一个要爬取的 URL。
- 引擎从 Spiders 中获取第一个要爬取的 URL，封装成 Requests 并交给调度器。
- 引擎向调度器请求下一个要爬取的 Requests。
- 调度器返回下一个要爬取的 Requests 给引擎，引擎将 Requests 通过下载中间件转发给下载器。
- 一旦页面下载完毕，下载器生成一个该页面的 Responses，并将其通过下载中间件发送给引擎。
- 引擎从下载器中接收到 Responses 并通过爬虫中间件发送给 Spiders 处理。
- Spiders 处理 Responses 并返回爬取到的 Items 及新的 Requests 给引擎。
- 引擎将爬取到的 Items 传给 Item Pipeline，将 Requests 传给调度器。
- 从第三项开始循环，直到调度器中没有更多的 Requests。

7.1.2　Scrapy 项目创建

使用 Scrapy 爬虫框架开发爬虫应用，首先要通过命令创建一个 Scrapy 项目。Scrapy 提供了一个在命令行窗口创建项目的 startproject 命令，语法格式如下：

```
1.  scrapy startproject 项目名称
```

下面通过 PyCharm 的终端创建一个 Scrapy 项目，如图 7-5 所示。

```
Terminal: Local  +  ∨

D:\myproj\项目 7 Scrapy爬虫框架实战>scrapy startproject first_scrapy_demo
New Scrapy project 'first_scrapy_demo', using template directory 'D:\Python310\Lib\site-packages\scrapy\templates\project', created in:
    D:\myproj\项目 7 Scrapy爬虫框架实战\first_scrapy_demo

You can start your first spider with:
    cd first_scrapy_demo
    scrapy genspider example example.com
```

图 7-5　创建 Scrapy 项目

输入命令 scrapy startproject first_scrapy_demo，按 Enter 键确认，将在对应目录下创建
一个名为 first_scrapy_demo 的 Scrapy 项目。接下来通过 PyCharm 打开该项目（执行"File">
"open…"命令），可以看到 Scrapy 项目自动生成了若干文件和目录，如图 7-6 所示。

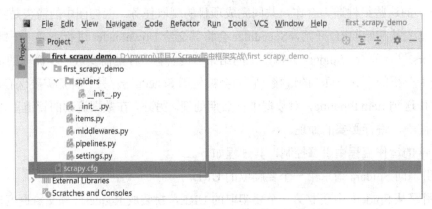

图 7-6 Scrapy 项目自动创建的文件和目录

图 7-6 中 Scrapy 项目自动创建的各文件功能如下。

- scrapy.cfg：配置文件，用于存储项目的配置信息。
- first_scrapy_demo/：项目的 Python 模块，会从这里引用代码。
- first_scrapy_demo/items.py：实体文件，用于定义项目的目标实体。
- first_scrapy_demo/middlewares.py：中间件文件，用于定义各种中间件。
- first_scrapy_demo/pipelines.py：管道文件，用于定义项目使用的管道。
- first_scrapy_demo/settings.py：配置文件，用于存储项目的配置信息。
- first_scrapy_demo/spiders/：存储爬虫代码的 Python 包。

7.1.3 Scrapy 常用命令

使用 Scrapy 爬虫框架开发爬虫项目的基本步骤及对应的 Scrapy 命令如下。

- 创建项目：使用命令"scrapy createproject 项目名称"创建爬虫项目。
- 明确目标：明确要爬取的数据，定义数据实体（Item）类。
- 创建爬虫：使用命令"scrapy genspider 爬虫名称'待爬取域名'"创建爬虫，在爬虫
  类中定义爬取和解析规则。
- 运行爬虫：使用命令"scrapy crawl 爬虫名称"运行爬虫，执行爬取任务。
- 存储数据：使用命令"scrapy crawl 爬虫名称 -o 目标文件名"，或通过 Item Pipeline
  将数据保存到文件中或写入数据库。

↓ **任务实施**

Scrapy 提供了一个交互式终端 Scrapy Shell，可用于在不启动爬虫的情况下运行或调试

爬虫代码，测试 Xpath 或 CSS 表达式，以查看它们的工作方式及检验表达式的功能是否正确。启用 Scrapy Shell 的语法格式如下：

```
scrapy shell <要打开的URL地址> [--nolog]
```

下面以访问当当网为例，在 Terminal 中练习 Scrapy Shell 的使用方法，具体步骤如下。

（1）在 Terminal 中输入命令 scrapy shell www.dangdang.com --nolog，按 Enter 键确认，在 Scrapy Shell 中打开当当网的首页（--nolog 参数用于设置不输出日志信息），输出结果如图 7-7 所示。

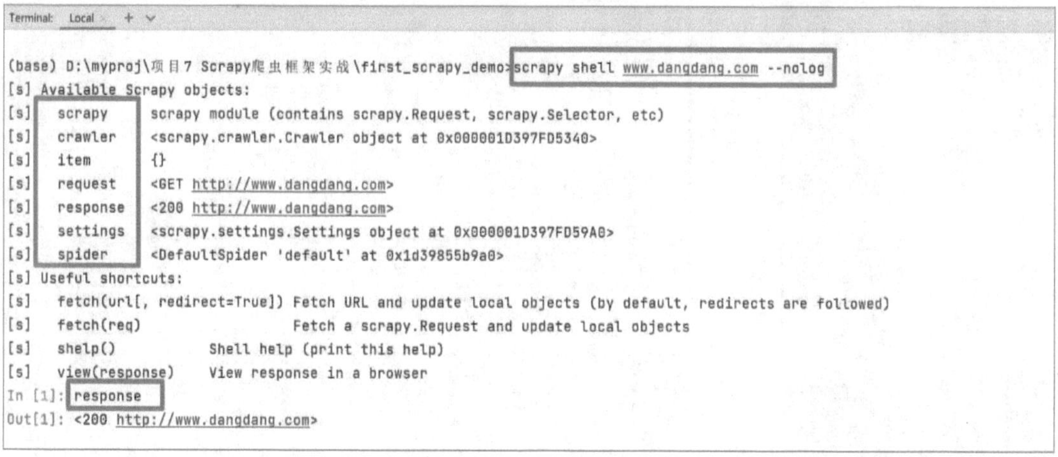

图 7-7　在 Scrapy Shell 中打开当当网的首页

图 7-7 中显示了 Scrapy Shell 打开指定网页后的可用内置对象及功能函数列表，页面的响应结果封装在 response 对象中。可以尝试在命令提示符（In[n]）后面输入 response.text，按 Enter 键确认，查看网页的 HTML 代码。要查看对应的页面元素，可以使用 xpath()方法或 css()方法；要获取元素中的文本内容，可以使用 text()方法或 extract()方法。

（2）使用 response 内置对象进行元素查找。通过对图 7-8 中所示的当当网首页页面左侧导航栏中的元素操作来练习相关方法的使用。在命令提示符后逐行输入如下代码（请结合输出结果，分析代码功能），输出结果如图 7-9～图 7-11 所示。

```
1.  response.xpath("//ul[@class='new_pub_nav']//a/text()")
2.  response.xpath("//ul[@class='new_pub_nav']/li")
3.  response.xpath("//ul[@class='new_pub_nav']/li/@dd_name").extract()
4.  response.xpath("//ul[@class='new_pub_nav']/li[1]")
5.  response.xpath("//ul[@class='new_pub_nav']/li[1]//a")
6.  response.xpath("//ul[@class='new_pub_nav']/li[1]//a/text()")
7.  response.xpath("//ul[@class='new_pub_nav']/li[1]//a/text()").extract()
8.  response.xpath("//ul[@class='new_pub_nav']/li[last()-1]//a/text()").extract()
9.  response.xpath("//ul[@class='new_pub_nav']/li[position()<5]//a/ text()").extract()
```

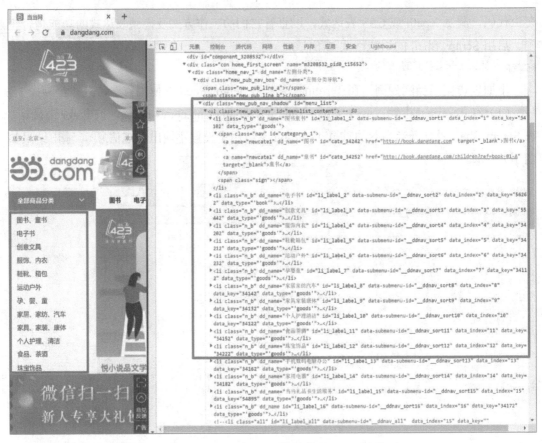

图 7-8　当当网首页左侧导航栏的 DOM 结构

```
Terminal:    Local   +  ∨

In [2]: response.xpath("//ul[@class='new_pub_nav']/li")
Out[2]:
[<Selector xpath="//ul[@class='new_pub_nav']/li" data='<li class="n_b first" dd_name="图书童书" ...'>,
 <Selector xpath="//ul[@class='new_pub_nav']/li" data='<li class="n_b" dd_name="电子书" id="li...'>,
 <Selector xpath="//ul[@class='new_pub_nav']/li" data='<li class="n_b" dd_name="创意文具" id="li...'>,
 <Selector xpath="//ul[@class='new_pub_nav']/li" data='<li class="n_b" dd_name="服饰内衣" id="li...'>,
 <Selector xpath="//ul[@class='new_pub_nav']/li" data='<li class="n_b" dd_name="鞋靴箱包" id="li...'>,
 <Selector xpath="//ul[@class='new_pub_nav']/li" data='<li class="n_b" dd_name="运动户外" id="li...'>,
 <Selector xpath="//ul[@class='new_pub_nav']/li" data='<li class="n_b" dd_name="孕婴童" id="li...'>,
 <Selector xpath="//ul[@class='new_pub_nav']/li" data='<li class="n_b" dd_name="家居家纺汽车" id="...'>,
 <Selector xpath="//ul[@class='new_pub_nav']/li" data='<li class="n_b" dd_name="家具家装康体" id="...'>,
 <Selector xpath="//ul[@class='new_pub_nav']/li" data='<li class="n_b" dd_name="个人护理清洁" id="...'>,
 <Selector xpath="//ul[@class='new_pub_nav']/li" data='<li class="n_b" dd_name="食品茶酒" id="li...'>,
 <Selector xpath="//ul[@class='new_pub_nav']/li" data='<li class="n_b" dd_name="珠宝饰品" id="li...'>,
 <Selector xpath="//ul[@class='new_pub_nav']/li" data='<li class="n_b" dd_name="手机数码电脑办公" id...'>,
 <Selector xpath="//ul[@class='new_pub_nav']/li" data='<li class="n_b" dd_name="家用电器" id="li...'>,
 <Selector xpath="//ul[@class='new_pub_nav']/li" data='<li class="n_b" dd_name="当当礼品卡生活服务" i...'>,
 <Selector xpath="//ul[@class='new_pub_nav']/li" data='<li class="n_b" dd_name="" id="li_lab...'>]
```

图 7-9　Scrapy Shell xpath()函数示例（1）

```
Terminal: Local  +  ∨
In [3]: response.xpath("//ul[@class='new_pub_nav']/li/@dd_name").extract()
Out[3]:
['图书童书',
 '电子书',
 '创意文具',
 '服饰内衣',
 '鞋靴箱包',
 '运动户外',
 '孕婴童',
 '家居家纺汽车',
 '家具家装康体',
 '个人护理清洁',
 '食品茶酒',
 '珠宝饰品',
 '手机数码电脑办公',
 '家用电器',
 '当当礼品卡生活服务',
 '']
```

图 7-10　Scrapy Shell xpath()函数示例（2）

```
Terminal: Local  +  ∨
In [4]: response.xpath("//ul[@class='new_pub_nav']/li[1]")
Out[4]: [<Selector xpath="//ul[@class='new_pub_nav']/li[1]" data='<li class="n_b first" dd_name="图书童书" ...'>]

In [5]: response.xpath("//ul[@class='new_pub_nav']/li[1]//a")
Out[5]:
[<Selector xpath="//ul[@class='new_pub_nav']/li[1]//a" data='<a name="newcate1" dd_name="图书" id="c...'>,
 <Selector xpath="//ul[@class='new_pub_nav']/li[1]//a" data='<a name="newcate1" dd_name="童书" id="c...'>]

In [6]: response.xpath("//ul[@class='new_pub_nav']/li[1]//a/text()")
Out[6]:
[<Selector xpath="//ul[@class='new_pub_nav']/li[1]//a/text()" data='图书'>,
 <Selector xpath="//ul[@class='new_pub_nav']/li[1]//a/text()" data='童书'>]

In [7]: response.xpath("//ul[@class='new_pub_nav']/li[1]//a/text()").extract()
Out[7]: ['图书', '童书']

In [8]: response.xpath("//ul[@class='new_pub_nav']/li[last()-1]//a/text()").extract()
Out[8]: ['当当礼品卡', '生活服务']

In [9]: response.xpath("//ul[@class='new_pub_nav']/li[position()<5]//a/text()").extract()
Out[9]: ['图书', '童书', '电子书', '创意文具', '内衣']
```

图 7-11　Scrapy Shell xpath()函数示例（3）

任务拓展

请查阅 Scrapy 的官方文档，深入了解 Scrapy Shell 相关功能。

任务 7.2　定义 Spider 爬取网页数据

扫一扫，看微课

任务介绍

本任务利用 Scrapy 爬虫框架编写第一个爬虫程序，用来爬取斗鱼直播平台上的每个房间的房间标题、观看人数、图片地址等。

↓ **知识准备**

7.2.1　Item 类简介

网络爬虫爬取的主要目标是从非结构化的数据源（通常是网页）中提取结构化数据。Scrapy 中的 Spiders 可能会将提取的数据作为 Item 对象返回，Scrapy 通过 Item 适配器支持多种类型的 Item 数据，如字典、Item 对象、数据类对象和属性对象。

Scrapy 爬虫框架提供了一个用于定义数据实体类的父类 scrapy.Item 类（详细用法请查阅官方文档），在该类中提供了相关方法对属性数据进行操作。在项目中要自定义数据实体类时，从 Item 类中继承，然后根据实际情况用 Field 类来定义相应的属性。示例如下：

```
1.   import scrapy
2.   class Product(scrapy.Item):
3.       name = scrapy.Field()
4.       price = scrapy.Field()
5.       stock = scrapy.Field()
6.       tags = scrapy.Field()
7.       last_updated = scrapy.Field(serializer=str)
```

7.2.2　Spider 类简介

Scrapy 爬虫框架提供了 scrapy.Spider 作为爬虫的基类，所有自定义的爬虫必须继承该类（详细用法请查阅官方文档）。Spider 定义了爬取网站的方式，包括爬取的动作（例如，是否跟进链接）以及如何从网页内容中提取结构化数据（提取 Item）。

对于 Scrapy 的爬虫来说，爬取数据的循环过程如下。

（1）以初始的 URL 初始化 request 对象，并设置回调函数。当该 request 下载完毕并返回时，将生成响应对象 response，并作为参数传给该回调函数。Spider 中初始的 request 是通过调用 start_requests()方法获取的。在 start_requests()方法中读取 start_urls 中的 URL，并以 parse()为回调函数生成 request 对象。

（2）在回调函数内分析返回的响应内容，返回 Item 对象或者 request 对象，或者一个包含二者的可迭代容器。返回的 request 对象之后会经过 Scrapy 处理，下载相应的内容，并调用设置的回调函数。

（3）在回调函数内，可以使用选择器（Selectors，也可以使用 Beautiful Soup、LXML 或者任何解析器）来分析网页内容，并根据分析的数据生成 Item 对象。

（4）由 Spider 返回的 Item 对象将存储到数据库或文件中。

scrapy.Spider 类提供的主要属性和方法如下。

- name 属性：定义爬虫名称的字符串。爬虫名称用于 Scrapy 定位和初始化一个爬虫，所以必须是唯一的。
- allowed_domains 属性：包含了爬虫允许爬取的域名列表，是可选属性。
- start_urls 属性：表示初始 URL 元组或列表。当没有指定特定的 URL 时，Spider 将从该列表中开始爬取。
- _ _init_ _()方法：初始化方法，负责初始化爬虫名称和 start_urls 列表。
- start_requests(self)方法：负责生成 request 对象，交给 Scrapy 下载并返回 response。该方法必须返回一个可迭代对象，该对象包含了 Spider 用于爬取的第一个 request，默认使用 start_urls 列表中的第一个 URL。
- parse(self, response)方法：负责解析 response，并返回 Items 或 requests（需要指定回调函数）。返回的 Items 传给 Item Pipeline 持久化，而 requests 则交由 Scrapy 下载，并由指定的回调函数处理（默认使用 parse()函数），然后持续循环，直到处理完所有的数据为止。
- log(self, message[, level, component])方法：负责发送日志信息。

任务实施

了解了 Scrapy 的相关组件后，接下来利用 Scrapy 爬虫框架编写第一个爬虫程序，实现对斗鱼直播平台网页数据的爬取，爬取斗鱼直播平台中的每个房间的房间标题、观看人数、链接地址等信息。

1. 创建 Scrapy 项目

（1）创建 Scrapy 项目可以在命令行或者 PyCharm 中通过 scrapy startproject 命令来完成。本例通过命令行创建项目，打开命令行窗口后，切换到项目存放的文件夹，输入命令 scrapy startproject scrapy_douyu_demo，按 Enter 键确认，完成创建，如图 7-12 所示。

图 7-12　在命令行中创建 Scrapy 项目

（2）项目创建完成后，在 PyCharm 中打开刚创建的 Scrapy 项目，初始的项目结构如图 7-13 所示。

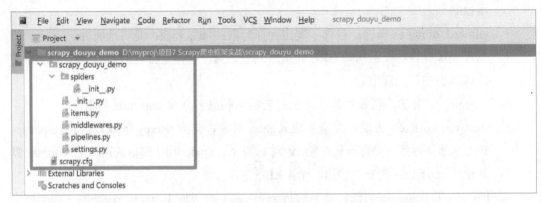

图 7-13　查看初始项目结构

2．确定爬取目标

根据目标页面的 DOM 结构，确定要提取的数据项，包括房间标题、用户名称、观看人数、图片地址及详情页地址。然后修改 items.py 文件中已自动生成的数据模型类 ScrapyDouyuDemoItem，如图 7-14 所示。

```python
# Define here the models for your scraped items
#
# See documentation in:
# https://docs.scrapy.org/en/latest/topics/items.html

import scrapy


class ScrapyDouyuDemoItem(scrapy.Item):
    house_title = scrapy.Field()    # 房间标题
    vis_nums = scrapy.Field()       # 用户名称
    user_name = scrapy.Field()      # 观看人数
    img_url = scrapy.Field()        # 图片地址
    detail_url = scrapy.Field()     # 详情页地址
```

图 7-14　自定义数据模型类

3．创建爬虫类

（1）通过在 Terminal 中输入命令 scrapy genspider douyu "https://www.douyu.com/directory/all"，按 Enter 键确认，利用 Scrapy 模板创建一个名为"DouyuSpider"的爬虫类，如图 7-15 所示。

（2）执行上述命令后，会在当前项目下的 spiders 子目录中新建一个 douyu.py 文件，并自动创建一个 scrapy.Spider 的子类 DouyuSpider，如图 7-16 所示。

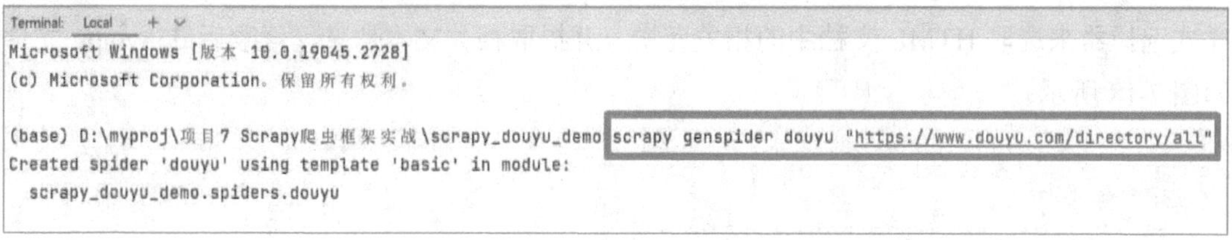

图 7-15 创建 DouyuSpider 爬虫类

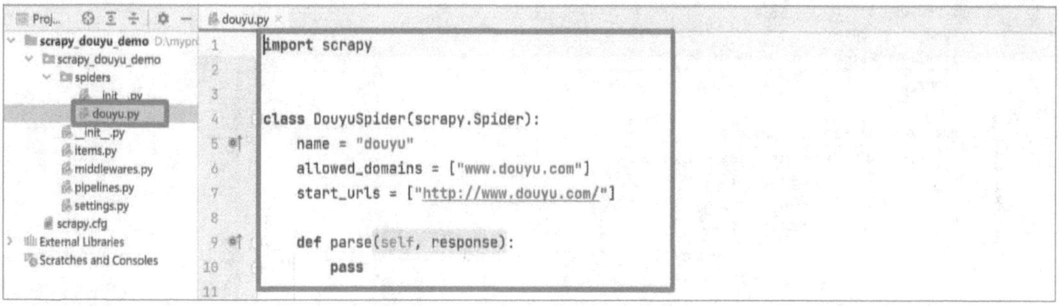

图 7-16 查看爬虫类框架

（3）利用浏览器的调试功能，查看待爬取页面的 DOM 结构，以确定提取信息的 XPath 表达式，待爬取的信息包含在多个具有类样式"layout-Cover-item"的<li></li>标签中，如图 7-17 所示。

图 7-17 查看待爬取信息在页面中的 DOM 结构

（4）根据图 7-17 中的 DOM 结构，利用 Scrapy 爬虫框架提供的 CSS 方法，可以通过样式选择器来选取 HTML 文档中的相关元素，并提取相关文本信息，修改后 douyu.py 文件如图 7-18 所示。

```
import scrapy

from scrapy_douyu_demo.items import ScrapyDouyuDemoItem


class DouyuSpider(scrapy.Spider):
    name = "douyu"
    allowed_domains = ["www.douyu.com"]
    start_urls = ["https://www.douyu.com/directory/all"]

    def parse(self, response):
        for house in response.css('li.layout-Cover-item'):
            item = ScrapyDouyuDemoItem()
            item["house_title"] = house.css('h3.DyListCover-intro::text').get()
            item["vis_nums"] = house.css('span.DyListCover-hot::text').get()
            item["user_name"] = house.css('div.DyListCover-userName::text').get()
            item["img_url"] = house.css('img.DyImg-content::attr(src)').get()
            item["detail_url"] = house.css('a.DyListCover-wrap::attr(href)').get()
            yield item
```

图 7-18　修改后的爬虫类代码

4．执行爬虫任务

（1）定义好数据实体类（Item 子类）及爬虫类（Spider 子类）后，一个基本的 Scrapy 爬虫便已完成，可以运行项目查看爬虫的结果。因为 Scrapy 默认会遵守 robots.txt 协议，对于有些网站，会将全站内容都设置为禁止爬虫访问，如果想通过 Scrapy 从此类网站上获取信息，则需要修改 settings.py 文件，将 ROBOTSTXT_OBEY 的值修改为 False，如图 7-19 所示。

```
...

BOT_NAME = "scrapy_douyu_demo"

SPIDER_MODULES = ["scrapy_douyu_demo.spiders"]
NEWSPIDER_MODULE = "scrapy_douyu_demo.spiders"


...

ROBOTSTXT_OBEY = False
```

图 7-19　修改 ROBOTSTXT_OBEY 的值为 False

（2）相关配置设置好后，通过 scrapy crawl 命令运行爬虫程序。可以在 Terminal 中输入命令 scrapy crawl douyu -o douyu.csv --nolog，按 Enter 键确认，运行 Scrapy 爬虫，命令中通过 "-o" 参数设定将爬虫解析出来的数据保存到指定的文件中（支持 CSV、JSON、JSONL、XML 等数据格式），如图 7-20 所示。

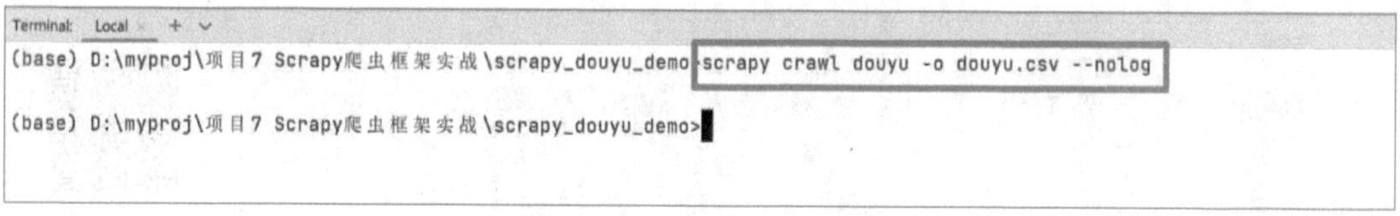

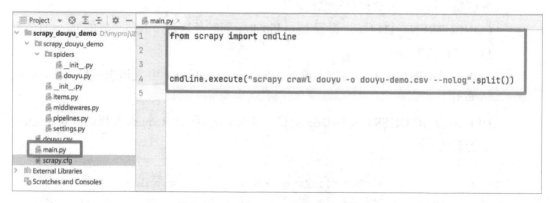

图 7-20　运行 Scrapy 爬虫

（3）Scrapy 爬虫运行完毕后，能在项目中看到新生成的 douyu.csv 文件，其中保存了从页面中提取的相关信息，如图 7-21 所示。

图 7-21　Scrapy 爬虫运行结果

（4）上面步骤是通过在 Terminal 中输入命令的方式运行爬虫的。如果 Scrapy 爬虫需要反复运行，可以定义 Python 脚本文件，以方便运行。例如，在 scrapy_douyu_demo 中创建一个 main.py 文件，并输入相关代码，通过 from scrapy import cmdline 命令启动运行爬虫任务，如图 7-22 所示。当 main.py 文件创建好，如果要运行 Scrapy 爬虫，只要运行 main.py 即可。

图 7-22　运行 Scrapy 爬虫的脚本文件

任务拓展

请尝试编写代码爬取当当网与爬虫相关的图书列表页中的书籍信息。

任务 7.3　自定义爬虫中间件爬取网页数据

任务介绍

本任务主要学习 Scrapy 爬虫框架中自定义下载中间件的使用。正常情况下通过 Scrapy 爬虫框架默认的下载中间件就可以下载所需的数据信息，但是有些网页使用正常方法是请求不到的，这时就需要对下载中间件重新定义，以自定义的方式进行网页内容的下载。本任务介绍 Scrapy 中的配置文件 settings 的相关配置项，然后以一个众图网的爬取任务为例，学习 Scrapy 项目中自定义中间件的方法。

知识准备

7.3.1　Scrapy 的 settings 文件

settings 文件是 Scrapy 的配置文件，通过此文件，用户可以自定义所有 Scrapy 组件的行为，包括核心组件、扩展组件、管道及 Spiders 组件等。settings 提供了键-值对映射的全局命名空间，代码可以使用该命名空间，并从中获取相应的配置值。

settings 文件中常用的设置项目如下。

- BOT_NAME：使用 Scrapy 实现的 bot 名称，也叫项目名称，该名称用于构造默认的 User-Agent，同时也在日志中使用，默认名称为 scrapybot，当使用 startproject 命令创建项目时该值会被自动赋值。
- CONCURRENT_ITEMS：设置 Item Pipeline 同时处理每个 response 的 Item 的最大值，默认值为 100。
- CONCURRENT_REQUESTS：设置了 Scrapy downloader 并发请求的最大值，默认值为 16。
- DEFAULT_REQUEST_HEADERS：设置了 Scrapy HTTP Request 使用的默认 header，它的默认值如下：

```
1.  {
2.  'Accept':'text/html,application/xhtml+xml,application/xml;q=0.9,*/*;q=0.8',
3.  'Accept-Language': 'en',
4.  }
```

- DEPTH_LIMIT：设置了爬取网站最大允许的深度值（depth），默认值为 0，表示没有限制。
- DOWNLOAD_DELAY：设置了下载器在下载同一个网站下一个页面前需要延时的时长。该选项可以用来限制爬取速度，减轻服务器压力。默认值为 0，同时也支持小数，默认情况下，Scrapy 在两个请求间不等待一个固定的值，而是使用 0.5～1.5 的一个随机值乘以 DOWNLOAD_DELAY 的结果作为等待间隔，例如：

```
1.  DOWNLOAD_DELAY = 0.25   # 延时250ms
```

- DOWNLOAD_TIMEOUT：设置下载器的超时时间（单位为秒），默认值为 180。
- ITEM_PIPELINES：该设置项的值是一个保存项目中启用的 Item Pipeline 及其顺序的字典。该字典默认为空，字典的键表示 Item Pipeline 的名称，值可以是任意值，不过习惯设置为 0～1000 的值，值越小则优先级越高，例如：

```
1.  ITEM_PIPELINES = {
2.  'mySpider.pipelines.SomethingPipeline': 300,
3.  'mySpider.pipelines.MyDataPipeline': 800,
4.  }
```

- LOG_ENABLED：设置是否启用 logging，默认值为 True。
- LOG_ENCODING：设置 logging 使用的编码，默认值为 utf-8。
- LOG_LEVEL：设置 log 的最低级别。可选的级别有 CRITICAL、ERROR、WARNING、INFO、DEBUG，默认值为 DEBUG。
- USER_AGENT：设置爬取网站时使用的默认 User-Agent，除非被覆盖，它的默认值为 Scrapy/VERSION (+http://scrapy.org)。
- COOKIES_ENABLED：是否启用 Cookies，默认为禁用（False）。为了不让网站根据用户请求的 Cookies 判断出用户的身份是爬虫，一般将 Cookies 的功能禁用。

7.3.2　Downloader Middlewares

Downloader Middlewares 是处于引擎和下载器之间的一层组件，多个下载中间件可以被同时加载运行。在引擎传递请求给下载器的过程中，下载中间件可以对请求进行处理（例如增加请求头信息、增加代理信息等）。在下载器完成网络请求，传递响应给引擎的过程中，下载中间件也可以对响应进行处理（例如，对响应内容的解压缩等）。

Downloader Middlewares 是一个实现了以下方法中的一个或多个的 Python 类。

1．process_request(self, request, spider)

该方法用于对请求进行处理，在每个请求通过下载中间件时被调用。该方法的参数中，request 为要处理的 request 请求对象；spider 为该 request 对应的 Spider 对象。该方法可能返回 None，一个 response 对象，或者一个 request 对象，也可能抛出 IgnoreRequest 异常。针对这 4 种情况，Scrapy 有以下处理方式。

- 如果返回 None，Scrapy 将继续处理该 request，执行其他中间件的相应方法，直到有合适的下载器处理函数（download handler）被调用，该 request 被执行（即其 response 被下载）。

- 如果返回 response 对象，Scrapy 将不会调用任何其他的 process_request()方法、process_exception()方法或相应下载函数，而是返回该 response。已安装的中间件的 process_response()方法则会在每个 response 返回时被调用。

- 如果返回 request 对象，Scrapy 将停止调用 process_request()方法并重新调度返回的 request。当新返回的 request 被执行后，相应的中间件链将会根据下载的 response 被调用。

- 如果抛出一个 IgnoreRequest 异常，则安装的下载中间件的 process_exception() 方法会被调用。如果没有任何一个方法处理该异常，则 request 的 errback(Request.errback)方法会被调用。如果没有代码处理抛出的异常，则该异常会被忽略且不记录（不同于其他异常的处理方式）。

2. process_response(self, request, response, spider)

该方法用于对响应进行处理，当下载器完成 HTTP 请求，传递响应给引擎时调用。该方法的参数中 request 为 response 所对应的 request 对象；response 为被处理的 response 对象；spider 为 response 所对应的 Spider 对象。

该方法有 3 种执行结果，分别是返回一个 response 对象、返回一个 request 对象或抛出一个 IgnoreRequest 异常。针对这 3 种结果，Scrapy 有以下处理方式。

- 如果返回一个 response 对象（可以与传入的 response 相同，也可以是全新的对象），该 response 会被处于链中的其他中间件的 process_response()方法处理。

- 如果返回一个 request 对象，则中间件链停止，返回的 request 会被重新调度下载。处理方式类似 process_request()返回 request 所做的操作。

- 如果抛出一个 IgnoreRequest 异常，则调用 request 的 errback(Request.errback)方法。如果没有代码处理抛出的异常，则该异常被忽略且不记录（不同于其他异常的处理方式）。

3. process_exception(request, exception, spider)

该方法用于对下载器或下载中间件的 process_request()方法抛出异常的处理，该方法的参数中 request 为引发异常的 request 对象；exception 为被抛出的 Exception 异常对象；spider 为 request 所对应的 Spider 对象。

该方法有 3 种返回结果，分别是 None、一个 response 对象或一个 request 对象。针对这 3 种结果，Scrapy 有以下处理方式。

- 如果返回一个 response 对象，则该 response 会被中间件链的 process_response()方法处理，不再调用其他中间件的 process_exception()方法处理。

- 如果返回一个 request 对象，则返回的 request 将被重新安排调度。其他中间件的 process_exception()方法将不被调用执行，就像返回 response 响应一样。

- 如果返回 None，将继续处理此异常，执行已安装中间件的 process_exception() 方法，直至默认的异常处理。

4. from_crawler(cls, crawler)

调用此方法将从 crawler 创建一个新的中间件对象。Crawler 对象提供对所有 Scrapy 核心组件的访问，如 settings 和 signals，这是中间件访问它们并将其功能挂载到 Scrapy 中的一种方式。

↓ 任务实施

接下来以"众图网装饰画"为例，采用 Selenium 库与 Chrome 无头浏览器进行自定义下载中间件的设置，并使用 fake_useragent 库进行随机 Agent 的输出，实现对图片的下载，具体步骤如下。

1. 接口分析

（1）在浏览器地址栏中输入众图网的"装饰画">"背景墙">"中式背景墙模板"页面的 URL 地址，进入对应页面，如图 7-23 所示。

图 7-23　进入众图网"中式背景墙模板"页面

（2）在页面底部的页面导航部分多次单击"下一页"或"上一页"按钮，观察发现页面地址的变化规律为 https://www.ztupic.com/zhuangshihuabeijingqiang/zhongshibeijingqiang-1-N，说明该网站的请求为：基本地址 + 专栏名称 + 模板名称 -1-＋N 的格式，如图 7-24 所示。

（3）可以看到在 https://www.ztupic.com/zhuangshihuabeijingqiang/zhongshibeijingqiang-1-2 页面中集成了很多的图片素材。本任务的目标是把每个素材图片下载下来，因此需要继续进行页面分析，明确图片的下载链接。在页面中随便单击一张图片进入图片的详情页，然后在页面上单击鼠标右键，在弹出的快捷菜单中选择"检查"选项，打开 DevTools，进行元素的定位，可以查看图片的具体链接，如图 7-25 所示。

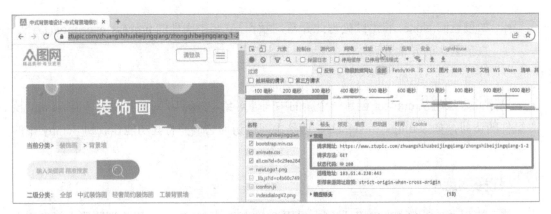

图 7-24　众图网"中式背景墙模板"分页 URL 地址示例

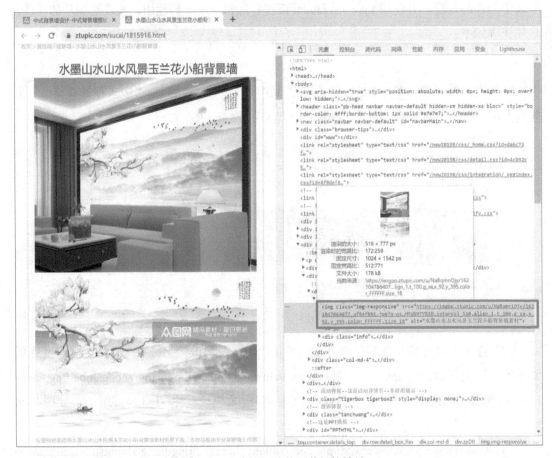

图 7-25　查看图片的下载链接地址

（4）类似地，在 https://www.ztupic.com/zhuangshihuabeijingqiang/zhongshibeijingqiang-1-2 页面进行图片元素定位，查看图片详情页面的链接地址，可以发现在<a></a>标签里面有一个 HTML 页面的链接，通过单击确认正是图片详情页的链接，如图 7-26 所示。

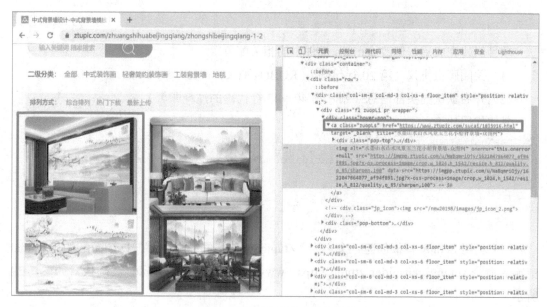

图 7-26　查看图片详情页的链接地址

　　至此，已经明确了图片下载链接和图片详情页链接在页面中的位置，接下来开始构建代码进行链接的提取及图片下载任务。

　　2. 项目构建

　　选择好保存项目的文件夹后，在 PyCharm 的 Terminal 中输入相关命令创建 Scrapy 项目，项目创建完成后，在 PyCharm 中打开该项目，如图 7-27 和图 7-28 所示。

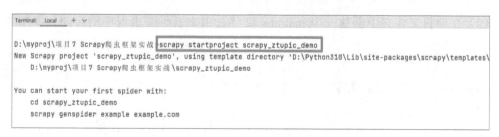

图 7-27　创建 scrapy_ztupic_demo 项目

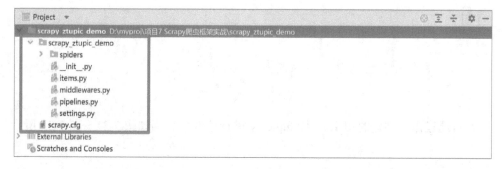

图 7-28　scrapy_ztupic_demo 的初始项目结构

3. settings 文件配置

项目创建完成后，修改 settings 文件中的相关配置项。

（1）关闭爬虫协议（第 20 行代码）：ROBOTSTXT_OBEY = False。

（2）开启默认的头部信息（删除第 40～43 行代码的注释即可）。

具体代码如下：

```
1.  DEFAULT_REQUEST_HEADERS = {
2.      "Accept": "text/html,application/xhtml+xml,application/xml;q=0.9,*/*;q=0.8",
3.      "Accept-Language": "en",
4.  }
```

4. 创建爬虫

（1）利用 Scrapy 模板创建一个名为"ZtupicSpider"的爬虫类，在 PyCharm 的 Terminal 中输入命令 scrapy genspider ztupic https://www.ztupic.com，按 Enter 键确认，如图 7-29 所示。

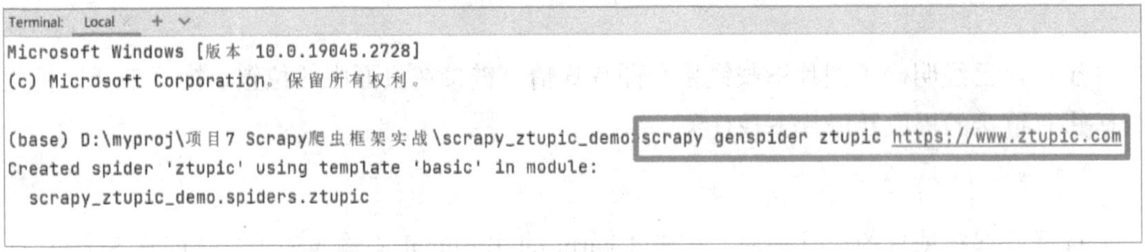

图 7-29　创建爬虫

（2）在项目文件夹中创建一个 main.py 文件，用来引导爬虫程序的启动，如图 7-30 所示。

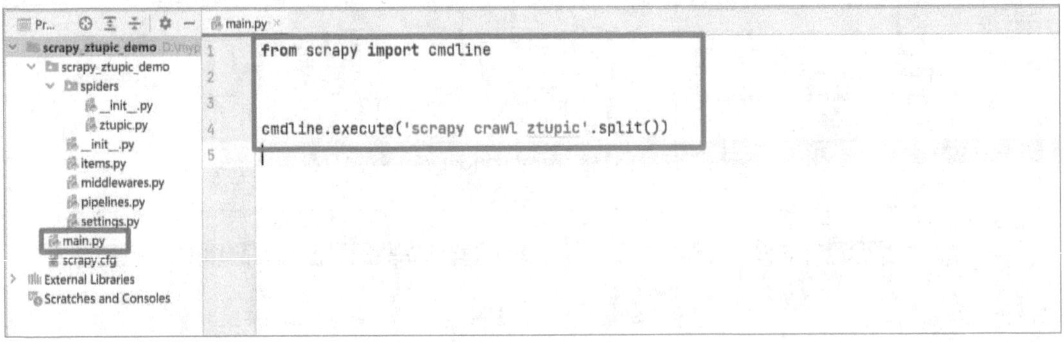

图 7-30　创建启动爬虫程序的脚本

（3）对通过命令创建的爬虫文件 ztupic.py 进行修改，代码如图 7-31～图 7-33 所示。

```python
1    import os
2    import scrapy
3
4
5    class ZtupicSpider(scrapy.Spider):
6        name = "ztupic"
7        allowed_domains = ["www.ztupic.com"]
8        # start_urls = ["https://www.ztupic.com/"]
9
10
```

图 7-31　ztupic.py 代码（1）

```python
11        # 定义start_requests()方法
12        def start_requests(self):
13            self.root_dir = 'images'        # 创建images目录，用于存储图片
14            if not os.path.exists(self.root_dir):    # 如果目录不存在，创建目录
15                os.mkdir(self.root_dir)
16            for page in range(1, 3):    # 爬取前2页的数据
17                base_url = f"https://www.ztupic.com/zhuangshihuabeijingqiang/zhongshibeijingqiang-1-{page}"
18                yield scrapy.Request(
19                    url=base_url,
20                    callback=self.parse,
21                    dont_filter=True,
22                    meta={"chrome": False}
23                )
24
25        # 处理爬取的列表页数据
26        def parse(self, response):
27            paths = response.url.rsplit('/', 1)
28            # 保存页面的HTML代码
29            with open(paths[1]+'.html', 'w', encoding='utf-8') as f:
30                f.write(response.body.decode('utf-8'))
31
32            # 提取所有的图片详情页链接，并逐一爬取详情页数据
33            a_list = response.xpath('//a[@class="zuopLs"]/@href').extract()
34            for href in a_list:
35                yield scrapy.Request(
36                    url=href,
37                    callback=self.detail_page,
38                    meta={"chrome": True}
39                )
40
```

图 7-32　ztupic.py 代码（2）

```python
41        # 处理爬取的详情页数据，提取图片的下载路径，并逐一下载各张图片
42        def detail_page(self, response):
43            urls = response.xpath('//img[@class="img-responsive"]/@src').extract()
44            # 说明1：直接Scrapy爬取时会被识别为爬虫而弹出验证页面，导致解析不到图片链接
45            if len(urls) > 0:
46                # 说明2：解析到的图片链接太长，中间会插入一个换行符，要去除才能获取到图片
47                url = ''.join(urls[0].split())
48                yield scrapy.Request(
49                    url=url,
50                    callback=self.download_pic,
51                    meta={"chrome": False}
52                )
53
54        # 处理下载到的图片数据，将其保存到指定文件夹内
55        def download_pic(self, response):
56            # response.url是类似于下面的链接地址：
57            # https://imgpp.ztupic.com/new20198/201908/15669554727634.jpg?x-oss-pr......
58            paths = response.url.split('?')
59            img_name = paths[0].split('/')[-1]
60            # print(img_name)
61            filename = self.root_dir + "/" + img_name
62            with open(filename, 'wb') as f:
63                f.write(response.body)
```

图 7-33　ztupic.py 代码（3）

上述代码中,第 1~2 行代码导入所需库;第 12~23 行代码重写了 start_requests()方法,构建了下载的 URL 地址,创建了一个 images 目录,用于存放下载的图片。第 26~39 行代码构建了 parse()方法,该方法主要对模板列表页面进行处理,使用 xpath()方法提取出图片详情页链接。得到完整的详情页 URL 地址后,接着请求详情页地址,第 50 行代码设置详情页响应获取后,交给第 42~52 行代码的 detail_page()方法处理,通过 xpath()方法获取图片的下载地址,最后进行图片下载。

(4)完成上述代码后,运行 main.py 文件,会发现列表页面的 HTML 文档可以正常保存到本地磁盘,但是图片没有下载下来,原因是当前的代码没有进行请求伪装,网站很容易判断出异常访问行为,因此请求图片详情页时会被要求进行验证,如图 7-34 所示。

图 7-34 显示访问验证信息

5. 自定义下载中间件

接下来编写自定义的下载中间件,以实现图片的下载保存。在开始自定义下载中间件开发前,需要先确认当前的环境中是否已安装好了所需的两个软件包(selenium、fake_useragent),并且已经下载了 Selenium 所需的与自己计算机上的浏览器版本相匹配的WebDriver 文件。

(1)当环境配置好后,开始进行下载中间件的定义:修改 middlewares.py 文件,在原来代码的基础上添加一个名为"ZtupicDownloaderMiddleware"的下载中间件,如图 7-35~图 7-38 所示。

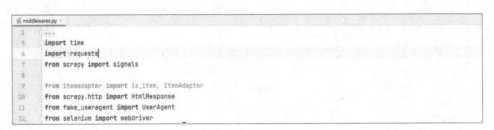

图 7-35 自定义下载中间件(1)

```
109    #  自定义的下载中间件
110    class ZtupicDownloaderMiddleware(object):
111        def __init__(self):
112            self.ug = UserAgent()
113            self.root_dir = 'images'
114
```

图 7-36　自定义下载中间件（2）

```
115        def process_request(self, request, spider):
116            if request.meta.get('chrome', True):
117                print("使用chrome无头浏览器模式")
118                request.headers.setdefault('User-Agent', self.ug.random)
119
120                #  设置启动配置
121                chrome_options = webdriver.ChromeOptions()
122                #  打开Chrome浏览器
123                #  设置为开发者模式，防止被网站识别出来使用了Selenium
124                chrome_options.add_experimental_option('excludeSwitches', ['enable-logging'])    #  禁止打印日志
125                chrome_options.add_argument('--headless')    #  无头模式
126                chrome_options.add_argument('log-level=3')    #  LOG_FATAL = 3
127                driver = webdriver.Chrome("D:/chromedriver113/chromedriver", options=chrome_options)
128                driver.get(request.url)        #  请求图片的详情页面
129                time.sleep(1)
130                driver.save_screenshot('1.png')      #  保存一个截屏，可用于查看页面请求是否正常
131                html = driver.page_source
132                response = HtmlResponse(
133                    url=request.url,
134                    encoding='utf-8',
135                    body=html,
136                    request=request
137                )
138                #  提取出图片的下载链接地址
139                url = response.xpath('//img[@class="img-responsive"]/@src').extract()[0]
140                self.download_pic(url)
141                return response
142
143
```

图 7-37　自定义下载中间件（3）

```
144        #  处理下载到的图片数据，将其保存到指定文件夹内
145        def download_pic(self, url):
146            print('======== ZtupicDownloaderMiddleware . download_pic called')
147            #  response.url是类似于下面的链接地址：
148            #  https://imgpp.ztupic.com/new20198/201988/15669554727634.jpg?x-oss-pr......
149            paths = url.split('?')
150            header = {
151                'User-Agent': ('Mozilla/5.0 (Windows NT 10.0; WOW64) AppleWebKit/537.36 (KHTML, like Gecko)'
152                               ' Chrome/67.0.3396.99 Safari/537.36')
153            }
154            url = ''.join(url.split())
155            pic = requests.get(url,headers=header)
156            img_name = paths[0].split('/')[-1]
157            filename = self.root_dir + "/" + img_name
158            with open(filename, 'wb') as f:
159                f.write(pic.content)
```

图 7-38　自定义下载中间件（4）

图 7-35 中第 5～12 行代码导入了相关的包。图 7-36 中第 110 行代码开始了自定义下载中间件的代码部分。图 7-37 中第 115～141 行代码定义了下载中间件 process_request()方法，该方法使用 Selenium 调用了 Chrome 无头浏览器来模拟用户访问网站的效果，以便正确地获取到图片的下载链接地址。获取到下载地址后，调用图 7-38 中第 145～159 行代码定义的 download_pic()方法，实现图片的下载保存。

（2）使用自定义的下载中间件，要先在 settings 文件的下载中间件设置中启用：在 settings.py 配置文件中，将原先注释的下载中间件配置项 DOWNLOADER_MIDDLEWARES 取消注释，然后将自定义的下载中间件在 DOWNLOADER_MIDDLEWARES 中配置上，如图 7-39 所示。

```
53    DOWNLOADER_MIDDLEWARES = {
54        "scrapy_ztupic_demo.middlewares.ScrapyZtupicDemoDownloaderMiddleware": 543,
55        "scrapy_ztupic_demo.middlewares.ZtupicDownloaderMiddleware": 300,
56    }
```

图 7-39　配置启用自定义的下载中间件

（3）配置好后，重新运行 main.py 文件查看运行结果：能在 images 文件夹中看到对应页面上的图片已经下载并保存到本地磁盘，如图 7-40 所示。

图 7-40　查看自定义下载中间件运行后下载的图片

（4）还可以指定在特定的页面请求中使用我们自定义的下载中间件，设置方法也很简单，在爬虫类 ZtupictukuSpider 的 start_requests()、detail_page()、parse()方法的 yield 语句中给返回的 request 对象添加一个参数 meta，用于指定该 request 是否交给自定义的下载中间件来处理；然后在自定义下载中间件中判断参数是否成立，如果成立，则使用自定义下载中间件，不成立则采用默认的下载中间件，代码如下：

```
1.    meta={"chrome": True}
```

请尝试应用 Scrapy 的自定义下载中间件实现天气后报数据的爬取。

任务 7.4　CrawlSpider 自动爬取数据

⬇️ **任务介绍**

Scrapy 爬虫框架在 scrapy.spiders 模块中提供了 CrawlSpider 类专门用于自动爬取，本任务介绍 CrawlSpider 类的相关知识，然后基于 CrawlSpider 类实现对历史天气信息的自动爬取任务。

⬇️ **知识准备**

7.4.1　CrawlSpider

CrawlSpider 类是 Spider 的派生类，Spider 类的设计原则是只爬取 start_url 列表中的网页，而 CrawlSpider 类定义了一些规则（Rule）来提供跟进新的待爬取链接（Link）的方便机制，对于从爬取的网页中获取 Link 并继续爬取的工作更适合。快速创建一个使用 CrawlSpider 模板的爬虫语法格式如下：

```
1.  scrapy genspider -t crawl my_crawl sample.com
```

其中，-t 表示模板，crawl 表示模板的名称，该命令指定了爬虫创建时使用的模板为 crawl。

在创建爬虫时，Scrapy 提供了 4 个模板供用户选择，分别是 basic（默认，不指定时就选择该模板来创建爬虫）、crawl、csvfeed 和 xmlfeed，可以通过 scrapy genspider -l 命令查看可用的模板。

CrawlSpider 类从 Spider 类继承，除了具有 Spider 类的相关属性和方法外，它还增加了一些属性和方法，简单介绍如下。

- rules：表示一个包含一个或多个规则对象的列表。每个 Rule 对爬取网站的动作定义了特定表现。Rule 对象在 7.4.2 节会具体介绍。如果多个 Rule 匹配了同一个链接，则根据它们在本属性中定义的顺序，使用第一个 Rule。
- __init__()：负责初始化工作，并调用了_compile_rules()方法。
- parse()：重写了父类的 parse()方法，在实现中直接调用_parse_response()方法，并把 parse_start_url()方法作为处理 response 的方法。
- parse_start_url()：处理 parse()方法返回的 response，例如，提取需要的数据等。该方法需要返回 Item、request 或者它们的可迭代对象。

- _requests_to_follow()：从 response 中解析出目标 URL，并将其包装成 request 请求。该请求的回调方法是_response_downloaded()，为 request 的 meta 值添加了 rule 参数，该参数的值是这个 URL 对应 Rule 在 rules 中的下标。

- _response_downloaded()：_requests_to_follow()方法的回调方法，其作用就是调用 _parse_response()方法，处理下载器返回的 response，设置 response 的处理方法为 rule.callback 指定的回调方法。

- _parse_response()：负责将 response 交给参数 callback 指定的回调方法去处理，然后处理 callback 方法的 requests_or_item()，再根据 rule.follow and spider._follow_links 来判断是否继续采集，如果继续，就将 response 交给_requests_to_follow()方法，根据规则提取相关的链接。spider._follow_links 的值是从 settings 配置文件中的 CRAWLSPIDER_FOLLOW_LINKS 值获取的。

- _compile_rules()：这个方法的作用就是将 Rule 中的字符串表示的方法改成实际的方法，方便以后调用。

7.4.2　Rule

CrawlSpider 类使用 rules 属性来决定爬虫的爬取规则，并将匹配后的 URL 请求提交给引擎。所以在正常情况下，CrawlSpider 不需要单独手动返回请求。

在 rules 属性中可以包含一个或多个 Rule 对象，每个 Rule 对象都对爬取网站的动作定义了某种特定操作，比如提取当前相应内容里的特定链接，是否对提取的链接跟进爬取，对提交的请求设置回调函数等。如果包含了多个 Rule 对象，那么每个 Rule 轮流处理 response。每个 Rule 对象可以规定不同的处理 Item 的 parse_item()方法，但是一般不使用 Spider 类已定义的 parse()方法。

如果多个 Rule 对象匹配了相同的链接，则根据 Rule 在本集合中被定义的顺序，第一个会被使用。

Rule 类构造方法如下：

```
1.  class scrapy.spiders.Rule( link_extractor, callback=None, cb_kwargs=None,
follow=None, process_links=None,   process_request=None)
```

Rule 类构造方法中的参数含义如下。

- link_extractor：是一个 Link Extractor 对象，用于定义链接的解析规则。

- callback：指定了回调方法的名称。从 link_extractor 中获取到链接时，该参数所指定的值作为回调方法。该回调方法必须接收一个 response 对象作为其第一个参数，并且返回一个由 Item、request 对象或者它们的子类所组成的列表。注意当编写爬虫规则时，避免使用 parse()作为回调函数。由于 CrawlSpider 使用 parse()方法来实现其逻辑，如果覆盖了 parse()方法，CrawlSpider 将会运行失败。

- cb_kwargs：是一个字典，包含了传递给回调方法的参数，默认值为 None。
- follow：是一个布尔值，指定了根据本条 Rule 从 response 对象中提取的链接是否需要跟进。如果 callback 参数值为 None，则 follow 默认值为 True，否则默认值为 False。
- process_links：指定回调方法的名称，该回调方法用于处理根据 link_extractor 从 response 对象中获取到的链接列表。该方法主要用来过滤链接。
- process_request：指定回调方法的名称，该回调方法用于根据本条 Rule 提取 request 对象，其返回值必须是一个 request 对象或者 None（表示将该 request 过滤掉）。

7.4.3　LinkExtractor

Scrapy 爬虫框架在 scrapy.linkextractors 模块中提供了 LinkExtractor 类专门用于表示链接提取类，它的任务就是从网页中提取需要跟踪爬取的链接。它按照规定的提取规则来提取链接，这个规则只适用于链接，不适用于普通文本。用户也可以自定义一个符合特定需求的链接提取类，只需要让它实现一个简单的接口即可。

每个 LinkExtractor 都需要实现一个公共方法 extract_links()，该方法接收一个 response 对象作为参数，并返回一个元素类型为 scrapy.link.Link 的列表。在爬虫工作过程中，链接提取类只需要实例化一次，但是从响应对象中提取链接时会多次调用 extract_links()方法。

链接提取类一般与若干 Rule 结合一起用于 CrawlSpider 类中，但是在 CrawlSpider 类无关的场合也可以使用该类提取链接。

在 Scrapy 爬虫框架中默认的链接提取类是 LinkExtractor 类，语法格式如下：

```
1.  class scrapy.linkextractors.LinkExtractor(allow=(),deny=(),
allow_domains=(), deny_domains=(), restrict_xpaths=(),   tags=('a','area'),
attrs=('href'), canonicalize=False,   unique=True, process_value=None,
deny_extensions=None,   restrict_css=(), strip=True)
```

上述语法中包含多个参数，具体含义如下。

- allow：一个或多个正则表达式组成的元组，只有匹配这些正则表达式的 URL 才会被提取。如果 allow 参数为空，会匹配所有链接。
- deny：一个或多个正则表达式组成的元组，满足这些正则表达式的 URL 会被排除不被提取（优先级高于 allow 参数）。如果 deny 参数为空，则不会排除任何 URL。
- allow_domains：一个或多个字符串组成的元组，表示被提取链接所在的域名。
- deny_domains：一个或多个字符串组成的元组，表示被排除不提取的链接所在的域名。
- restrict_xpaths：一个或多个 XPath 表达式组成的元组，表示只在符合该 XPath 表达式定义的文字区域搜寻链接。
- tags：用于识别要提取的链接标签，默认值为('a', 'area')。

- attrs：一个或多个字符串组成的元组，表示在提取链接时要识别的属性（仅当该属性在 Tags 规定的标签里出现时），默认值为'href'。

- canonicalize：表示是否将提取到的 URL 标准化，默认值为 False。由于使用标准化后的 URL 访问服务器与使用原 URL 访问得到的结果可能不同，所以最好保持使用它的默认值 False。

- unique：表示是否要对提取的链接进行去重过滤，默认值为 True。

- process_value：负责对提取的链接进行处理的函数，能够对链接进行修改并返回一个新值，如果返回 None，则忽略该链接。如果不对 process_value 参数赋值，则使用它的默认值"lambda x: x"。

- deny_extensions：一个字符串或者字符串列表，表示提取链接时应被排除的文件扩展名。

- restrict_css：一个或多个 CSS 表达式组成的元组，表示只在符合该 CSS 定义的文字区域搜寻链接。

- strip：表示是否要将提取的链接地址前后的空格去掉，默认值为 True。

↓ 任务实施

接下来对天气后报网进行历史天气的自动爬取，基于 CrawlSpider 爬虫类自动爬取广州地区 2011 年以来的多年历史天气信息。本示例的页面接口分析与任务 4.4 中"任务实施"部分相同，此处不再重复，案例的具体实现步骤如下。

1. 创建项目

选择好保存项目的文件夹后，在 PyCharm 的 Terminal 中输入相关命令创建 Scrapy 项目，项目创建完成后，在 PyCharm 中打开该项目，如图 7-41 所示。

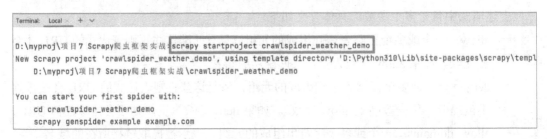

图 7-41　创建 Scrapy 项目

2. 创建爬虫

（1）在 PyCharm 的 Terminal 中通过命令创建一个 CrawlSpider 爬虫，与创建 Spider 爬虫的区别在于在创建命令中多了一个使用爬虫模板的选项-t crawl，如图 7-42 所示。

```
Terminal:   Local   +   ∨
Microsoft Windows [版本 10.0.19045.2728]
(c) Microsoft Corporation。保留所有权利。

(base) D:\myproj\项目7 Scrapy爬虫框架实战\crawlspider_weather_demo>scrapy genspider -t crawl weather www.tianqihoubao.com
Created spider 'weather' using template 'crawl' in module:
  crawlspider_weather_demo.spiders.weather
```

图 7-42　创建 CrawlSpider 爬虫

（2）创建爬虫后的目录结构如图 7-43 所示。

```
Project  ▼    ⊕ Σ ÷ ✿ —    🔧 weather.py ×
✓ 🗁 crawlspider_weather_demo D:\myproj    1    import scrapy
  ✓ 🗁 crawlspider_weather_demo              2    from scrapy.linkextractors import LinkExtractor
    ✓ 🗁 spiders                             3    from scrapy.spiders import CrawlSpider, Rule
        🔧 __init__.py                       4
        🔧 weather.py                        5
    🔧 __init__.py                           6    class WeatherSpider(CrawlSpider):
    🔧 items.py                              7 ●   name = "weather"
    🔧 middlewares.py                        8       allowed_domains = ["www.tianqihoubao.com"]
    🔧 pipelines.py                          9       start_urls = ["http://www.tianqihoubao.com/"]
    🔧 settings.py                          10
  🔧 scrapy.cfg                             11 ●   rules = (Rule(LinkExtractor(allow=r"Items/"), callback="parse_item", follow=True),)
> 🗁 External Libraries                     12
  🗁 Scratches and Consoles                 13       def parse_item(self, response):
                                            14           item = {}
                                            15           #item["domain_id"] = response.xpath('//input[@id="sid"]/@value').get()
                                            16           #item["name"] = response.xpath('//div[@id="name"]').get()
                                            17           #item["description"] = response.xpath('//div[@id="description"]').get()
                                            18           return item
```

图 7-43　查看 CrawlSpider 爬虫的目录结构

（3）在项目根目录下创建一个 main.py 文件，用于爬虫的启动，如图 7-44 所示。

```
Project  ▼    ⊕ Σ ÷ ✿ —    🔧 main.py ×
✓ 🗁 crawlspider_weather_demo D:\myproj    1    from scrapy import cmdline
  ✓ 🗁 crawlspider_weather_demo              2
    ✓ 🗁 spiders                             3
        🔧 __init__.py                       4    cmdline.execute('scrapy crawl weather'.split())
        🔧 weather.py                        5
    🔧 __init__.py                           6
    🔧 items.py                              7
    🔧 middlewares.py                        8
    🔧 pipelines.py
    🔧 settings.py
    🔧 main.py
```

图 7-44　创建 main.py 文件

3．定义 Item 实体类

修改 items.py 文件，定义表示天气信息的 Item 类，如图 7-45 所示。

4．定义爬取规则及解析方法

（1）对通过命令创建的爬虫文件 weather.py 进行修改，定义自动爬取的规则及数据的解析方法，代码如图 7-46 所示。

```
items.py ×
1    import scrapy
2
3
4    # 表示历史天气信息的Item类
5    class CrawlspiderWeatherDemoItem(scrapy.Item):
6        _id = scrapy.Field()      # 记录的ID
7        date = scrapy.Field()     # 获取日期
8        city = scrapy.Field()     # 获取城市名称
9        status = scrapy.Field()   # 获取天气状况
10       temp = scrapy.Field()     # 获取最低/最高温度
11       wind = scrapy.Field()     # 获取风力状况(夜间/白天)
```

图 7-45　定义表示天气信息的 Item 类

第 1～3 行代码导入所需库；第 9 行代码设置爬虫爬取的初始页面链接。第 10～14 行代码定义了爬虫类 WeatherSpider 的 URL 提取规则 Rules：通过 LinkExtractor 类的 restrict_xpaths 属性限定搜索 URL 链接的范围，通过 callback 指定满足条件的链接返回的 response 交给 parse_item()方法处理，进行数据的解析工作。

```
weather.py ×
1    from scrapy.linkextractors import LinkExtractor
2    from scrapy.spiders import CrawlSpider, Rule
3    from crawlspider_weather_demo.items import CrawlspiderWeatherDemoItem as WeatherItem
4
5    # 定义一个自动化爬虫类
6    class WeatherSpider(CrawlSpider):
7        name = "weather"
8        allowed_domains = ["www.tianqihoubao.com"]
9        start_urls = ["http://www.tianqihoubao.com/lishi/guangzhou.html"]
10       rules = (   # 定义规则
11           Rule(LinkExtractor(
12               restrict_xpaths='//div[@id="content"]//div[@class="box pcity"]'),  # 只抽取指定div中的超链接
13               callback='parse_item', follow=True),  # 指定回调方法
14       )
15
```

图 7-46　CrawlSpider 爬虫实现代码（1）

（2）第 16～31 行代码实现了执行数据解析的 parse_item()方法，如图 7-47 所示。

```
weather.py ×
16       def parse_item(self, response):
17           trs = response.xpath('//div[@id="content"]/table//tr')  # 获取一个月份天气页面下的所有天气信息
18           for tr in trs[1:]:
19               item = WeatherItem()
20               try:
21                   temp = tr.xpath("./td[1]/a/@href").extract()[0].split('/')
22                   item['_id'] = "".join([temp[-2], temp[-1]])       # 天气记录ID
23                   item['date'] = temp[-1].split('.html')[0]   # 获取日期
24                   item['city'] = temp[-2]  # 获取城市名称
25                   item['status'] = "".join(tr.xpath("./td[2]/text()").extract()[0].split())  # 获取天气状况
26                   item['temp'] = "".join(tr.xpath("./td[3]/text()").extract()[0].split())   # 获取最低/最高温度
27                   item['wind'] = "".join(tr.xpath("./td[4]/text()").extract()[0].split())   # 获取风力状况(夜间/白天)
28                   print(item)
29                   yield item
30               except Exception as e:
31                   continue
32
```

图 7-47　CrawlSpider 爬虫实现代码（2）

（3）爬虫代码编写完成后，即可运行 main.py 文件，启动爬虫工作。项目启动后，爬虫会根据预先定义好的规则对目标链接进行爬取及数据解析，生成一系列的 Item 对象，并将结果输出到控制台中，如图 7-48 所示。

```
Run:    main
        'wind': '无持续风向≤3级/无持续风向≤3级'}
      {'_id': 'guangzhou20160422.html',
        'city': 'guangzhou',
        'date': '20160422',
        'status': '小雨/大雨',
        'temp': '21℃/26℃',
        'wind': '无持续风向≤3级/无持续风向≤3级'}
      process_item ---> {'_id': 'guangzhou20160422.html',
        'city': 'guangzhou',
        'date': '20160422',
        'status': '小雨/大雨',
        'temp': '21℃/26℃',
        'wind': '无持续风向≤3级/无持续风向≤3级'}
      {'_id': 'guangzhou20160423.html',
        'city': 'guangzhou',
        'date': '20160423',
```

图 7-48　CrawlSpider 爬虫运行结果

⬇ **任务拓展**

请尝试编写相应规则，实现对某一省份各地区历史天气的自动爬取。

任务 7.5　应用 Item Pipeline 进行后期数据处理

⬇ **任务介绍**

扫一扫，看微课

当 Spiders 爬取到数据后，接下来的工作便是通过 Item Pipeline 对数据进行相应的清理、校验，并对数据进行持久化存储。本任务简要介绍 Scrapy 中的 Item Pipeline 的相关知识，然后在任务 7.4 的基础上，通过 Item Pipeline 将历史天气信息持久化保存到 MongoDB 数据库中。

⬇ **知识准备**

当 Item 在 Spiders 中被收集之后，会被传递给 Item Pipeline。用户可以在 Scrapy 项目中定义多个管道，这些管道按定义的顺序依次处理 Item。

每个管道都是实现了简单方法的 Python 类，它们接收 Item 并通过它执行一些行为，同时也决定此 Item 是否继续通过 Item Pipeline，或是被丢弃而不再进行处理。以下是 Item Pipeline 的一些典型应用。

- 清理 HTML 数据。

- 验证爬取的数据，检查 Item 包含某些字段，如 name 字段。
- 查重并丢弃重复数据。
- 将爬取结果保存到文件或者数据库中。

自定义 Item Pipeline 很简单，每个 Item Pipeline 组件都是一个独立的 Python 类，该类中的 process_item()方法必须实现，每个 Item Pipeline 组件都需要调用 process_item()方法。process_item()方法必须返回一个 Item（或任何继承类）对象，或是抛出 DropItem 异常，被丢弃的 Item 对象将不会被之后的 Item Pipeline 组件所处理。语法格式如下：

```
1.  process_item(self, item, spider)
```

上述函数中的参数含义如下。

- item：表示被爬取的 Item 对象。
- spider：表示爬取该 Item 的 Spider 对象。

一个 Item Pipeline 定义好后，要启用它，需要将它的类添加到 settings 配置文件的 ITEM_PIPELINES 配置项中，例如：

```
1.  ITEM_PIPELINES = {
2.      'myproject.pipelines.PricePipeline': 300,
3.      'myproject.pipelines.JsonWriterPipeline': 800,
4.  }
```

在分配给每个 Item Pipeline 类整型值，确定了它们运行的顺序后，Item 对象按数字从小到大的顺序通过 Item Pipeline，通常将这些数字定义在 0～1000 内。

任务实施

本任务将在任务 7.4 中"任务实施"的历史天气信息自动爬取案例的基础上，编写 Item Pipeline 的相关方法，实现将历史天气信息保存到 MongoDB 数据库。具体操作如下。

（1）当创建 Scrapy 项目时，基于模板创建了一个 pipelines.py 文件，同时在文件中创建了一个 Item Pipeline 类，但默认是没有启用的。因此，首先在 settings 文件中将 ITEM_PIPELINES 配置项启用，如图 7-49 所示。

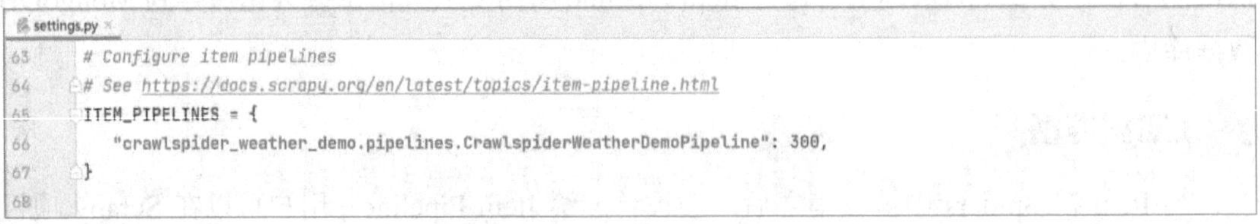

```
63  # Configure item pipelines
64  # See https://docs.scrapy.org/en/latest/topics/item-pipeline.html
65  ITEM_PIPELINES = {
66      "crawlspider_weather_demo.pipelines.CrawlspiderWeatherDemoPipeline": 300,
67  }
68
```

图 7-49　设置 ITEM_PIPELINES 配置项

（2）接下来编写 Item Pipeline 类，添加相关代码，如图 7-50 所示。

第 8～10 行代码实现了类的构造方法，在方法中配置了 MongoDB 数据库名称及存储历史天气数据的集合名称，然后通过 process_item()方法实现了将爬虫爬取到的历史天气信息 Item 写入 MongoDB 数据库的相关逻辑。

```python
from pymongo import MongoClient


class CrawlspiderWeatherDemoPipeline:
    """
    管道类，用于将爬取到的历史天气数据存储到MongoDB数据库中
    """
    def __init__(self):
        self.db = MongoClient().weather
        self.tb = self.db.tb_weather

    def process_item(self, item, spider):
        print("process_item ---> ", item)
        # 如果ID不为空，说明爬取到了一条天气信息，将其保存到数据库中
        if item['_id']:
            result = self.tb.find_one({'_id': item['_id']})
            # 如果文档已经存在于数据库中，更新文档；否则，插入一条新文档
            if result:
                self.tb.update_one(
                    {'_id': item['_id']},
                    {'$set': {
                        'date': item['date'],        # 日期
                        'city': item['city'],        # 城市名称
                        'status': item['status'],    # 天气状况
                        'temp': item['temp'],        # 最低/最高温度
                        'wind': item['wind']         # 风力状况(夜间/白天)
                    }}
                )
            else:
                self.tb.insert_one(dict(item))
        return item
```

图 7-50　编写 Item Pipeline 类代码

（3）代码编写完成后，重新运行爬虫程序，在命令行打开一个 MongoDB 的客户端，输入相关命令，如图 7-51 所示，可以看到爬取到的历史天气信息已经成功保存到 MongoDB 数据库中了。

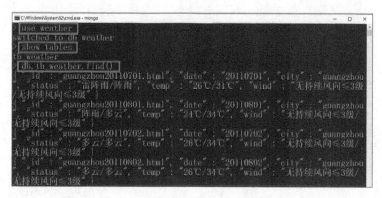

图 7-51　查看 MongoDB 中保存的历史天气数据

↓ 任务拓展

　　请尝试编写代码，将当当网中与爬虫相关的图书列表页中的书籍信息爬取并保存到数据库中。

任务 7.6 综合实训——百度科学百科数据爬取

⬇ 任务介绍

本任务将基于 Scrapy、Selenium 创建爬虫自动爬取百度科学百科相关的词条信息。一般情况下使用 Scrapy 爬虫框架可以快速地编写爬虫进行数据的爬取，但是仅用 Scrapy 爬虫框架不能有效地对动态网页的信息进行爬取。因此，本实训在 Scrapy 爬虫框架的基础上，通过自定义下载中间件，应用 Selenium 实现对动态页面信息的爬取，并将爬取的科学百科词条信息存储到 MongoDB 数据库中。

⬇ 任务实施

本任务的目标是在 Scrapy + Selenium 的基础上，爬取百度百科中的科学百科词条信息（词条的 ID、标题、链接、简介、图片链接、所属类别、浏览次数、编辑次数、最新更新时间、文本字数、点赞数、转发数等），并将其存储到 MongoDB 数据库中。具体操作如下。

1. 接口分析

（1）在浏览器中输入百度百科的 URL 地址，按 Enter 键确认，进入百度百科首页，然后选择"科学百科"专栏，这时会发现浏览器地址栏中的地址也随之改变，如图 7-52 所示。

图 7-52 查看百度科学百科的 URL 地址

（2）在页面任意位置单击鼠标右键，在弹出的快捷菜单中选择"检查"选项，打开

DevTools 页面，查看百度科学百科的分类链接地址，如图 7-53 所示。

图 7-53　查看百度科学百科的分类链接地址

（3）通过检查页面源代码，可以发现百度科学百科中的分类链接地址为<a></a>标签中的 href 属性，形式为 https://baike.baidu.com/wikitag/...，如图 7-54 所示。

```
<a href="https://baike.baidu.com/wikitag/taglist?tagId=76625"
```

图 7-54　分析百度科学百科的分类链接地址

（4）根据分类链接地址的特点，可以利用图 7-55 所示的规则来进行链接提取。

```
Rule(
    LinkExtractor(
        allow=r'wikitag/',
        restrict_xpaths='//div[@class="category-list"]'
    ),
    callback='parse_pages',
    follow=True
),
```

图 7-55　百度科学百科分类链接地址的提取规则

（5）通过单击具体的分类项进入词条列表页面，单击鼠标右键，在弹出的快捷菜单中选择"检查"选项，打开 DevTools 页面，查看具体词条的链接地址，如图 7-56 所示。

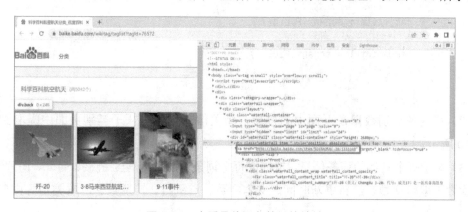

图 7-56　查看具体词条的链接地址

（6）检查页面源代码可以发现，其中的具体百科词条链接地址为<a></a>标签中的 href 属性，如图 7-57 所示，形式为 https://baike.baidu.com/item/...，可以通过图 7-58 所示的规则进行提取。

```
<a href="http://baike.baidu.com/item/%E6%AD%BC-20/1555348" target="_blank" hidefocus="true">
```

图 7-57　分析具体词条的链接地址

```
Rule(
    LinkExtractor(
        allow=r'item/',
        restrict_xpaths="//div[@id='waterFall']"
    ),
    callback='parse_item',
    follow=True
),
```

图 7-58　百度科学百科具体词条链接地址的提取规则

在链接地址提取规则中，通过 follow 参数指定需要跟踪提取到的链接，通过 restrict_xpaths 参数设定好 XPath 语法限定提取链接的代码区域，通过 callback 参数指定对跟踪链接返回结果的回调方法。

拿到接口地址与请求方式，也确认了接口数据与页面展示数据一致后，接下来分析页面的详情内容。

2．页面分析

（1）根据应用的需求，需要提取百度科学百科分类下各个子类别的标题及该子类别下的词条数，如图 7-59 所示。

```
class BKScienceCategoryItem(scrapy.Item):
    # 子类别ID
    _id = scrapy.Field()
    # 子类别标题
    cat_title = scrapy.Field()
    # 子类别下的词条数量
    lemma_total = scrapy.Field()
```

图 7-59　百度科学百科各类别需要解析的数据项

（2）查看各类别数据在页面中的位置，相关信息均可以从子类别页面中提取到，如图 7-60 所示。

（3）对于每个具体的词条信息，拟提取每个词条的 ID、标题、链接、简介、图片链接、浏览次数、编辑次数、最新更新时间、文本字数、点赞数、转发数、所属类别等内容，如图 7-61 所示。

（4）词条的 ID、标题、链接、简介、图片链接及所属类别可以在子分类页面下各个词条列表项中提取，如图 7-62 所示。

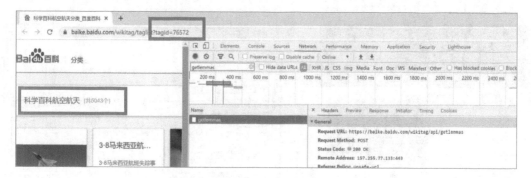

图 7-60 查看各类别数据在页面中的位置

```python
class BdBaikeItem(scrapy.Item):
    _id = scrapy.Field()                    # 词条ID
    title = scrapy.Field()                  # 词条标题
    url = scrapy.Field()                    # 词条链接
    desc = scrapy.Field()                   # 词条简介
    lemma_pic = scrapy.Field()              # 词条图片链接
    browse_count = scrapy.Field()           # 浏览次数
    edition_num = scrapy.Field()            # 编辑次数
    last_update_time = scrapy.Field()       # 最新更新时间
    words_count = scrapy.Field()            # 文本字数
    vote_count = scrapy.Field()             # 点赞数
    share_count = scrapy.Field()            # 转发数
    category = scrapy.Field()               # 所属类别
```

图 7-61 百度科学百科各词条需要解析的数据项

图 7-62 百度科学百科子分类页面各词条列表项中需要提取的数据项

（5）词条的浏览次数、编辑次数、最新更新时间、文本字数、点赞数、转发数等信息需要到词条详情页才能提取到，如图 7-63 和图 7-64 所示。

图 7-63　百度科学百科词条详情页中需要提取的数据项（1）

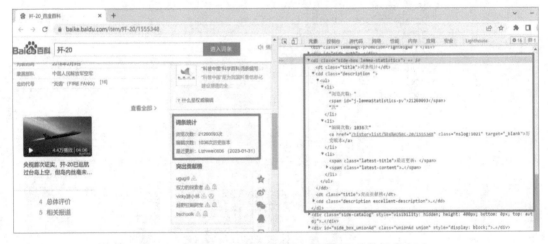

图 7-64　百度科学百科词条详情页中需要提取的数据项（2）

3．项目构建

（1）选择好保存项目的文件夹后，在 PyCharm 的 Terminal 中输入相关命令创建一个 Scrapy 项目，如图 7-65 所示。

（2）项目创建完成后，用 PyCharm 打开创建好的项目，查看初始的目录结构，如图 7-66 所示。

4．settings 文件修改

项目创建完成后，修改 settings 文件中的相关配置项。

（1）关闭爬虫协议，如图 7-67 所示。

```
Terminal:  Local  +
Microsoft Windows [版本 10.0.19045.2728]
(c) Microsoft Corporation。保留所有权利。

D:\myproj\项目7 Scrapy爬虫框架实战>scrapy startproject sci_baike_selenium
New Scrapy project 'sci_baike_selenium', using template directory 'D:\Python310\Lib\site-packages\scrapy\tem
plates\project', created in:
    D:\myproj\项目7 Scrapy爬虫框架实战\sci_baike_selenium

You can start your first spider with:
    cd sci_baike_selenium
    scrapy genspider example example.com
```

图 7-65　创建 Scrapy 项目

```
Project
sci_baike_selenium  D:\myproj\项目7 Scrapy爬虫框架实战\sci_baike_selenium
  sci_baike_selenium
    spiders
      __init__.py
    __init__.py
    items.py
    middlewares.py
    pipelines.py
    settings.py
  scrapy.cfg
External Libraries
Scratches and Consoles
```

图 7-66　查看初始目录结构

```python
# settings.py

# Obey robots.txt rules
ROBOTSTXT_OBEY = False
```

图 7-67　关闭爬虫协议

（2）启用下载中间件，如图 7-68 所示。

```python
# settings.py
# Enable or disable downloader middlewares
# See https://docs.scrapy.org/en/latest/topics/downloader-middleware.html
DOWNLOADER_MIDDLEWARES = {
    "sci_baike_selenium.middlewares.SciBaikeSeleniumDownloaderMiddleware": 543,
}
```

图 7-68　启用下载中间件

（3）启用 Item Pipelines，如图 7-69 所示。

```python
# settings.py
# Configure item pipelines
# See https://docs.scrapy.org/en/latest/topics/item-pipeline.html
ITEM_PIPELINES = {
    "sci_baike_selenium.pipelines.SciBaikeSeleniumPipeline": 300,
}
```

图 7-69　启用 Item Pipelines

5. 代码实现

（1）首先修改 items.py 文件，定义两个 Item 类，如图 7-70 所示。

```python
import scrapy

# 百度百科词条数据类
class BdBaikeItem(scrapy.Item):
    _id = scrapy.Field()                        # 词条ID
    title = scrapy.Field()                      # 词条标题
    url = scrapy.Field()                        # 词条链接
    desc = scrapy.Field()                       # 词条简介
    lemma_pic = scrapy.Field()                  # 词条图片链接
    browse_count = scrapy.Field()               # 浏览次数
    edition_num = scrapy.Field()                # 编辑次数
    last_update_time = scrapy.Field()           # 最新更新时间
    words_count = scrapy.Field()                # 文本字数
    vote_count = scrapy.Field()                 # 点赞数
    share_count = scrapy.Field()                # 转发数
    category = scrapy.Field()                   # 所属类别


# 百度百科-科学百科的类别数据类
class BKScienceCategoryItem(scrapy.Item):
    _id = scrapy.Field()                         # 子类别ID
    cat_title = scrapy.Field()                   # 子类别标题
    lemma_total = scrapy.Field()                 # 子类别下的词条数据
```

图 7-70　定义两个 Item 类

（2）在 PyCharm 的 Terminal 中通过命令创建一个 CrawlSpider，如图 7-71 所示。

```
Terminal:  Local  +
Microsoft Windows [版本 10.0.19045.2728]
(c) Microsoft Corporation。保留所有权利。

D:\myproj\项目7 Scrapy爬虫框架实战\sci_baike_selenium>scrapy genspider -t crawl sci_baike baike.baidu.com
Created spider 'sci_baike' using template 'crawl' in module:
  sci_baike_selenium.spiders.sci_baike
```

图 7-71　创建 CrawlSpider

（3）在 sci_baike.py 文件中编写代码，如图 7-72～图 7-89 所示。

首先通过第 1～10 行代码导入所需的相关模块，第 13～16 行代码是图 7-71 中通过命令创建爬虫时由 Scrapy 爬虫框架自动生成的。

```python
1  import datetime
2  import json
3  import os
4  import re
5
6  from bs4 import BeautifulSoup as BS
7  from scrapy.linkextractors import LinkExtractor
8  from scrapy.spiders import CrawlSpider, Rule
9
10 from sci_baike_selenium.items import BdBaikeItem
11
12
13 class SciBaikeSpider(CrawlSpider):
14     name = 'sci_baike'
15     allowed_domains = ['baike.baidu.com']
16     start_urls = ['https://baike.baidu.com/science']
17
```

图 7-72　sci_baike.py 代码（1）

第 18～35 行代码定义了两个链接地址提取规则（如图 7-55 及图 7-58 中的分析所示）；第 37 行和第 38 行代码定义两个自动爬取时所需的临时变量，用于记录已爬取的链接，以避免中途中断程序后重新启动爬虫时重复爬取已处理的页面。

```
     sci_baike.py ×
18    rules = (
19        Rule(
20            LinkExtractor(
21                allow=r'wikitag/',
22                restrict_xpaths='//div[@class="category-list"]'
23            ),
24            callback='parse_pages',
25            follow=True
26        ),
27        Rule(
28            LinkExtractor(
29                allow=r'item/',
30                restrict_xpaths="//div[@id='waterFall']"
31            ),
32            callback='parse_item',
33            follow=True
34        ),
35    )
36
37    done_dicts = {}
38    is_first = True
39
```

图 7-73　sci_baike.py 代码（2）

第 41～89 行代码定义了处理百度科学百科子类别页面的回调方法 parse_pages()。第 43～50 行代码首先检查该页面是否已经完成了爬取及解析处理，如果该页面未处理，则通过第 53～89 行代码对未处理的页面进行相关词条信息的提取操作。第 92～101 行代码定义了 load_done_urls()方法，从保存已处理页面链接的 JOSN 文件中加载数据。

```
     sci_baike.py ×
40    # 处理科学百科子类别页面的回调方法
41    def parse_pages(self, response):
42        # 从文件中加载已经处理过的URL
43        if self.is_first:
44            self.load_done_urls()
45
46        # 检查给定的 URL 是否已经处理过
47        item_id = response.url.rsplit("/", 1)[1]
48        if item_id in self.done_dicts.keys():
49            print(f"{item_id} 已经保存到了数据库中了")
50            return {}
51
52        # 如果当前URL还未处理过，则提取相关词条信息
53        try:
54            # 提取子类别名称，用于在存储词条信息时标注其所属的类别
55            tag_name = response.xpath(
56                "//div[@class='category_link']/span/text()"
57            ).get()
58            # 提取该子类别下的所有词条项信息
59            items = response.xpath('//div[@class="waterFall_item "]').getall()
```

图 7-74　sci_baike.py 代码（3）

```
60      # 如果该子类别的总页面超过101页，则items应该有2424项
61      print("len(items) --> ", len(items))
62
63      for it in items:
64          bk = BdBaikeItem()
65          soup = BS(it, "lxml")
66          title = soup.select(".waterFall_content_title")[0].get_text()
67          url = soup.select("div a")[0].attrs['href']
68          lem_id = url.rsplit("/", 1)[1]
69          desc = soup.select(".waterFall_content_summary")[0].get_text()
70          img_ele = soup.select(".waterFall_img_wrap img")
```

图 7-74 sci_baike.py 代码（3）（续）

```
sci_baike.py ×
71                  img_url = ""
72                  if img_ele:
73                      img_url = img_ele[0].attrs['src']
74                  bk['_id'] = lem_id                          # 词条ID
75                  bk['title'] = title                         # 词条标题
76                  bk['url'] = url                             # 词条链接
77                  bk['desc'] = desc                           # 词条简介
78                  bk['lemma_pic'] = img_url                   # 词条图片
79                  bk['browse_count'] = 0                      # 浏览次数
80                  bk['edition_num'] = 0                       # 编辑次数
81                  bk['last_update_time'] = ""                 # 最新更新时间
82                  bk['words_count'] = 0                       # 文本字数
83                  bk['vote_count'] = 0                        # 点赞数
84                  bk['share_count'] = 0                       # 转发数
85                  bk['category'] = tag_name                   # 所属类别
86                  yield bk
87          except Exception as e:
88              print("parse_page except: ", e)
89              return {}
90
91      # 如果是第一次处理，加载以前保存的已处理的URL信息
92      def load_done_urls(self):
93          f_name = os.path.join(os.getcwd(), "data", "done_url.json")
94          try:
95              with open(f_name, mode='r', encoding='utf-8') as f:
96                  lines = f.read()
97                  self.is_first = False
98                  if len(lines) > 0:
99                      self.done_dicts = json.loads(lines)
100         except Exception as e:
101             print("load_done_urls: ", e)
```

图 7-75 sci_baike.py 代码（4）

第 105～193 行代码定义了处理词条详情页数据的回调方法 parse_item()，在此方法中实现了词条相关信息的获取及提交到 Item Pipeline 中进行后续处理的相关业务逻辑。

```
sci_baike.py ×
102
103
104     # 处理词条详情页面数据的回调方法
105     def parse_item(self, response):
106         print(response.url)
107         item = BdBaikeItem()
108         # 获取词条的相关信息
```

图 7-76 sci_baike.py 代码（5）

```
109        try:
110            # 提取该词条的 _id
111            item_id = response.url.rsplit("/", 1)[1]
112            item['_id'] = item_id
113            # 提取该词条的标题
114            item['title'] = response.xpath('//h1//text()').extract_first()
115            # 提取该词条的 URL
116            item['url'] = response.request.url
117            # 获取词条统计部分信息，此部分包含了该词条的浏览数、编辑次数及最后编辑时间
118            # 但要考虑提取不到信息时的异常处理
119            data_block = response.xpath('//dd[@class="description split-line"]')
120            # 提取该词条的浏览次数
121            try:
122                item['browse_count'] = int(
123                    data_block.xpath(
124                        './/li[1]/span/text()'
125                    ).extract_first().strip()
126                )
127            except Exception as ex:
128                print("browse_count extract error:", ex)
129                item['browse_count'] = 0
130
```

图 7-76 sci_baike.py 代码（5）（续）

```
131            # 提取该词条的编辑次数
132            try:
133                edition_str = data_block.xpath('.//li[2]/text()').extract_first()
134                item['edition_num'] = int(re.findall(r'(\d+)', edition_str)[0])
135            except Exception as edx:
136                print("edition_num extract error:", edx)
137                item['edition_num'] = 0
138            # 提取该词条的最后更新时间
139            try:
140                item['last_update_time'] = data_block.xpath(
141                    './/li[3]/span[last()]/span/text()'
142                ).get()
143            except Exception as lex:
144                print("update_time extract error:", lex)
145                item['last_update_time'] = datetime.datetime.now()
146
147            # 获取词条顶部信息，此部分包含了该词条的点赞数及分享数，
148            # 但要考虑提取不到信息时的异常处理
149            data_block = response.xpath(
150                # 注意xpath提取时，class中的空格字符问题
151                '//div[@class="top-tool "] | //div[@class="top-tool"]'
152            )
153
```

图 7-77 sci_baike.py 代码（6）

```
154            # 提取该词条的点赞次数
155            try:
156                item['vote_count'] = int(
157                    data_block.xpath(
158                        './/span[@class="vote-count"]/text()'
159                    ).extract_first().strip()
160                )
161            except Exception as vex:
162                print("vote_count extract error:", vex)
163                item['vote_count'] = 0
```

图 7-78 sci_baike.py 代码（7）

```
164
165          # 提取该词条的分享次数
166          try:
167              item['share_count'] = int(
168                  data_block.xpath(
169                      './/span[@class="share-count"]/text()'
170                  ).extract_first().strip()
171              )
172          except Exception as sex:
173              print("share_count extract error:", sex)
174              item['share_count'] = 0
175
```

图 7-78　sci_baike.py 代码（7）（续）

```
sci_baike.py ×
176              # 提取该词条的全部文本，以便统计字数
177              try:
178                  words = response.xpath(
179                      # 注意xpath提取时，class中的空格字符问题
180                      'string(//div[@class="content"] | //div[@class="content "])'
181                  ).extract_first()
182                  # 去掉空白字符后，统计该词条的文本字数
183                  item['words_count'] = len(re.sub(r'\s', "", words))
184              except Exception as wex:
185                  print("words_count extract error:", wex)
186                  item['words_count'] = 0
187
188              # 将提取到的词条记录返回，以便管道(Pipeline)进行后续处理将数据保存到MongoDB中
189              return item
190
191          except Exception as e:
192              print("parse_item ", e)
193              return {}
```

图 7-79　sci_baike.py 代码 8

（4）自定义下载中间件，代码如图 7-80～图 7-88 所示。

修改 middlewares.py，利用 Selenium 动态加载相关页面数据，第 1～16 行代码导入相关模块，如图 7-80 所示。

```
middlewares.py ×
1    from pymongo import MongoClient
2    from scrapy import signals
3    import time
4    import os.path
5    import json
6
7    from scrapy.exceptions import IgnoreRequest
8    from selenium import webdriver
9    from selenium.webdriver.common.by import By
10   from selenium.webdriver.support.ui import WebDriverWait
11   from selenium.webdriver.support import expected_conditions as EC
12   from selenium.webdriver.chrome.options import Options
13   from scrapy.http import HtmlResponse
14   import re
15
16   from sci_baike_selenium.items import BKScienceCategoryItem
17
18
```

图 7-80　middlewares.py 代码（1）

修改 SciBaikeSeleniumDownloaderMiddleware 类中的 process_request()方法，添加图 7-81 所示代码。

process_request()方法的第 85～99 行代码检查当前下载请求的 URL 是否已经处理过：如果该 URL 未处理，则返回 None，让下载器继续下载处理；否则忽略该请求，不再对该 URL 进行后续处理。

```python
    def process_request(self, request, spider):
        # - return None: continue processing this request
        # - or return a Response object
        # - or return a Request object
        # - or raise IgnoreRequest: process_exception() methods of
        #   installed downloader middleware will be called
        # 检查给定的 URL 是否已经处理过
        item_id = request.url.rsplit("/", 1)[1]
        f_name = os.path.join(os.getcwd(), "data", "done_url.json")
        try:
            with open(f_name, mode='r', encoding='utf-8') as f:
                lines = f.read()
                if len(lines) > 0:
                    done_dicts = json.loads(lines)
                    # 如果所请求的 URL 已经处理过，则忽略该请求，不再继续处理它
                    if item_id in done_dicts.keys():
                        print(f"{item_id} 已经处理过")
                        return IgnoreRequest()
                    else:  # 如果所请求的 URL 没有处理过，则返回 None，让下载器继续处理
                        return None
                else:
                    return None
        except Exception as e:
            print("process_request: ", e)
            return None
```

图 7-81　middlewares.py 代码（2）

修改 SciBaikeSeleniumDownloaderMiddleware 类中的 process_response()方法，添加图 7-82～图 7-87 中所示的代码。在 process_response()方法中实现对下载器返回的响应进行相应处理的业务逻辑。

在图 7-82 中，process_response()方法对下载器返回的响应数据进行处理，第 106 行代码处判断当前的响应页面是否是子类别页面：如果是，则通过图 7-82～图 7-84 的第 107～164 行代码对子类别页面进行处理。第 112 行代码调用本下载中间件中的自定义方法 save_category_data()，如图 7-86 所示，将子类别信息存储到 MongoDB 数据库中；第 115 行代码调用本下载中间件的自定义方法 create_driver()，如图 7-87 所示，实例化一个 Selenium 浏览器对象，模拟页面滚动持续加载某个子类别下的词条信息（第 115～126 行代码），然后把加载下来的子类别页面临时存储到本地磁盘，以避免每次都重新下载子类别页面。

235

```
middlewares.py ×
104        def process_response(self, request, response, spider):
105            # 如果请求的是科学百科下面的子类别页面
106            if request.url.find("wikitag") > 0:
107                paths = response.url.rsplit('=', 1)
108                my_file = os.path.join(os.getcwd(), "data", paths[1] + ".html")
109                print(my_file)
110                if not os.path.exists(my_file):
111                    # 保存子类别信息并获取该类别下的记录总页数
112                    pages = self.save_category_data(response)
113                    # 使用 Selenium 模拟页面向下滚动, 触发页面的JavaScript代码自动发送Ajax请求
114                    # 实例化一个无头浏览器驱动对象
115                    driver = self.create_driver()
116                    # 通过无头浏览器打开对应页面
117                    driver.get(request.url)
118                    # 等待页面数据加载完成
119                    try:
120                        WebDriverWait(driver, 30).until(
121                            EC.presence_of_element_located(
122                                (By.CSS_SELECTOR, ".waterFall_item ")
123                            )
124                        )
125                    except Exception as e:
126                        print("加载出错: ", e)
127
128                    # 模拟不断向下滚动页面的操作, 触发页面动态加载数据
129                    if pages > 100:
130                        pages = 100  # 最多只能请求100页数据
```

图 7-82　middlewares.py 代码（3）

```
middlewares.py ×
131                    for page in range(pages):
132                        print(f"正在加载第 {page} 页的数据: ")
133                        # 定位到页面底部的 ID 为: sidebar的元素
134                        target = driver.find_element(By.ID, "sidebar")
135                        # 拖动到指定的元素
136                        driver.execute_script("arguments[0].scrollIntoView();", target)
137                        # 休眠 3 秒, 等待页面动态构建完成
138                        time.sleep(3)
139
140                    # 当for循环把数据加载下来后, 保存页面的HTML代码, 以便后续爬取时不用再次重新加载
141                    with open(my_file, 'w', encoding='utf-8') as f:
142                        f.write(driver.page_source)
143                    # 构建 HtmlResponse响应 并返回给爬虫进行数据提取
144                    resp = HtmlResponse(
145                        url=request.url,
146                        encoding='utf-8',
147                        body=driver.page_source,  # 将driver动态加载的页面内容返回
148                        request=request
149                    )
150                    driver.close()  # 关闭无头浏览器
151                    return resp
152
```

图 7-83　middlewares.py 代码（4）

```
middlewares.py
153            else:
154                # 直接读取以前已经保存的页面HTML代码
155                with open(my_file, 'r', encoding='utf-8') as f:
156                    html = f.read()
157                    # print(html)
158                    # 构建 HtmlResponse响应 并返回给爬虫进行数据提取
159                    return HtmlResponse(
160                        url=request.url,
161                        encoding='utf-8',
162                        body=html,
163                        request=request
164                    )
165
```

图 7-84　middlewares.py 代码（5）

在图 7-85 中，如果当前的响应页面不是子类别页面而是词条详情页，则通过第 167～187 行代码实现利用 Selenium 对词条详情页的动态加载，并将动态加载完成后的词条详情页封装为 HtmlResponse 响应对象，交给爬虫进行后续处理。

```
middlewares.py
166            # 如果请求的是词条详情页面
167            elif request.url.find(r"/item/") > 0:
168                driver2 = self.create_driver()
169                driver2.get(request.url)
170                try:
171                    WebDriverWait(driver2, 30).until(
172                        EC.presence_of_element_located(
173                            (By.CSS_SELECTOR, ".vote-count")
174                        )
175                    )
176                except Exception as e:
177                    print("加载出错: ", e)
178                lem_resp = HtmlResponse(
179                    url=request.url,
180                    encoding='utf-8',
181                    body=driver2.page_source,
182                    request=request
183                )
184                driver2.close()
185                return lem_resp
186            else:
187                return response
188
```

图 7-85　middlewares.py 代码（6）

图 7-86 的第 190～214 行代码自定义了一个 save_category_data()方法，用于将子类别信息存储到 MongoDB 数据库中：首先利用 xpath()方法解析页面响应信息，提取出子类别信息，然后调用自定义方法 save_items_to_mongo()（如图 7-88 所示），将类别信息存储到 MongoDB 数据库中。

图 7-87 的第 217～236 行代码自定义了一个 create_driver()方法，通过 Options 对象的相关配置项设置，创建一个 Selenium 无头浏览器，用于相关页面的自动爬取操作。

```
189        # 保存子类别信息并返回该类别下的词条总页数的方法
190        def save_category_data(self, response):
191            # 获取该类别下的词条总数
192            total = int(re.findall(
193                r"\d+",
194                response.xpath("//div[@class='lemma_num']/text()").get()
195            )[0])
196            # 计算总页数（默认每页加载24个词条信息）
197            pages = int(total / 24)
198            # 获取类别ID
199            tag_id = response.xpath(
200                "//input[@name='currentTagId']/@value"
201            ).get()
202            # 获取类别名称
203            tag_name = response.xpath(
204                "//div[@class='category_link']/span/text()"
205            ).get()
206            # 构造类别对象并依次给相应数据项赋值
207            sci_cat = BKScienceCategoryItem()
208            sci_cat['_id'] = tag_id          # 类别ID
209            sci_cat['cat_title'] = tag_name  # 类别名称
210            sci_cat['lemma_total'] = total   # 该类别下的词条总数
211            # 将类别数据保存到 MongoDB 数据库中
212            self.save_items_to_mongo(sci_cat)
213            # 返回该类别下的词条总页数
214            return pages
215
```

图 7-86　middlewares.py 代码（7）

```
216        # 无头浏览器驱动对象的实例化方法
217        def create_driver(self):
218            # Chrome无头浏览器驱动配置项
219            chrome_options = Options()
220            # 忽视证书错误警告
221            chrome_options.add_argument('ignore-certificate-errors')
222            # 设置缓存文件夹（注意：路径中的selenium_driver、chromebuffer均是文件夹的名称）
223            chrome_options.add_argument(
224                "disk-cache-dir=D:/selenium_driver/chromebuffer"
225            )
226            # 缓存容量
227            chrome_options.add_argument('disk-cache-size=52428800')
228            # 忽略图片
229            chrome_options.add_argument('disable-images')
230            # 设置无头模式, 不显示浏览器界面
231            # chrome_options.add_argument('headless')
232            # 实例化并返回无头浏览器驱动对象
233            return webdriver.Chrome(
234                r"D:\chromedriver113\chromedriver.exe",  # 指定驱动文件在电脑中的存储路径
235                options=chrome_options  # 应用无头浏览器的配置项
236            )
237
```

图 7-87　middlewares.py 代码（8）

　　向 SciBaikeSeleniumDownloaderMiddleware 类中添加一个 save_items_to_mongo()方法，用于将类别信息存储到 MongoDB 数据库中，如图 7-88 所示。

　　（5）自定义管道，修改 pipelines.py 中的 SciBaikeSeleniumPipeline 类，将爬取到的词条记录存储到 MongoDB 数据库中，如图 7-89 所示。

```
middlewares.py ×
238         # 保存类别数据到 MongoDB 数据库中的方法
239     def save_items_to_mongo(self, dicts):
240         # 指定数据库名称
241         db = MongoClient().bd_baike_sci
242         # 指定数据库中的集合名称
243         tb_cat = db.tb_category
244         try:
245             if dicts['_id']:    # 如果传入的数据文档中有_id属性, 将其保存到数据库中
246                 # 查询数据库集合中是否已有对应_id的文档 (document)
247                 result = tb_cat.find_one({'_id': dicts['_id']})
248                 if result:
249                     # 如果集合已存在对应_id的文档, 则更新其相应内容
250                     tb_cat.update_one(
251                         {'_id': dicts['_id']},
252                         {
253                             '$set': {
254                                 'cat_title': dicts['cat_title'],
255                                 'lemma_total': dicts['lemma_total']
256                             }
257                         }
258                     )
259                 else:
260                     # 如果集合中没有该文档, 则将其添加到对应的集合中
261                     tb_cat.insert_one(dict(dicts))
262         except Exception as e:
263             print("save_items_to_mongo exception:", e)
264
```

图 7-88　middlewares.py 代码（9）

```
pipelines.py ×
1     from pymongo import MongoClient
2
3     class SciBaikeSeleniumPipeline:
4         # 管道类, 用于将爬取到的百科词条数据存储到 MongoDB 数据库中
5         def __init__(self):
6             self.db = MongoClient().bd_baike_sci
7             self.tb = self.db.bk_lemmas
8
9         def process_item(self, item, spider):
10             print("process_item ---> ", item)
11             try:
12                 # 如果 _id 不为空, 说明爬取到了一个词条, 将其保存到数据库中
13                 if item['_id']:
14                     result = self.tb.find_one({'_id': item['_id']})
15                     if result and result['browse_count'] == 0:
16                         self.tb.update_one(
17                             {'_id': item['_id']},
18                             {'$set': {
19                                 'browse_count': item['browse_count'],      # 浏览次数
20                                 'edition_num': item['edition_num'],        # 编辑次数
21                                 'last_update_time': item['last_update_time'],   # 最新更新时间
22                                 'words_count': item['words_count'],        # 文本字数
23                                 'vote_count': item['vote_count'],          # 点赞数
24                                 'share_count': item['share_count'],        # 转发数
25                             }}
26                         )
27                     elif not result:
28                         self.tb.insert_one(dict(item))
29                 return item
30             except Exception as e:
31                 print("pipline ---> ", e)
32                 return {}
```

图 7-89　pipelines.py 代码

（6）在 settings.py 文件同目录下新建一个 data 文件夹，创建一个 main.py 文件。main.py 文件用于爬虫的启动，如图 7-90 所示。

提示：

此处 sci_baike 为自定义的爬虫名称，要与对应爬虫文件中的 name 名称一致。

```python
import json
import os

from pymongo import MongoClient
from scrapy import cmdline


def load_done_infos():
    db = MongoClient().bd_baike_sci
    tb = db.bk_lemmas
    done_dicts = {}
    result = tb.find({'browse_count': {'$gt': 0}})
    # print(result.count())
    for rs in result:
        done_dicts[rs['_id']] = rs['url']
    # 将所有已爬取完成的词条信息保存到已处理URL的 JSON 文件中
    f_name = os.path.join(os.getcwd(), "data", "done_url.json")
    with open(f_name, 'w', encoding='utf-8') as fw:
        json.dump(done_dicts, fw)


if __name__ == "__main__":
    load_done_infos()
    cmdline.execute("scrapy crawl sci_baike".split())
```

图 7-90　main.py 代码

（7）文件创建完成后项目的文件结构如图 7-91 所示。

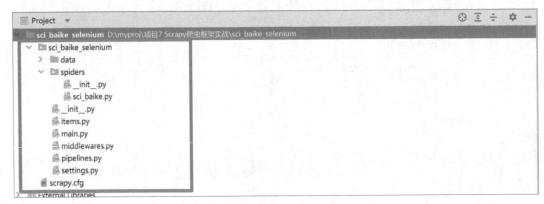

图 7-91　项目的文档结构

6. 运行爬虫

（1）完成上述代码编写后，运行 main.py 文件，启动爬虫，等待一段时间后，可以看到爬虫能够从指定网页中提取出相关数据，如图 7-92 所示。

```
'category': '科学百科健康医疗',
'desc': '狂犬病（rabies）是狂犬病毒所致的急性传染病，人兽共患，多见于犬、狼、猫等肉...',
'edition_num': 0,
'last_update_time': '',
'lemma_pic': '',
'share_count': 0,
'title': '狂犬病',
'url': 'http://baike.baidu.com/item/%E7%8B%82%E7%8A%AC%E7%97%85/263588',
'vote_count': 0,
'words_count': 0}
process_item ---> {'_id': '772829',
'browse_count': 0,
'category': '科学百科健康医疗',
'desc': '痤疮是毛囊皮脂腺单位的一种慢性炎症性皮肤病，主要好发于青少年，对青少年的心理和社...',
'edition_num': 0,
'last_update_time': '',
'lemma_pic': '',
'share_count': 0,
'title': '痤疮',
'url': 'http://baike.baidu.com/item/%E7%97%A4%E7%96%AE/772829',
'vote_count': 0,
'words_count': 0}
```

图 7-92　运行项目提取数据

（2）在命令行窗口打开 MongoDB 数据库，可以通过图 7-93 所示的命令查看爬取的数据已经保存到数据库中了。

图 7-93　查看 MongoDB 数据库中保存的数据

7. 小结

本例中利用 Scrapy、Selenium 组件实现基于 Scrapy 爬虫框架的自动爬取百度科学百科类别下的相关词条信息。在整个爬取的实现中设定好爬取规则是关键，通过合适的规则设置，即可实现从一个种子链接地址对整个网站页面的自动爬取。